领域驱动设计工作坊

郑天民◎著

人民邮电出版社
北京

图书在版编目（CIP）数据

领域驱动设计工作坊 / 郑天民著. -- 北京 : 人民邮电出版社, 2024.9
ISBN 978-7-115-64134-2

Ⅰ. ①领… Ⅱ. ①郑… Ⅲ. ①软件设计 Ⅳ. ①TP311.5

中国国家版本馆CIP数据核字(2024)第069167号

内 容 提 要

本书通过一个完整项目案例由浅入深地介绍了业务建模和软件设计的方法论——领域驱动设计（Domain Driven Design，DDD）。首先，本书介绍了 DDD 的基本概念和主流设计方法，同时引入贯穿全书的案例系统，并完成案例系统的基础设计；其次，围绕 DDD 的统一语言、子域和限界上下文展开讨论，探讨从问题空间进入解空间的解决方案；再次，从领域建模范式讲起，详细分析实体、值对象、聚合、领域服务、应用服务和领域事件等 DDD 中与战术设计相关的核心概念，并给出各个组件的设计方法和使用技巧；最后，围绕常见领域驱动架构模式及 DDD 架构考量，给出 DDD 的架构设计和整合方案。

本书结构清晰、内容丰富、图文并茂，适合团队负责人、业务设计人员、系统设计人员以及架构师等阅读。

◆ 著　　　　郑天民
　责任编辑　秦　健
　责任印制　焦志炜

◆ 人民邮电出版社出版发行　　北京市丰台区成寿寺路 11 号
　邮编　100164　　电子邮件　315@ptpress.com.cn
　网址　https://www.ptpress.com.cn
　北京瑞禾彩色印刷有限公司印刷

◆ 开本：800×1000　1/16
　印张：14.75　　　　2024 年 9 月第 1 版
　字数：269 千字　　　2024 年 9 月北京第 1 次印刷

定价：79.80 元

读者服务热线：(010)81055410　印装质量热线：(010)81055316
反盗版热线：(010)81055315
广告经营许可证：京东市监广登字 20170147 号

前言

对于软件开发，如何将业务问题转变为系统解决方案一直是困扰开发人员和架构师的一大难题。针对这一难题，业界诞生了一批系统建模方法论，其中领域驱动设计（Domain Driven Design，DDD）无疑是当下热门的建模方法之一。随着微服务架构大行其道，DDD 已成为构建微服务系统的主流设计思想和模式。

总体来说，DDD 提供的是一种开展业务建模和软件设计的方法论。与其他方法论的不同之处在于，DDD 强调开发人员与业务领域专家高效协作，共同交付业务价值。从架构设计上说，DDD 认为良好的系统架构应该是技术架构和业务领域相互融合的结果，不能脱离业务领域设计技术架构。

基于多年来对 DDD 的实施和培训经历，笔者充分认识到：虽然 DDD 能够帮助开发人员更好地完成业务建模和系统架构设计，但它是一种比较复杂的建模方法，其中包含一系列不易理解的概念。而在现实开发过程中实现这些概念，需要引入专门的设计方法和工作开展方式。很多时候，开发人员充分理解 DDD 中的设计思想和聚合、资源库、应用服务等概念已属不易，更不要说把它们应用到日常开发中。如何让 DDD 真正在自己负责的项目中落地，是摆在开发人员面前的一大难题。

面对这一难题，最好的解决方案是实践，而最好的实践是动手实操。工作坊（Workshop）就是这样一种可以让开发人员动手实操的学习和训练方式。它注重解决实际问题，通过引导开发人员思考和分析真实案例，提供解决问题的方法和技巧。笔者在实际开发中，通常采用这种方式启动并推进 DDD 的设计过程。这一过程已被国内外各大公司认为是一项实施 DDD 的优秀实践。笔者梳理了一套系统化的工作坊实施流程，并设计了一个贯穿整个流程的完整项目案例。

本书内容分为 4 篇，分别对应工作坊实施过程中的 4 个阶段。各篇的内容组织如下。

- 基础概念篇，包含第 1 章和第 2 章。在该篇中，我们将全面介绍 DDD 的基本概念和主流设计方法，同时引入贯穿全书的案例系统，并形成案例系统的基础设计，即产出案例系统 V1.0。
- 战略设计篇，包含第 3 章～第 6 章。在该篇中，我们将围绕 DDD 的统一语言、子域和限界上下文展开讨论，探讨从问题空间进入解空间的解决方案。在工作坊实践中，我们将采用目前主流的“事件风暴”模式以完成对案例系统业务全景的探索并形成案例系统的第 1 版设计，即产出案例系统 V2.0。

- 战术设计篇，包含第 7 章～第 10 章。在该篇中，我们将从领域建模范式讲起，详细分析实体、值对象、聚合、领域服务、应用服务和领域事件等 DDD 中与战术设计相关的核心概念，并给出各个组件的设计方法和使用技巧。在工作坊实践中，我们将基于战略设计篇中“事件风暴”模式产生的阶段性产物，结合本篇中的各个设计组件以完成对案例系统战略设计和战术设计的整合，从而形成案例系统的第 2 版设计，即产出案例系统 V3.0。
- 架构设计篇，包含第 11 章和第 12 章。在该篇中，我们将围绕常见领域驱动架构模式及 DDD 架构考量，给出 DDD 的架构设计和整合方案。在工作坊实践中，我们将基于前面各篇中生成的阶段性产物，结合本篇采用的架构设计模式，完成案例系统的最终设计方案并产出案例系统 V4.0，也就是最终版本。

本书适合广大业务设计人员、系统设计人员以及架构师阅读和参考。读者不需要具备技术开发能力，也不限于特定的行业和领域，但熟悉产品设计和技术研发工作流程并掌握一定系统设计基本概念有助于更好地理解本书的内容。同时，本书也适合团队管理人员阅读和参考。本书所阐述的 DDD 方法不仅适用于系统边界划分，同样适用于团队与组织边界的划分和管理，并能够从管理角度给出系统设计的一些指导性建议。

感谢我的家人特别是妻子章兰婷女士，在本书的撰写过程中，在我占用大量晚上和周末时间写作时给予的极大支持和理解；感谢以往和现公司的同事，身处业界领先的公司和团队，笔者得到了很多学习和成长的机会，没有大家的帮助这本书不可能诞生；感谢人民邮电出版社异步社区的编辑团队，你们的帮助使得本书得以顺利出版。

由于时间仓促，加上笔者水平和经验有限，书中难免有欠妥和错误之处，恳请读者批评指正。

郑天民
2024 年于杭州钱江世纪城

作者介绍

郑天民，日本足利工业大学信息工程学硕士，拥有十余年软件行业从业经验，目前在一家大健康领域的创新型科技公司担任CTO，负责产品研发与技术团队管理工作。他开发过十余个面向开发人员的技术和管理类培训课程项目，在架构设计和技术管理方面有丰富的经验。他是阿里云MVP、腾讯云TVP、TGO鲲鹏会会员。他著有《Apache ShardingSphere实战》《Spring响应式微服务：Spring Boot 2+Spring 5+Spring Cloud实战》《系统架构设计》《微服务设计原理与架构》《Spring Security原理与实践》等图书。

资源与支持

资源获取

本书提供如下资源：

- 配套讲解视频；
- 书中图片文件；
- 本书思维导图；
- 异步社区 7 天 VIP 会员。

要获得以上资源，您可以扫描右侧二维码，根据指引领取。

提交勘误信息

作者和编辑虽然尽最大努力来确保书中内容的准确性，但难免会存在疏漏。欢迎您将发现的问题反馈给我们，帮助我们提升图书的质量。

当您发现错误时，请登录异步社区（https://www.epubit.com），按书名搜索，进入本书页面，单击“发表勘误”，输入勘误信息，单击“提交勘误”按钮即可（见下图）。本书的作者和编辑会对您提交的勘误信息进行审核，确认并接受后，您将获赠异步社区的 100 积分。积分可用于在异步社区兑换优惠券、样书或奖品。

图书勘误　　发表勘误

页码：1　　页内位置（行数）：1　　勘误印次：1

图书类型：纸书　电子书

添加勘误图片（最多可上传4张图片）

+

提交勘误

与我们联系

我们的联系邮箱是 contact@epubit.com.cn。

如果您对本书有任何疑问或建议，请您发邮件给我们，并在邮件标题中注明本书书名，以便我们更高效地做出反馈。

如果您有兴趣出版图书、录制教学视频，或者参与图书翻译、技术审校等工作，可以发邮件给我们。

如果您所在的学校、培训机构或企业想批量购买本书或异步社区出版的其他图书，也可以发邮件给我们。

如果您在网上发现有针对异步社区出品图书的各种形式的盗版行为，包括对图书全部或部分内容的非授权传播，请您将怀疑有侵权行为的链接通过邮件发送给我们。您的这一举动是对作者权益的保护，也是我们持续为您提供有价值的内容的动力之源。

关于异步社区和异步图书

“异步社区”是由人民邮电出版社创办的 IT 专业图书社区，于 2015 年 8 月上线运营，致力于优质内容的出版和分享，为读者提供高品质的学习内容，为作译者提供专业的出版服务，实现作者与读者在线交流互动，以及传统出版与数字出版的融合发展。

“异步图书”是异步社区策划出版的精品 IT 图书的品牌，依托于人民邮电出版社在计算机图书领域四十余年的发展与积淀。异步图书面向各行业的信息技术用户。

目录

基础概念篇

第1章　领域驱动设计体系 ………… 2

1.1　软件复杂度剖析 …………………… 2
1.1.1　软件复杂度与规模 ……………… 3
1.1.2　软件复杂度与结构 ……………… 6
1.1.3　软件复杂度与变化 ……………… 10
1.2　引入领域驱动设计 ………………… 14
1.2.1　领域驱动设计基础 ……………… 14
1.2.2　领域驱动战略设计 ……………… 18
1.2.3　领域驱动战术设计 ……………… 20
1.2.4　领域驱动设计和软件复杂度 …… 24
1.3　领域驱动设计与架构融合 ……… 28
1.3.1　领域驱动设计与单体应用 ……… 28
1.3.2　领域驱动设计与微服务架构 …… 29
1.3.3　领域驱动设计与中台架构 ……… 30
1.4　本章小结 ………………………… 31

第2章　工作坊案例系统 ………… 32

2.1　工作坊的基本概念和开展方式 …… 32
2.1.1　工作坊的基本概念 ……………… 32
2.1.2　准备工作 ………………………… 33
2.1.3　流程和阶段 ……………………… 35
2.2　案例系统介绍 …………………… 36
2.3　案例系统基础设计 ……………… 37
2.3.1　基础设计目标 …………………… 37
2.3.2　基础设计流程 …………………… 38
2.3.3　基础设计交付物 ………………… 39
2.4　本章小结 ………………………… 44

战略设计篇

第3章　统一语言与子域 ………… 46

3.1　统一语言 ………………………… 46
3.1.1　沟通的问题和策略 ……………… 46
3.1.2　统一语言的结构化表述 ………… 48
3.1.3　统一语言的实现模式 …………… 50
3.2　子域 ……………………………… 53
3.2.1　子域的划分方法 ………………… 54
3.2.2　子域的分类和映射 ……………… 54
3.3　本章小结 ………………………… 56

第4章 限界上下文 ······ 57

4.1 引入限界上下文 ······ 57
4.1.1 限界上下文的定义 ······ 58
4.1.2 限界上下文的特性 ······ 59
4.1.3 限界上下文的设计 ······ 62
4.2 识别限界上下文 ······ 63
4.2.1 从业务维度识别限界上下文 ······ 63
4.2.2 从工作维度识别限界上下文 ······ 65
4.2.3 从技术维度识别限界上下文 ······ 65
4.3 限界上下文映射 ······ 67
4.3.1 上下游关系和映射 ······ 67
4.3.2 团队协作模式 ······ 68
4.3.3 通信集成模式 ······ 72
4.3.4 影响上下文映射的考量点 ······ 76
4.4 限界上下文案例讲解 ······ 79
4.5 本章小结 ······ 82

第5章 事件风暴 ······ 83

5.1 探索业务全景 ······ 83
5.2 实施事件风暴 ······ 84
5.2.1 事件风暴基本概念 ······ 84
5.2.2 事件风暴实施方法 ······ 89
5.3 事件风暴应用实践 ······ 97
5.3.1 事件风暴流程裁剪 ······ 97
5.3.2 事件风暴最佳实践 ······ 98
5.4 事件风暴案例讲解 ······ 100
5.5 本章小结 ······ 101

第6章 战略设计工作坊演练 ······ 102

6.1 案例系统战略设计 ······ 102
6.1.1 战略设计目标 ······ 102
6.1.2 战略设计流程 ······ 103
6.2 战略设计工作坊演练环节 ······ 104
6.2.1 事件建模 ······ 104
6.2.2 聚合分析 ······ 108
6.2.3 子域划分 ······ 116
6.2.4 限界上下文映射 ······ 118
6.3 战略设计工作坊演练最佳实践 ······ 120
6.3.1 事件的建模 ······ 122
6.3.2 核心领域概念的处理 ······ 123
6.4 本章小结 ······ 124

战术设计篇

第7章 实体和值对象 ······ 126

7.1 控制类的组成 ······ 126
7.2 实体 ······ 128
7.2.1 实体的唯一标识和属性 ······ 128
7.2.2 实体的领域行为 ······ 131
7.3 值对象 ······ 133
7.3.1 值对象的识别 ······ 133
7.3.2 值对象的特征 ······ 134
7.4 实体和值对象建模案例讲解 ······ 136

7.5 本章小结 ······ 138

第8章 聚合 ······ 140

8.1 控制类的关系 ······ 140
8.2 引入聚合 ······ 141
8.2.1 聚合的定义和特征 ······ 142
8.2.2 聚合的设计原则 ······ 143
8.3 聚合的协作方式 ······ 144
8.3.1 聚合的关联关系 ······ 145
8.3.2 聚合的依赖关系 ······ 147
8.4 聚合生命周期管理 ······ 147
8.4.1 工厂 ······ 148
8.4.2 资源库 ······ 149
8.5 聚合设计案例讲解 ······ 153
8.6 本章小结 ······ 155

第9章 服务、事件与基础设施 ··· 156

9.1 领域服务 ······ 156
9.1.1 领域服务的示例 ······ 156
9.1.2 领域服务的应用场景 ······ 157
9.2 应用服务 ······ 159
9.2.1 应用服务的定位 ······ 159
9.2.2 应用服务的应用场景 ······ 162
9.2.3 应用服务的设计原则 ······ 164
9.3 领域事件 ······ 166
9.3.1 领域事件和事件驱动架构 ······ 166
9.3.2 领域事件的发布和订阅 ······ 168
9.4 基础设施 ······ 172
9.5 本章小结 ······ 174

第10章 战术设计工作坊演练 ··· 175

10.1 案例系统战术设计 ······ 175
10.1.1 战术设计目标 ······ 175
10.1.2 战术设计流程 ······ 176
10.2 战术设计工作坊演练环节 ······ 177
10.2.1 战术设计效果展示 ······ 177
10.2.2 设计聚合、实体和值对象 ···· 178
10.2.3 设计事件和服务 ······ 180
10.2.4 设计限界上下文核心业务操作 ······ 181
10.3 战术设计工作坊演练最佳实践 ······ 185
10.3.1 聚合的设计 ······ 185
10.3.2 值对象的设计 ······ 186
10.4 本章小结 ······ 187

架构设计篇

第11章 领域驱动实现架构 ······ 190

11.1 常见领域驱动架构模式 ······ 190
11.1.1 DDD 经典分层架构 ······ 190
11.1.2 DDD 整洁架构 ······ 194
11.1.3 DDD 六边形架构 ······ 195

11.1.4 DDD 架构的映射性 …………… 197
11.2 领域驱动设计的架构考量 ……… 198
11.2.1 限界上下文的物理表现 ……… 199
11.2.2 CQRS 和 DDD …………………… 202
11.2.3 事件溯源和 CQRS ……………… 205
11.2.4 数据一致性 ……………………… 208
11.3 本章小结 ………………………… 209

第12章 架构设计工作坊演练 … 210

12.1 案例系统架构设计 ……………… 210
12.1.1 架构设计目标 …………………… 210
12.1.2 架构设计流程 …………………… 211
12.2 架构设计工作坊演练环节 ……… 212
12.2.1 划分业务服务 …………………… 212
12.2.2 确定业务服务操作 ……………… 213
12.2.3 触发领域事件 …………………… 214
12.2.4 实现业务服务交互 ……………… 215
12.3 架构设计工作坊演练最佳实践 ……………………… 216
12.3.1 整合战略设计和战术设计 …… 219
12.3.2 事件与柔性事务 ………………… 219
12.3.3 查询类操作的设计 ……………… 220
12.4 本章小结 ………………………… 222

基础概念篇

如何应对软件复杂度是开发人员在设计和实现软件系统时不得不面对的一个问题，也是领域驱动设计（Domain Driven Design，DDD）的核心价值所在。本篇从软件复杂度的表现形式出发，引出DDD的基本概念和组成结构，并阐述DDD应对软件复杂度的方法和策略。

作为全书的开篇，本篇还将介绍贯穿全书的案例系统，并形成案例系统的基础设计，即产出案例系统V1.0。

第1章 领域驱动设计体系

随着互联网业务和技术的持续发展，软件系统自身也日益复杂。在现实中，绝大多数软件开发工作都是围绕现实业务问题而展开的，而业务问题的复杂度是软件开发成功的关键因素之一。那么，如何有效应对系统的复杂度？DDD 可以帮助人们更好地实现这一目标。

本章首先围绕软件复杂度的概念和表现形式进行深入剖析，继而引出 DDD、设计思想和方法。从设计思想上说，DDD 为开展系统建模工作提供了一种崭新的模式。而在设计方法上，DDD 则在战略设计和战术设计这两大维度上给出了全面的工程实践。借助 DDD，我们可以实现从面向业务的问题空间映射到面向技术的解空间，并应对软件复杂度所带来的技术挑战。

当下，DDD 应用越来越广泛，无论是传统的单体系统，还是主流的微服务架构或中台架构，都可以从架构模式角度出发与 DDD 进行融合。在本章的末尾，我们将讨论领域驱动设计与这些主流架构之间的关联关系和融合方法。

1.1 软件复杂度剖析

任何软件系统的发展都遵循从简单到复杂、从集中到分散的过程。在系统诞生的初期，我们习惯于构建单一、内聚和全功能式的系统，因为这样的系统完全可以满足当前业务的需求。当业务发展到一定阶段，集中化系统开始表现出诸多弊端，功能拆分与服务化思想和实践被引入。而当系统继续演进，团队规模随之增大，由于分工模糊和业务复杂度不断上升，系统架构逐渐被腐化，直到系统不能承受任何改变，进入需要重新拆分的阶段。推倒重来意味着重复从简单到复杂、从集中到分散的整个过程，如图 1-1 所示。

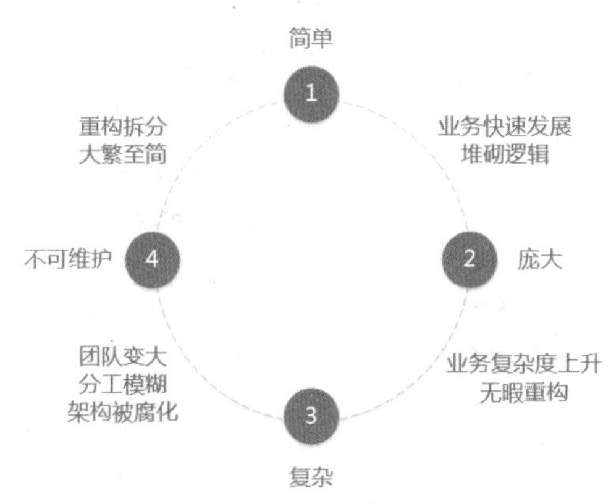

图 1-1　系统架构的轮回

系统架构的轮回给人们的启示就是将所有东西放在一起不是一个好的选择，软件系统的关注点应该清晰划分，并能通过功能拆分降低系统复杂性。因此，在本质上，架构的演进过程就是一个解决系统复杂度问题的过程。那么，软件复杂度具体指的是什么呢？我们又应该如何对复杂度本身进行剖析呢？图 1-2 给出了问题的答案。

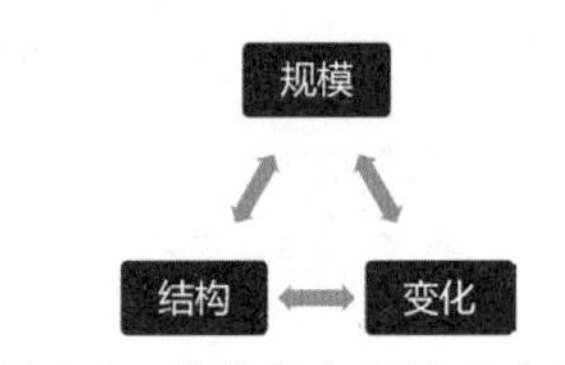

图 1-2　软件复杂度的 3 个维度

在图 1-2 中，我们可以看到软件复杂度的形成涉及 3 个维度——规模、结构和变化。本节将详细介绍图 1-2 中的 3 个复杂度维度。同时，我们也需要认识到，软件复杂度体现的是一种客观规律，因为任何一个软件系统都会受到这 3 个维度的影响，开发人员无法完全避免，但引入一定的设计思想和方法可以降低软件复杂度。在本节中，我们将展开介绍软件复杂度的应对策略。

1.1.1　软件复杂度与规模

本节将首先讨论第一个软件复杂度维度——规模。规模是软件复杂度最基本的表现形式。

1. 规模的表现形式和关注点

关于如何评估一个软件系统的规模，业界存在很多实践方法。图 1-3 展示了一种常见的评估方法——功能点（Function Point，FP）评估法。

$$\text{功能点测度总数为}\sum_{j=1}^{5}(C_j \times f_j)$$

	功能点测度	加权因子 f_j		
		简单系统	中等系统	复杂系统
C_1	输入数量	3	4	6
C_2	输出数量	4	5	7
C_3	查询数量	3	4	6
C_4	逻辑文件数量	7	10	15
C_5	对外接口数量	5	7	10

功能点测度总数：3×4+11×5+7×4+12×10=215

图 1-3　功能点评估法

FP 评估法是软件行业专用的估算方法之一。应用 FP 评估法时，首先识别系统边界和应用类型，区分新开发的系统和增强型遗留系统；然后识别系统的功能点计数项，包括内部逻辑文件数量、对外接口数量、输入和输出数量，以及包括排序和聚集在内的查询数量等五大计数项；识别各个功能点计数项并确定各项指标的系数后，加权求和即得到最终的估算结果。在图 1-3 中，我们可以看到该示例中的功能点数量为 215。从这个示例中，我们明确了软件规模的一种表现形式——数量。

我们再来看软件规模的另一种表现形式——交互。图 1-4 展示了 McCabe 圈复杂度（Cyclomatic Complexity）的组成结构。

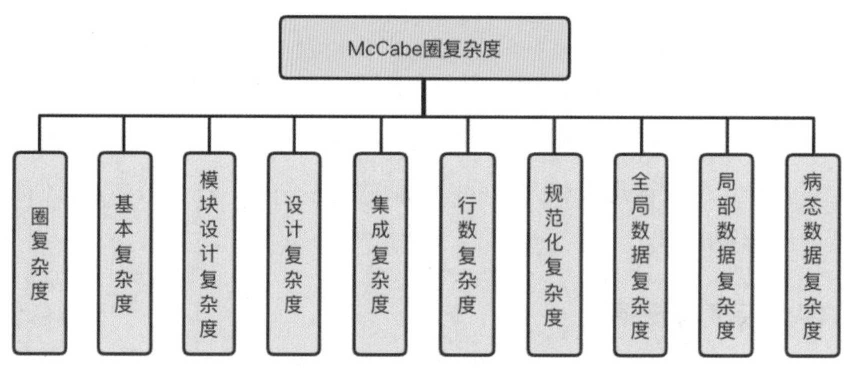

图 1-4　McCabe 圈复杂度的组成结构

这里解释一下圈复杂度的概念。如果一段代码中不包含控制流语句（条件或决策点），那么这段代码的圈复杂度为 1，因为这段代码中只有一条路径；如果一段代码中仅包含一个 if 语句，且 if 语句仅有一个条件，那么这段代码的圈复杂度为 2；如果一段代码中包含两个嵌套的 if 语句，或者一个 if 语句有两个条件代码块，那么这段代码的圈复杂度为 3……以此类推。

在软件测试的概念中，圈复杂度用来衡量一个模块判定结构的复杂程度，数量上表现为线性无关的路径条数，即合理预防错误所需测试的最少路径条数，路径条数本质上就是系统内部的交互过程。圈复杂度高说明交互过程的复杂性高。根据经验，代码的出错可能性和圈复杂度的高低有很大关系。

2. 规模的应对策略

如何应对规模导致的软件复杂度？基本思路就是通过分而治之来控制规模。分而治之是一种设计思想，这一设计思想有多种实现策略，其中最具代表性的就是图 1-5 所示的 AKF 扩展立方体。

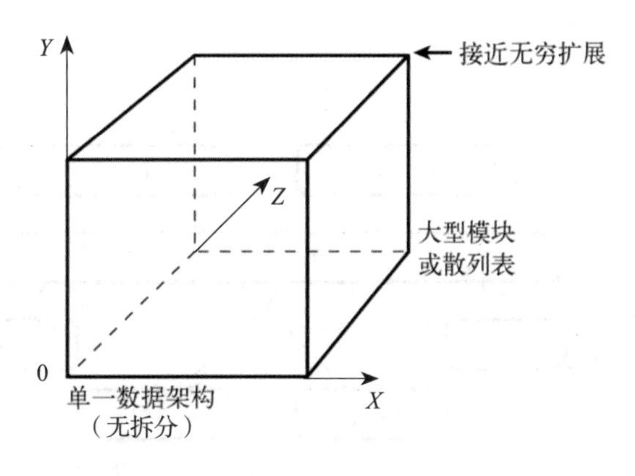

图 1-5　AKF 扩展立方体结构

AKF 扩展立方体是业界关于如何开展系统拆分工作的一条原则，通过这条原则，系统就可以实现高度的扩展性。在 AKF 扩展立方体的 X 轴上，开发人员可以使用负载均衡等技术来实现水平复制；在 Z 轴上，开发人员可以使用类似数据分区的方式实现系统扩展性。这里需要重点关注的是 Y 轴，它提示针对单体系统，应该基于业务体系按功能进行拆分。实际上，AKF 扩展立方体也为拆分微服务提供了解决方案。

系统拆分的基本思路有两种——纵向（Vertical）拆分和横向（Horizontal）拆分。所谓纵向拆分，就是将一个大应用拆分为多个小应用。如果新业务较为独立，那么直接将其部署为一个独立的应用系统。例如，在图 1-6 中，将互联网医院系统拆分为医生子系统、就诊子系统和患者子系统等独立业务子系统。

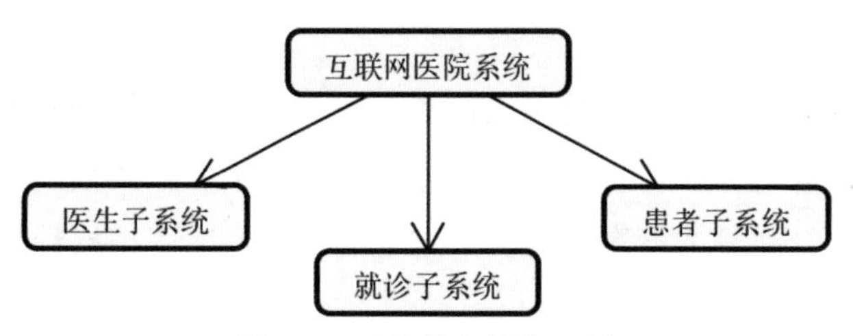

图 1-6 系统纵向拆分示例

纵向拆分关注业务，基于不同的业务场景，通过将内聚度较高的相关业务进行剥离以形成不同的子系统。相较纵向拆分的面向业务特性，横向拆分更关注技术。将可以复用的业务进行拆分，独立部署为分布式服务后，我们只需调用这些分布式服务即可构建复杂的新业务。所以，横向拆分的关键在于识别可复用的业务，设计服务接口并规范服务依赖关系，示例如图 1-7 所示。

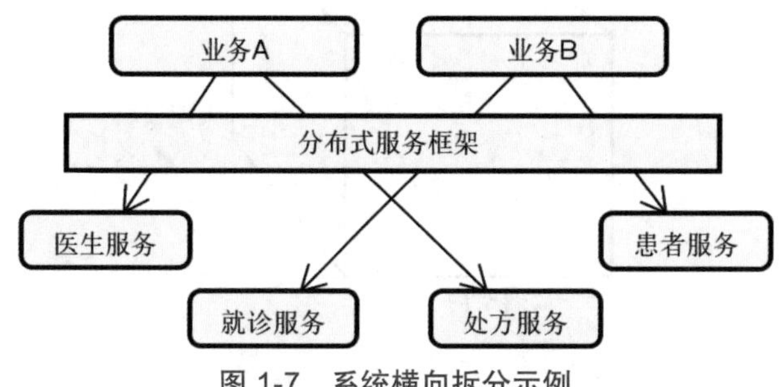

图 1-7 系统横向拆分示例

图 1-7 是对图 1-6 中的互联网医院系统进行横向拆分的结果。可以看到，当我们将医生、就诊、处方和患者等业务抽象为独立的垂直化服务，并在各个服务上应用分布式环境下的调用和管理框架时，系统的业务就可以转变为一种排列组合的构建方式，如基于医生和处方服务，我们可以构建出业务 A，基于就诊和患者服务，我们可以构建出业务 B。

1.1.2 软件复杂度与结构

软件规模在很大程度上决定了系统的复杂度，这是一个显而易见的结论。那么，结构为什么也会影响软件复杂度呢？这就是本节要讨论的话题。

1. 结构的表现形式和关注点

关于结构，我们来看一个示例。

图 1-8 展示了一个常见的分布式架构。我们在图中看到了 Web 服务与业务服务之间的分离，并引入分布式缓存来提升数据访问性能。更进一步，还使用消息中间件来实现不

同业务服务之间的消息通信，从而构建低耦合的系统架构。当然，我们还可以在图中添加搜索引擎、分库分表等技术体系。在现实中，当面临系统架构设计问题时，可以通过引入各种技术系统逐步完善架构，直至构建具有庞大体量的大型集群系统。本质上，软件架构重构的需求和动力来自对系统质量要求的不断提升，如性能需求、解耦需求、搜索查询需求等。因此，结构导致软件复杂度提升的第一个要点是质量。

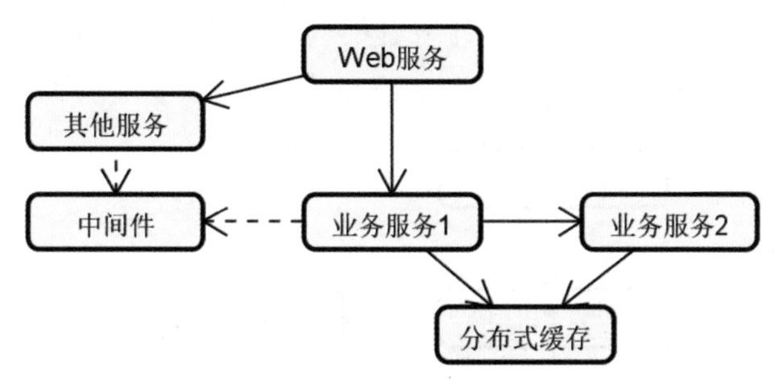

图 1-8　分布式架构

前面讨论的结构指的是技术结构，接下来将讨论组织结构。正如康威定律（Conway's Law）所指出的，设计系统的组织，其产生的设计和架构等价于组织间的沟通结构。图 1-9 展示了不同公司所采用的组织结构。

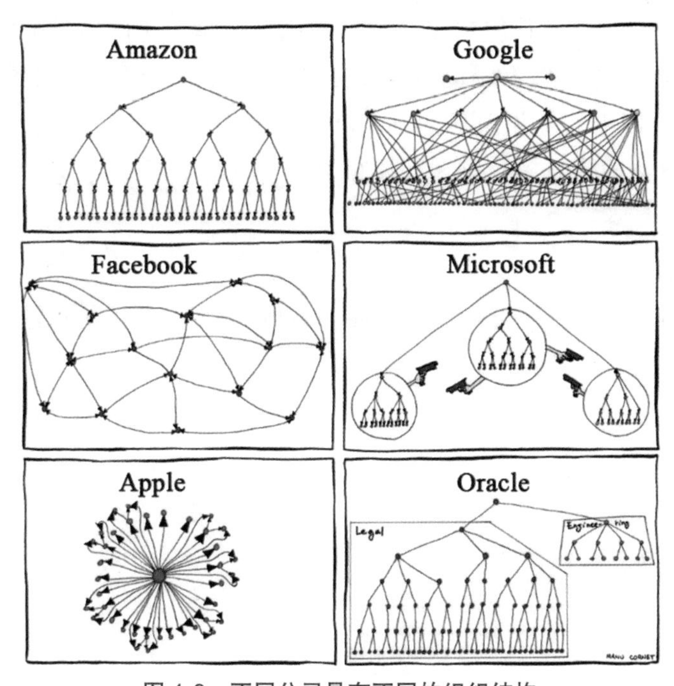

图 1-9　不同公司具有不同的组织结构

康威定律无处不在，从传统的单体架构到目前主流的微服务架构实际上都是康威定律的体现。现在很多开发团队本质上是分布式的，单体架构的开发、测试、部署、协调、沟通成本巨大，严重影响效率且容易产生冲突。将单体架构拆分为微服务，每个团队独立开发、测试和发布自己负责的微服务，互不干扰，系统效率得到提升。可见，组织和系统架构之间存在映射关系：一方面，如果组织结构和文化结构不支持，通常无法成功建立有效的系统架构；而另一方面，如果系统设计或者架构不支持，那么无法成功建立一个高效的组织。图 1-10 展示的就是一个不合理架构设计的示例。

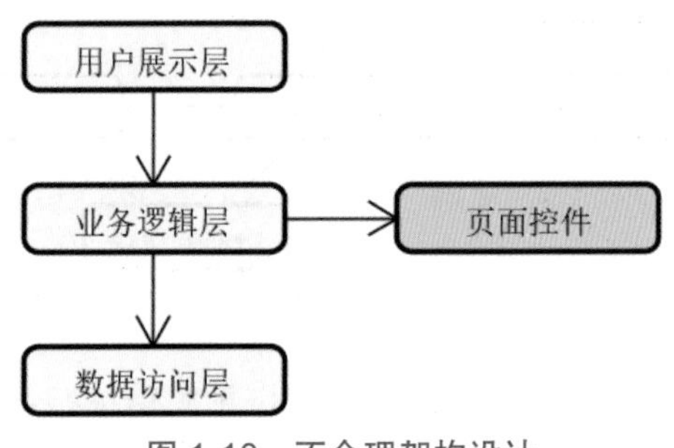

图 1-10　不合理架构设计

在图 1-10 中，我们看到了经典的软件系统三层架构模式，即用户展示层调用业务逻辑层，而业务逻辑层进一步调用数据访问层。显然，每一层的组件应该有明确的职责，用于用户交互和展示的组件不应该包含在业务逻辑层中。但在现实场景下，由于团队或部门之间的岗位职责和工作边界的不清晰，可能会出现图 1-10 所示的将页面控件放在业务逻辑层中的不良设计。这就是组织所带来的问题导致软件复杂度提升的一个典型案例。

2. 结构的应对策略

针对结构所引起的软件复杂度，业界也有成熟的处理方案，基本思想是通过软件架构模式保证系统结构清晰有序。

图 1-11 展示了一种通用的分层结构。分层结构是最基本，也是最常见的架构模式，每一层次之间通过接口与实现的契约方式进行交互，可以严格限制跨层调用，也可以支持部分功能的跨层交互以提供分层的灵活性。典型的三层结构及各种在三层结构上衍生的多层结构就是这种风格的具体体现。

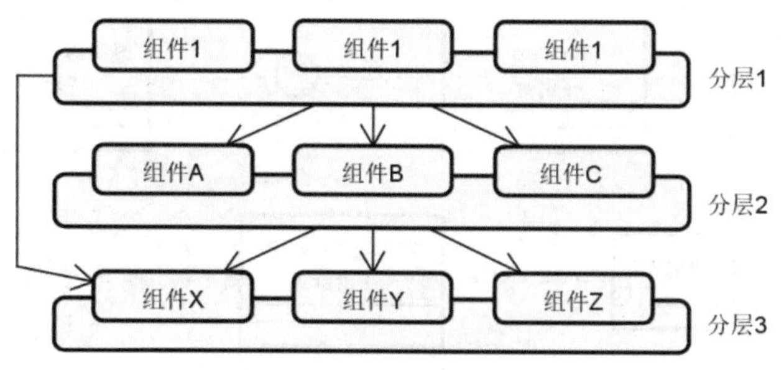

图 1-11　分层结构

我们再来看一个更加复杂的分层结构，如图 1-12 所示。该图展示了一个客服系统的服务架构。整个系统可以分为前台服务层、中台服务层、集成服务及外包客服系统。其中，前台服务层提供面向用户的业务服务，中台服务层提供通用基础服务，而集成服务则用于完成与外部各个外包客服系统之间的有效集成。通过这种分层方式，各个服务层职责明确、各司其职。

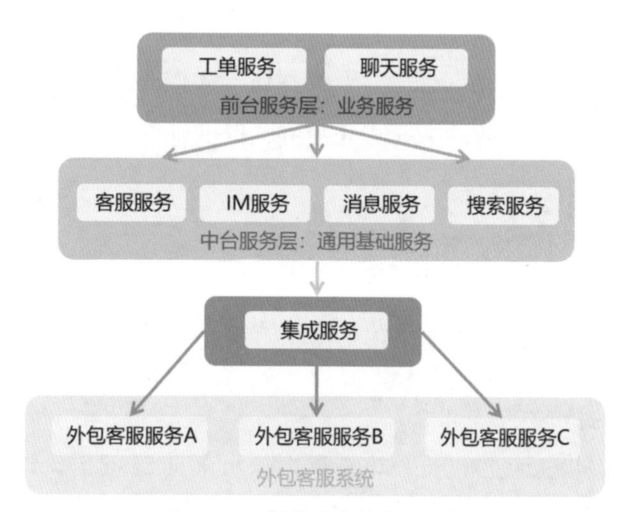

图 1-12　客服系统的分层架构

介绍完分层结构，我们再来看一个典型的架构模式——管道－过滤器模式。管道－过滤器模式是用于解决适配和扩展性问题的代表性架构模式。管道－过滤器模式在结构上主要包括过滤器（Filter）和管道（Pipe）两种元素，如图 1-13 所示。过滤器负责对数据进行加工处理。每个过滤器都有一组输入（Input）端口和输出（Output）端口，从输入端口接收数据，经过内部加工处理之后，传送到输出端口。同时，数据通过相邻过滤器之间的连接件进行传输，管道可以看作输入数据流和输出数据流之间的通路。

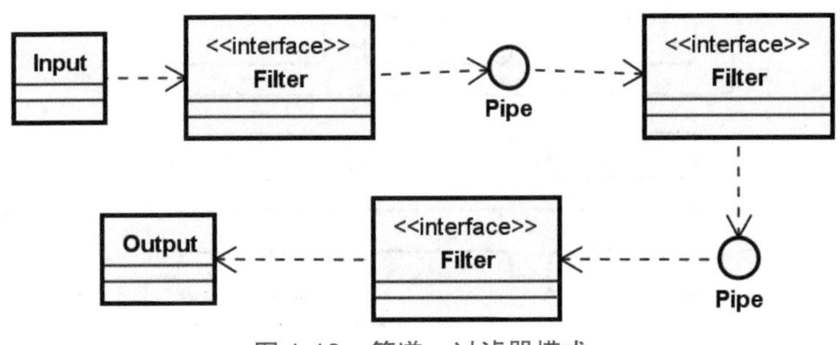

图 1-13 管道 – 过滤器模式

管道 – 过滤器模式将数据流处理分为几个顺序的步骤分别进行，一个步骤的输出是下一个步骤的输入，每个处理步骤由一个过滤器来实现。每个过滤器独立完成自己的任务，不同过滤器之间不需要任何交互。这些特性允许将系统的输入和输出看作各个过滤器行为的简单组合，独立的过滤器不仅能够降低组件之间的耦合程度，而且可以很容易地将新过滤器添加到现有的系统之中。同样，原有过滤器也可以很方便地被改进的过滤器所替换，以扩展系统的业务处理能力。

架构模式是一个丰富而复杂的话题，业界存在一大批即插即用的架构模式，这里无意一一列举，读者可以自行参考相关书籍进行系统学习。

1.1.3 软件复杂度与变化

软件复杂度与变化之间的关系不言而喻。对于软件开发，变化是永恒的，唯一不变的就是变化本身。既然变化不可避免，那应该如何有效应对变化所产生的影响呢？接下来将围绕该问题展开介绍。

1. 变化的表现形式和关注点

我们可以引用架构设计上的一个核心概念来回答上述问题，这个概念就是扩展性（Extensibility）。所谓扩展性，指的是当系统的业务需求发生变化时，我们对当前系统改动程度的一种控制能力。改动程度越大，扩展性就越低。扩展性低的本质原因在于代码组件之间的边界往往很难清晰划分。图 1-14 展示了代码组件之间的一个边界场景。

在图 1-14 中，我们看到了 5 个代码组件。代码组件是一种泛指，可以指向类、模块、服务、子系统等概念。在图 1-14 所示的边界之下，当向该系统中添加新业务时，假设只需要开发一个新的代码组件 6 替换原有的代码组件 5，我们就认为系统具有较好的可扩展性。也就是说，不需要改变原有的各个代码组件，只需将新业务封闭在一个新的代码组件中就能完成整体业务的升级，这就是边界的力量。

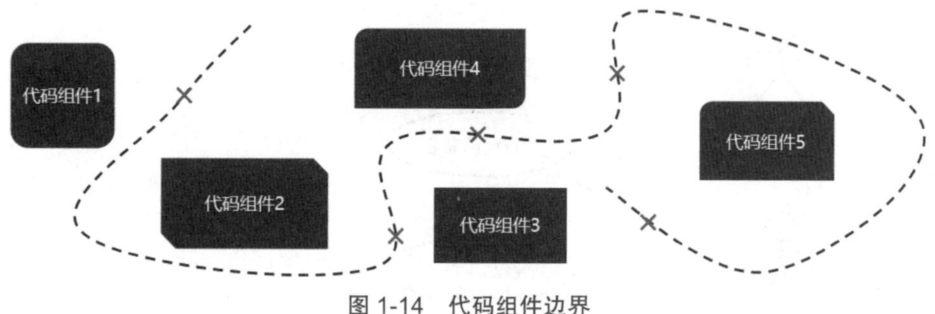

图 1-14　代码组件边界

另一个应对变化的核心手段是抽象。首先将系统中容易发生变化的点抽取出来并形成一个个扩展点，然后对扩展点进行替换就能完成系统的升级。图 1-15 展示了这样一种运行时的效果图。

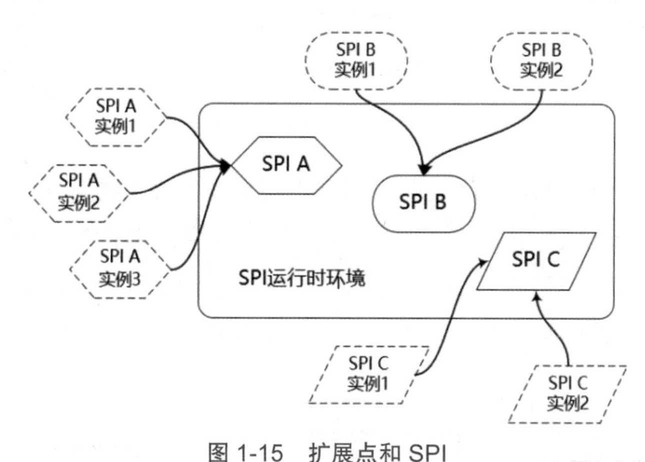

图 1-15　扩展点和 SPI

在图 1-15 中，我们以 SPI（Service Provider Interface，服务提供接口）的形式定义了扩展点。SPI 是 JDK 提供的一种内置机制，是 JDK 中用来进行插件式管理的扩展点。JDK 为 SPI 的执行提供了一种运行时环境。为了使用 SPI，我们需要梳理系统的变化并将它们抽象为一个个 SPI 扩展点。如果我们能够抽象出合理的 SPI 扩展点，也就意味着可以合理地应对系统的变化。

2. 变化的应对策略

应对软件系统的变化的基本思路是通过抽象顺应变化方向，并完成对系统的建模。统一建模语言（Unified Modeling Language，UML）为面向对象软件设计提供统一的、标准的、可视化的建模语言。它适用于描述以用例为驱动，以体系结构为中心的软件设计的全过程。图 1-16 展示的是商品管理业务场景下的 UML 用例图。

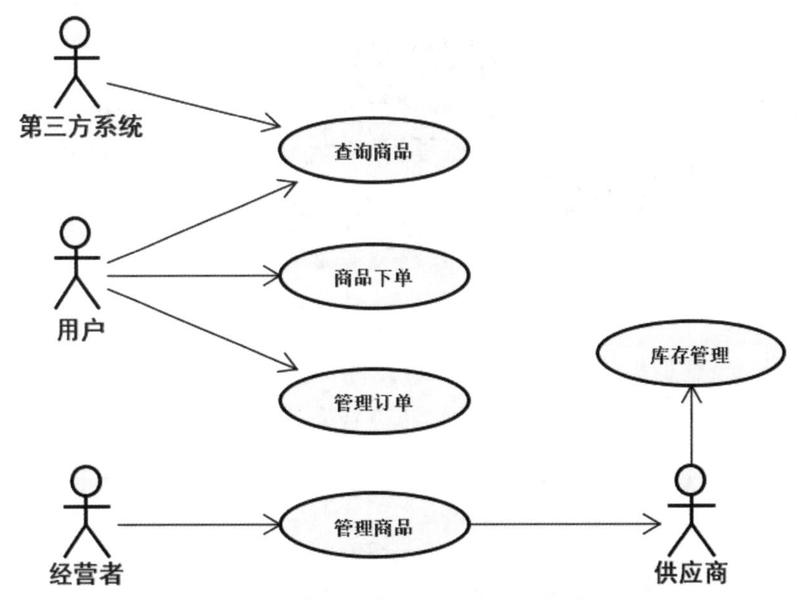

图 1-16　商品管理业务场景下的 UML 用例图

图 1-17 展示了一张 UML 中的类图。通过类图，在定义类的时候，将类的职责分解为类的属性和方法。类在类型上可以分为实体类（Entity）、边界类（Boundary）和控制类（Control），实体类和边界类的划分与本章后续内容中介绍的 DDD 思想完全一致。映射需求中的每个实体而得到的类称为实体类，实体类保存要进行持久化的信息，而信息需要在用例内、外流动；边界类用于实现信息映射；控制类用于识别控制用例工作的类。

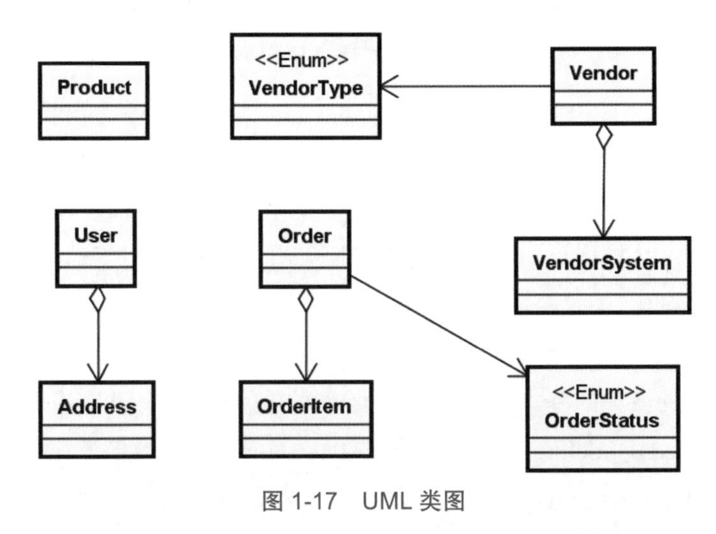

图 1-17　UML 类图

UML 一共提供了 9 种图形来表述业务场景中各个事物及其关联关系，如表 1-1 所示。

表 1-1　UML 图例

<table>
<tr><th>名称</th><th>描述</th><th>类别</th><th>模型</th></tr>
<tr><td>类图</td><td>类及类之间的相互关系</td><td rowspan="2">静态图</td><td rowspan="4">结构建模</td></tr>
<tr><td>对象图</td><td>对象及对象之间的相互关系</td></tr>
<tr><td>组件图</td><td>组件及其相互依赖关系</td><td rowspan="2">实现图</td></tr>
<tr><td>部署图</td><td>组件在各个节点上的部署</td></tr>
<tr><td>时序图</td><td>强调时间顺序的交互图</td><td rowspan="2">交互图</td><td rowspan="5">行为建模</td></tr>
<tr><td>协作图</td><td>强调对象协作的交互图</td></tr>
<tr><td>状态图</td><td>类所经历的各种状态</td><td rowspan="2">行为图</td></tr>
<tr><td>活动图</td><td>工作流程的模型</td></tr>
<tr><td>用例图</td><td>需求捕获和描述</td><td>用例图</td></tr>
</table>

至此，我们对软件复杂度进行了全面的剖析，图 1-18 对剖析内容进行了总结。

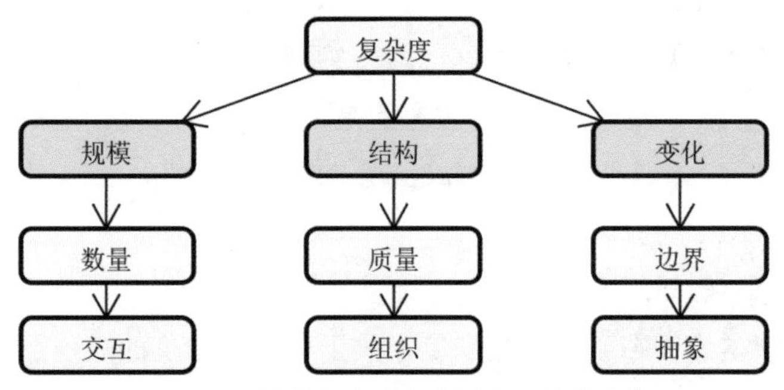

图 1-18　软件复杂度各个维度下的关注点

可以看到，我们分别从规模、结构和变化这 3 个维度给出了软件复杂度对应的表现形式和关注点。这些表现形式和关注点为引入 DDD 思想和方法提供了理论基础。同时，架构师使用模型来表述系统，而模型是一个抽象概念，需要借助特定工具和方法进行表述。事实上，DDD 也可以看作一种系统建模方法。

1.2 引入领域驱动设计

从本节开始，我们将正式进入领域驱动设计的世界。我们将从领域驱动设计的基本概念说起，引入面向领域的战略设计和战术设计方法，并尝试通过领域驱动设计来解决软件复杂度问题。在后续内容中，为了描述简洁，我们会大量使用英文缩写的 DDD 来表示领域驱动设计这一概念和名称。

1.2.1 领域驱动设计基础

本节将从几个常见问题出发，讨论 DDD 的基础知识。

1. 领域驱动设计基本问题

关于 DDD，我们首先需要回答如下 3 个问题。

（1）什么是 DDD ?

总体来说，DDD 提供的是一套开展业务建模和软件设计的方法论。和其他方法论的不同之处在于，DDD 强调开发人员与业务领域专家高效协作，从而共同交付业务价值。从架构设计上说，DDD 认为良好的系统架构应该是技术架构和业务领域相互融合的结果，不能脱离业务领域设计技术架构。需要注意的是，DDD 不是设计准则或者规范，也不是架构设计的“脚手架”。事实上，关于如何实现 DDD，业界并没有给出统一的标准，这也是需要系统化学习 DDD 的原因。

（2）为什么需要 DDD ?

学习 DDD 的根本原因在于软件复杂度，关于软件复杂度的表现形式和关注点，请参考 1.1 节。读者可以充分扩散思维，想象一下日常开发中的痛点。针对软件复杂度，我们的思路是清晰划分软件的关注点，并通过拆分和建模在一定程度上降低系统复杂性。而 DDD 正是为了降低软件复杂度而诞生的软件设计方法。

（3）为什么 DDD 难学?

很多读者反馈 DDD 非常难掌握。实际上这并不代表 DDD 本身的学习难度也是如此，困难更多体现在学习方法和思维上。图 1-19 展示了 DDD 学习的表象与真相。

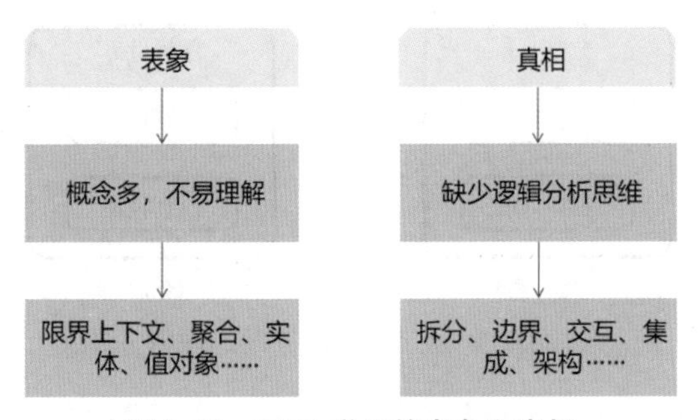

图 1-19　DDD 学习的表象和真相

诚然，DDD 是一种比较复杂的建模方式，其中包含一系列相对晦涩难懂的核心概念，包括限界上下文、聚合、实体、值对象等。但这些概念并不是虚无缥缈的，而是依托于严谨的逻辑分析思维，包括拆分、边界、交互、集成和架构等。普通开发人员之所以觉得 DDD 概念多、不易理解，正是因为缺少这些逻辑分析思维。而 DDD 的创始人 Eric Vans 之所以能够提出 DDD，也是因为他自身就是一名优秀的架构师，具备强大的逻辑分析思维能力，能够将这一能力与业务抽象、系统建模整合起来。原则上，如果读者拥有足够丰富的逻辑分析思维，也可以创建一种系统建模方法论并做到自圆其说。

2. 问题空间和解空间

领域（Domain）本质上是对现实世界问题的一种统称，是一种业务开展的方式，用以体现一个组织所做的事情，以及其中所包含的一切业务范围和所进行的活动。例如，电商系统包含商品、订单、库存和物流等业务概念，而医疗健康系统则关注挂号、就诊、用药、健康报告等业务场景。领域概念的提出不仅从业务的角度体现了系统的功能和价值，而且从技术的角度为人们提供了设计思想。

我们以一个业务场景为例进行讨论。试想一下日常生活中的生病就医场景。为了完成一次就医过程，用户需要完成预约挂号、向医生述说身体症状、做各种检查并获取报告、根据检查结果进行用药等步骤。如果将这些步骤抽象为一个问题空间（Problem Space），那就是就诊。如果我们设计一个针对这一场景的系统，所有的环节都是为了更好地帮助用户就诊，这是对真实世界的一种表现。

那么，如何针对就诊这个问题空间提供对应的解决方案呢？这就需要引入解空间（Solution Space）的概念。解空间代表的是一种逻辑世界，通过设计语言和设计模型来解决真实世界中的问题。图 1-20 展示了问题空间和解空间之间的映射关系。

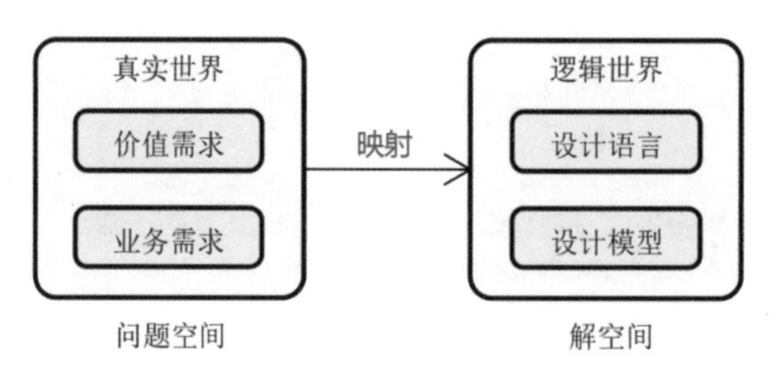

图 1-20 问题空间和解空间的映射关系

那么问题又来了，我们应该如何设计解空间呢？这需要对系统进行建模，从而得到能够指导系统开发的业务模型（Business Model）。系统建模是一个复杂的话题，围绕这一话题，业界也形成了不同的建模方法，而 DDD 同样在系统建模领域占有重要地位。接下来，我们来看一下在 DDD 中业务模型的组成结构，图 1-21 展示了从解空间到业务模型的表现形式。

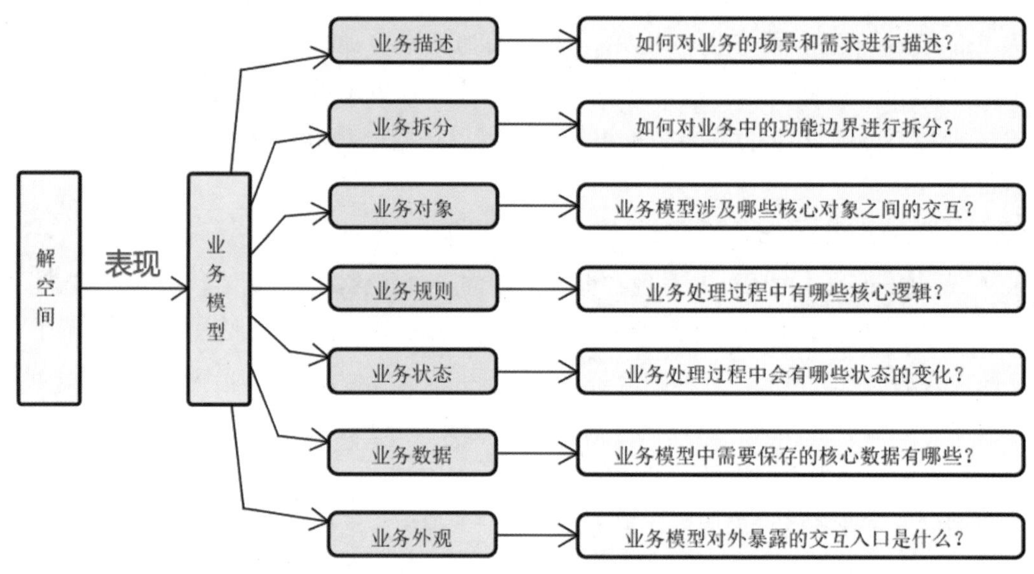

图 1-21 从解空间到业务模型的表现形式

在图 1-21 中，我们通过 7 个问题对业务模型进行了分析。接下来，我们将围绕这 7 个问题展开介绍。

- 业务描述。业务模型需要通过简洁而通用的语言进行描述，从而确保与模型相关的所有人都能够对模型所代表的业务场景和需求达成统一认识。
- 业务拆分。业务场景的复杂度决定了业务模型中功能组件的数量和关联关系，我们需要通过拆分的方式明确各个功能组件之间的边界。

- 业务对象。在一个业务场景中，势必存在一组业务对象，这些业务对象通过一定的交互关系构成具体的业务场景。
- 业务规则。在一个业务模型中，内部的核心逻辑通过一系列的业务规则来进行展现，业务规则代表着具体领域下的业务价值。
- 业务状态。每个业务场景都拥有状态，这些状态构成了业务处理的流程和顺序，也是业务建模的重点对象。
- 业务数据。所有业务模型都会产生数据，而且业务规则和业务状态的设计很大程度上围绕业务数据的处理过程而展开，我们需要将核心业务数据持久化保存。
- 业务外观。对于一个业务模型，需要和客户端、其他业务模块及第三方外部系统进行集成。这就需要开放一定的交互入口，我们将这部分入口称为业务外观（Facade）。

DDD 针对业务模型的以上 7 个问题给出了对应的设计方法。在此之前，我们先对 DDD 的设计维度进行分析。

3. 战略设计和战术设计

DDD 有两个主要的设计维度——战略设计和战术设计。

- 战略设计。战略设计关注如何设计领域模型，以及如何对领域模型进行划分，其目的在于清楚界分不同的系统与业务关注点。战略设计是一个面向业务、具备较高层次的设计维度，侧重于业务领域的梳理，以及考虑如何将业务领域和技术架构整合的问题。
- 战术设计。战术设计关注技术实现，从技术的层面指导开发人员实施领域驱动设计，关注在领域模型的基础上采用特定的技术工具来开发系统。显然，战术设计体现了技术架构的设计和展现方式。

战略设计和战术设计的整合为开发人员提供了一套通用的建模语言和术语，并展示了基于领域驱动的架构设计方法和实现 DDD 的各项关键技术，如图 1-22 所示。

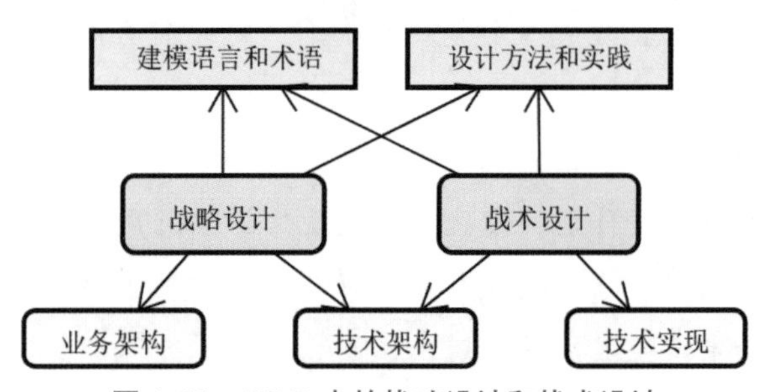

图 1-22　DDD 中的战略设计和战术设计

接下来我们将结合业务模型及 DDD 的两大维度展开讨论。

1.2.2 领域驱动战略设计

我们先来看领域驱动的战略设计。战略设计包含统一语言和限界上下文这两个核心概念，它们与业务模型的对应关系如图 1-23 所示。

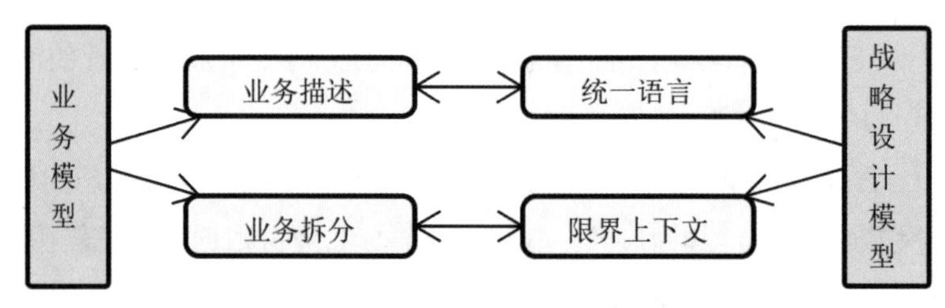

图 1-23 业务模型与战略设计的对应关系

1. 统一语言

通俗地说，统一语言（Ubiquitous Language，也称作通用语言）就是团队成员的“行话”，面向的是业务而不是技术。在协作过程中，业务人员和技术人员在意识形态与认知体系上达成一致并不是一件容易的事情，一方面需要领域专家持续介入，另一方面需要开发者具备对业务领域的基本思考方法。

统一语言的建立通常并不是一步到位的，而是分层次持续演进的。例如，考虑一个用户健康监控和管理的业务场景，业务人员和开发人员经过初步沟通，得到如下统一语言。

构建统一的健康监控功能，用户可以通过这一功能管理自己的健康信息。

在上述场景下，对原始需求的描述构成了系统的最高层次的统一语言，后续从业务到技术的各个层次的统一语言都将由此展开。而在开发人员与业务人员进一步沟通之后，得到如下细化的统一语言。

用户在申请健康检测时会生成一个健康检测单，同一个用户在上一个健康检测单没有完成之前无法申请新的检测单。

用户在申请健康检测单时提供自己的既往病史及目前的症状描述，然后系统根据用户的这些输入信息生成一个健康计划，健康计划被看作管理用户健康数据的一种执行媒介。

一个用户在同一时间只能有一份生效的健康计划，如果用户对系统自动生成的健康计划并不满意，可以重新申请生成健康计划。

健康计划的具体内容包括计划的制定医生、计划的描述、执行的周期、需要用户执行的健康任务列表等数据。

健康检测的结果表现为一种可以量化的健康分，该健康分会根据用户执行健康任务的完成情况不断更新。用户可以通过健康分判断自己的健康状况。

上述对业务场景的描述构成了第二层级的统一语言，我们可以从这些描述中提取大量有助于开展系统设计工作的关键信息。

统一语言的表现形式可以多样化，常见的有术语表、文档和图、模型语言等。在第 3 章中，我们将详细介绍统一语言的表现形式。

2. 限界上下文

针对业务拆分，我们首先需要引入子域（Sub Domain）的概念。我们可以将领域拆分为多个独立的子域。子域作为系统拆分的切入点，其来源往往取决于系统的特征和拆分的需求，如这些需求属于核心功能、辅助性功能还是第三方功能等。

拆分子域之后，我们需要进一步明确限界上下文（Bounded Context）的概念。限界上下文是 DDD 中的核心概念，这个概念比较难以理解，我们可以把这个词拆开来进行解释，即限界上下文 = 限界 + 上下文。

- 限界。对于任何概念、属性和操作，每个领域模型在特定的业务边界之内具有特定的含义，这些含义只限于这个边界之内，同一个业务概念，在不同的限界上下文中代表着不同的领域模型，这就是“限界”这个名称的由来。
- 上下文。上下文用来表现业务流程的场景片段。随着业务的开展，上下文会因为某些活动的发生而形成场景的边界。

我们来看一个限界上下文的简单示例，如图 1-24 所示。

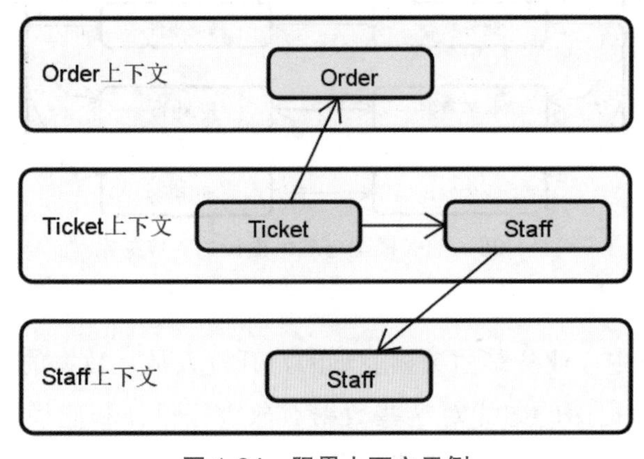

图 1-24　限界上下文示例

图 1-24 描述的是一个客服管理系统的业务场景，用户基于某一个订单（Order）发起一个客服工单（Ticket），该工单会交由某一个客服人员（Staff）进行处理。这里出现了 3 个限界上下文，其中 Ticket 上下文和 Staff 上下文中都存在一个 Staff 对象。两个 Staff 对象虽然名称相同，也代表着同一个逻辑概念，但在业务建模过程中却有本质性的区别。随着内容的演进，会发现 Staff 上下文中的 Staff 是一个聚合（Aggregate）对象，而 Ticket 上下文中的 Staff 则是一个实体（Entity）对象。另外，Ticket 上下文中的 Ticket 对象可能依赖 Order 上下文中的 Order 对象，但 Ticket 和 Order 显然属于不同的业务场景，此时可以发现，通过划分限界可以在很大程度上影响系统的设计和实现。

有了子域和限界上下文，下一步就是将它们整合到一起。每个子域都有自己的限界上下文，可以根据需要有效整合各个限界上下文，从而构成一个完整的领域模型。

1.2.3　领域驱动战术设计

请注意，在 DDD 的战略设计中，统一语言属于问题空间的范畴，而限界上下文属于解空间的范畴。也就是说，通过战略设计，我们已经完成了从问题空间到解空间的映射。但是，这时的解空间只是一个框架，需要通过 DDD 的战术设计进行填充。DDD 战术设计与业务模型的对应关系如图 1-25 所示。

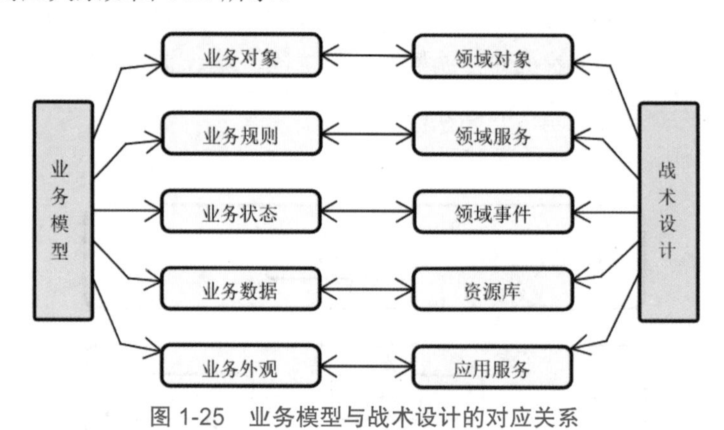

图 1-25　业务模型与战术设计的对应关系

1. 领域对象

在传统软件开发中，业务是由数据驱动的，开发人员从数据的角度来规划对象的组织形式，并以面向数据库的方式对这些数据对象进行设计和建模，每个业务对象只包含业务数据和结构的定义，并不具备业务操作能力，这就是所谓的贫血模型（Anaemic Model）。

虽然以数据作为主要关注点的开发模式也能完成对系统的构建，但我们认为面向领域的模型对象才是能够表达统一语言的有效载体。究其原因，在于很多对象并不能简单地通过它们的数据属性来定义，而是应该具有一系列的标识和行为定义。在 DDD 中，领域模型对象包括三大类，如图 1-26 所示。

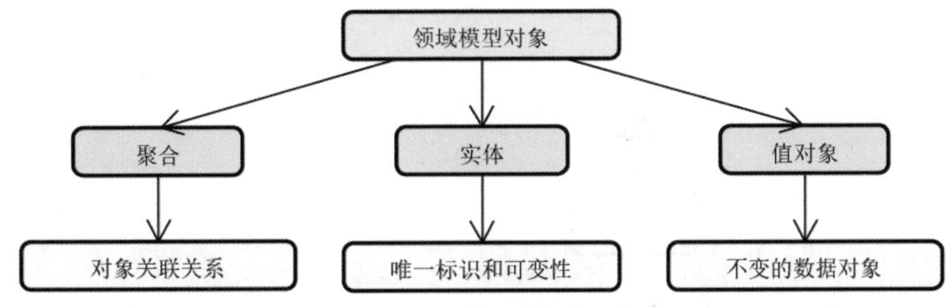

图 1-26　领域模型对象的三大类

在图 1-26 中，有聚合、实体和值对象 3 类领域对象，我们认为这些领域对象才是能够表达统一语言的有效载体。

- 聚合。聚合的核心思想在于简化对象之间的关联关系，一个聚合内部的所有对象只能通过聚合对象来进行访问，从而有效降低了对象之间的交互复杂度。
- 实体。实体是聚合内部具有唯一标识的一种业务对象，具有丰富的操作行为、状态可变性，以及完整生命周期。
- 值对象。值对象有点类似贫血模型对象，只关心对象的数据属性而不具备操作行为。值对象是不变对象、没有唯一标识且通常不包含业务逻辑。

2. 领域服务

我们可以将业务模型中的业务逻辑抽象为一组业务规则。业务规则从概念上说通常不属于任何一个独立的对象，而是涉及一组领域模型对象之间的交互和操作。当领域模型中某个重要操作无法由单个聚合或实体完成时，应该为模型添加一个独立的访问入口，这就是领域服务（Domain Service），如图 1-27 所示。

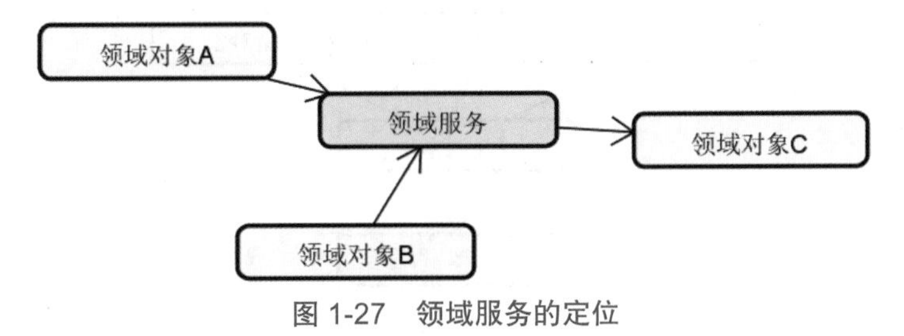

图 1-27　领域服务的定位

从图 1-27 可以看出，领域服务的构建涉及多个领域模型对象之间的交互和协作，这是单个领域模型对象所不能完成的操作。

3. 领域事件

现实中很多场景可以抽象为事件，如某一个操作发生时发送一条消息、出现了某种情况执行某个既定业务操作等。本质上，事件代表的是一种业务状态的变化，是一种独立的建模对象，在 DDD 中被称为领域事件（Domain Event），如图 1-28 所示。

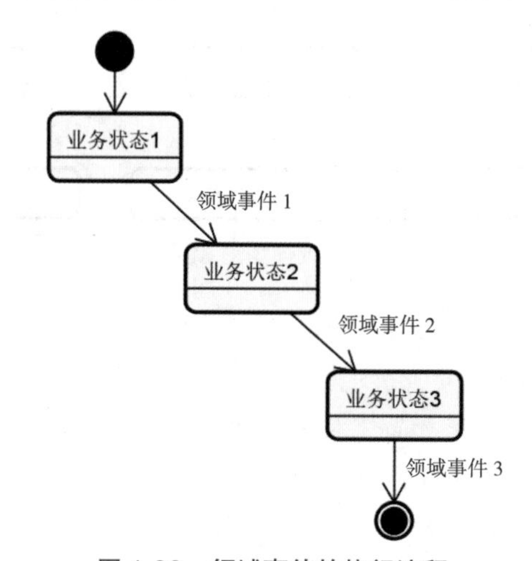

图 1-28 领域事件的执行流程

领域事件实质上就是将领域中发生的活动建模为一系列离散事件。领域事件也是一种领域对象，是领域模型的重要组成部分。

4. 资源库

对于任何一个系统，业务数据都需要进行统一的管理和维护，开发人员应将数据保存到各种数据持久化媒介中。我们认为系统中应该存在一个专门针对数据访问的入口，通过该入口可以对所有领域模型对象进行遍历。在 DDD 中，资源库（Repository）实际上充当了领域模型对象提供者的角色，如图 1-29 所示。

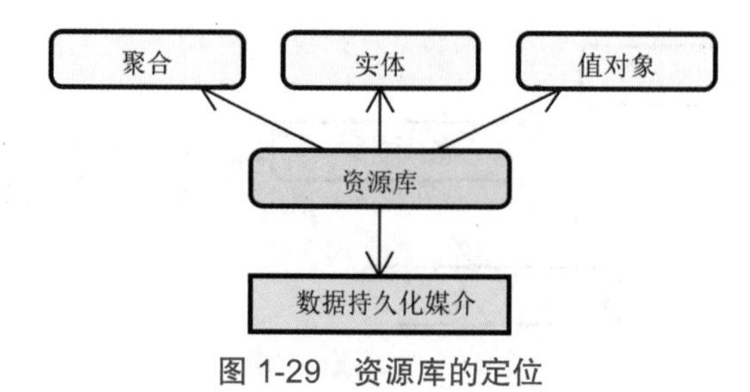

图 1-29 资源库的定位

简单来说，资源库用于实现对业务数据的持久化管理，同时帮助开发人员屏蔽数据访问过程中的技术复杂性。

5. 应用服务

DDD 中的应用服务（Application Service）提供了类似数据传输对象（Data Transfer Object，DTO）模式和外观模式（Facade Pattern）的功能。我们希望为系统中的一组接口提供一个一致的界面，从而使其更易用，这就是应用服务的价值，如图 1-30 所示。

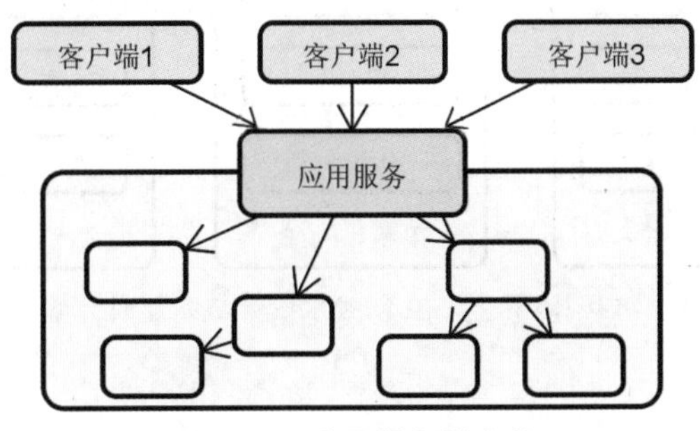

图 1-30 应用服务的定位

对于应用服务，我们不应该放置任何与业务逻辑相关的操作，而是仅完成来自用户界面或外部系统的集成需求，所以是很薄的一层技术组件。

到此，我们完成了从业务模型到 DDD 方法的完整映射，读者可以结合图 1-31 中的内容进行总结和回顾。

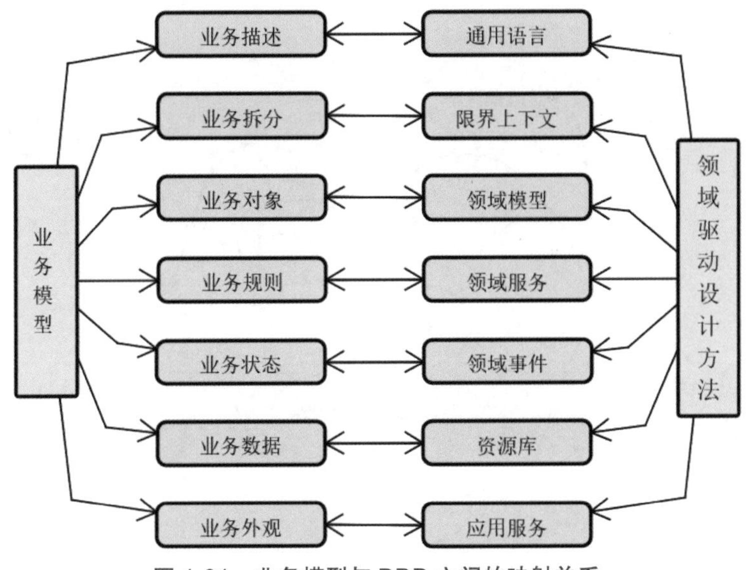

图 1-31 业务模型与 DDD 之间的映射关系

请注意，图 1-31 中 DDD 的各个组件并不是位于同一层次的，各个限界上下文都应该包括战术设计的所有技术组件，如图 1-32 所示。

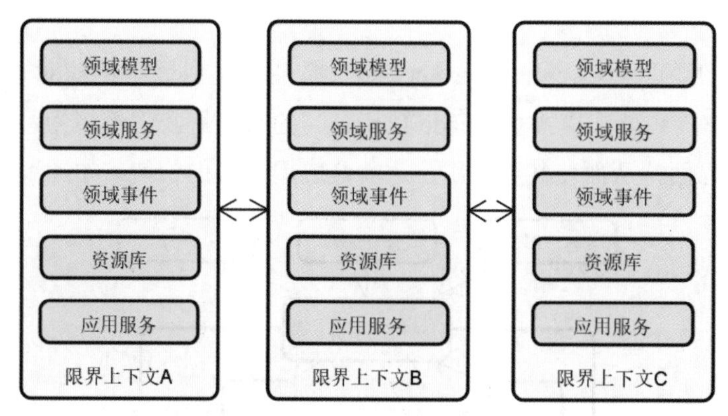

图 1-32　限界上下文和战术设计技术组件示意图

1.2.4　领域驱动设计和软件复杂度

我们引入 DDD 的目标是控制软件复杂度。那么，DDD 是如何做到这一点的呢？本节将探讨 DDD 与软件复杂度之间的对应关系。

1. 领域驱动设计和规模

我们先来看一个示例。图 1-33 展示了一张 UML 中的用例图，其中涉及工单系统中的一个常见用例。

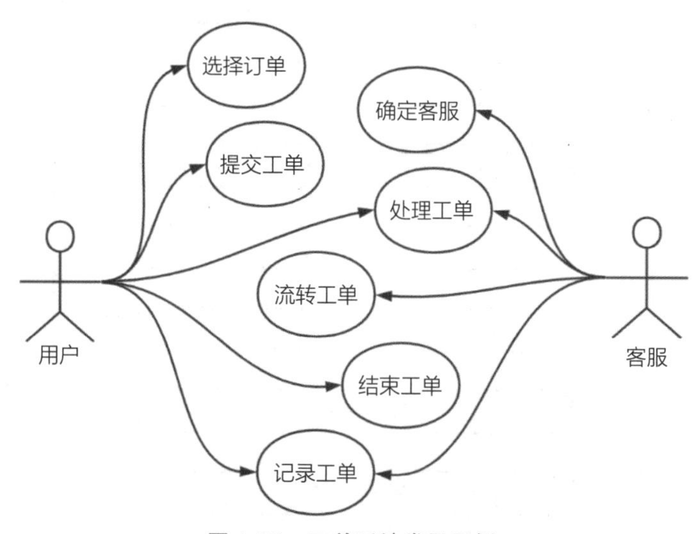

图 1-33　工单系统常见用例

针对图 1-33，我们可以采用 DDD 中的设计方法进行建模和拆分，从而得出一组子域，如图 1-34 所示。

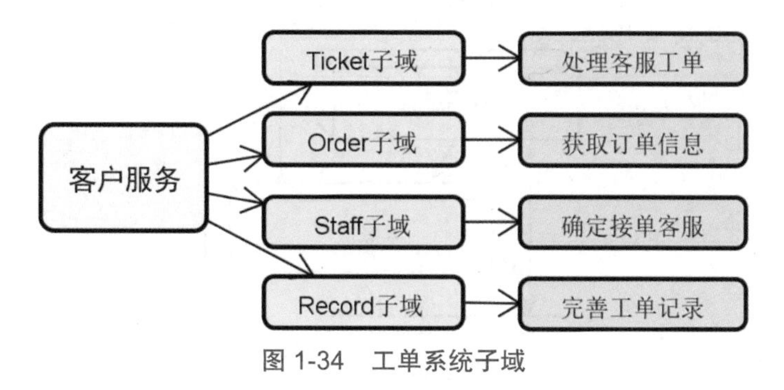

图 1-34　工单系统子域

我们可以将图 1-34 中的每个子域映射为限界上下文，并梳理限界上下文之间的关联关系，如图 1-35 所示。

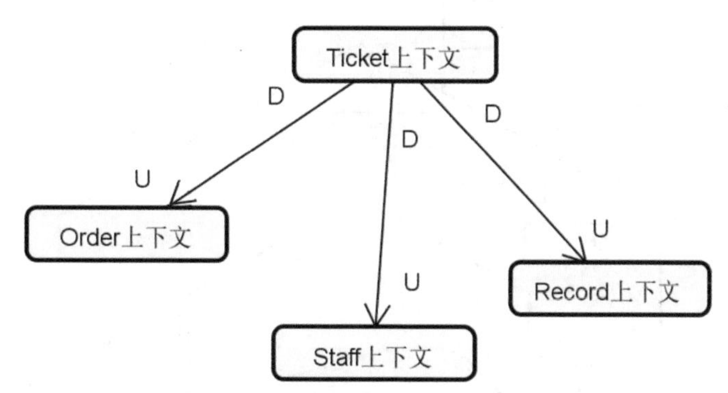

图 1-35　工单系统中限界上下文的交互过程

在图 1-35 中，U 代表上游，D 代表下游。位于下游的 Ticket 上下文会分别调用位于上游的其他 3 个限界上下文。通过这种方式，我们对系统进行了合理的拆分，从而降低了因规模导致的软件复杂度。这也是 DDD 中应对这一软件复杂度问题的基本手段。

2. 领域驱动设计和结构

在 DDD 中，为了应对由于结构导致的软件复杂度，通常会引入一组架构模式。图 1-36 展示的就是最基础的 DDD 分层架构模式。

可以看到，这里将系统分为用户接口层、应用层、领域层及基础设施层 4 个层次，并梳理了各个层次之间的调用关系。这是一种常见的 DDD 架构模式，但并不是 DDD 中唯一可以采用的架构模式，我们也可以采用图 1-37 所示的六边形架构来对系统结构进行合理组织。

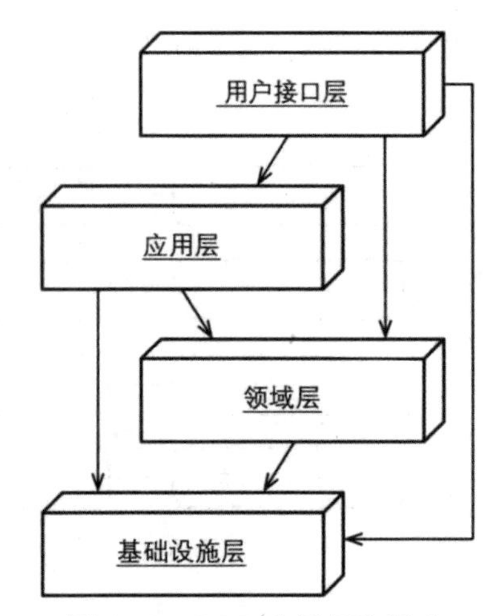

图 1-36 DDD 分层架构模式

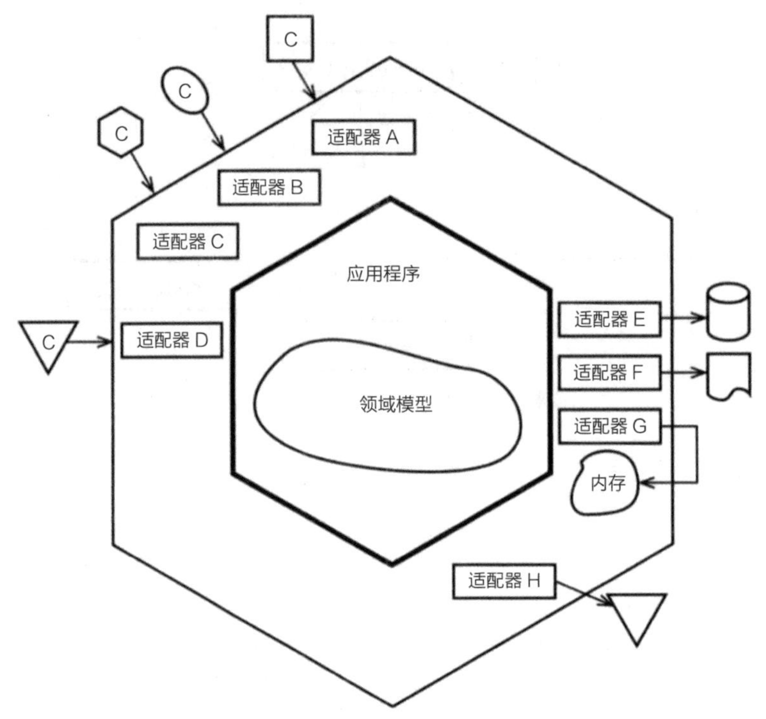

图 1-37 DDD 六边形架构模式

在 DDD 中，常见的架构模式还包括五层分层架构、整洁架构等。关于分层架构、六边形架构及其他 DDD 架构模式的讨论，请参考第 11 章。需要牢记的是，无论采用何种架构模式，目的都是降低由于结构不合理而导致的软件复杂度。

3. 领域驱动设计和变化

应对变化所引起的软件复杂度的基本思路是抽象，那么 DDD 是如何实现抽象过程的呢？本质上是依靠它的领域对象。我们在 1.2 节讨论 DDD 战术设计维度时已经知道 DDD 领域对象包括聚合、实体和值对象 3 种类型，它们之间存在图 1-38 所示的包含关系。

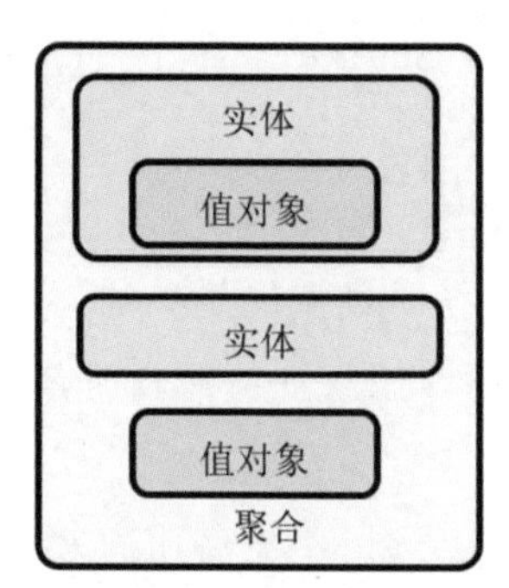

图 1-38　3 种领域模型对象的结构包含关系

可以看到，聚合内部包含实体和值对象，而实体和值对象既可以单独存在，也可以在实体中嵌入值对象。实体具有操作行为和状态可变性，而值对象则只关注数据属性。这两种领域对象很好地封装了业务本身的属性和状态。另外，聚合的作用在于管理领域对象之间的交互过程，一个聚合内部的所有对象只能通过聚合根进行访问，从而有效降低了对象之间的交互复杂度，如图 1-39 所示。

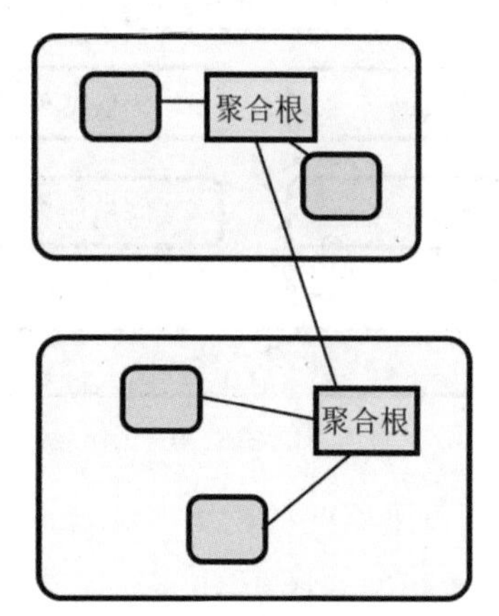

图 1-39　通过聚合根降低对象交互复杂度

本质上，聚合、实体和值对象体现的是一种抽象机制，抽象的切入点包含数据属性、操作行为、可变状态及交互方式。通过前面内容的分析，我们可以基于 DDD 来应对系统中的各种变化，并通过抽象手段降低软件复杂度。

1.3 领域驱动设计与架构融合

在 1.2 节介绍 DDD 的基本概念时，我们提到 DDD 不是设计准则或者规范，也不是架构设计的“脚手架”。因此，当在系统开发中使用 DDD 时，势必需要与目前业界主流的架构体系进行融合，这是 DDD 得以落地的核心。本节将围绕这一话题展开讨论。

1.3.1 领域驱动设计与单体应用

很多读者可能会问：在开发系统时使用的是单体架构，而在单体应用中是否可以使用 DDD 呢？当然可以。在单体应用中，组织业务逻辑时，仍然推荐使用 DDD 的设计思想和方法。

所谓单体系统，简单来说，就是将一个系统所涉及的各个组件打包为一个一体化结构并进行部署和运行。在 Java 领域中，这种一体化结构很多时候表现为一个 JAR 包，而部署和运行的环境就是以 Tomcat 为代表的各种应用服务器。这就意味着在每个单体系统中，我们至少可以实现一个包含所有领域模型、领域服务、领域事件、资源库和应用服务的限界上下文，如图 1-40 所示。

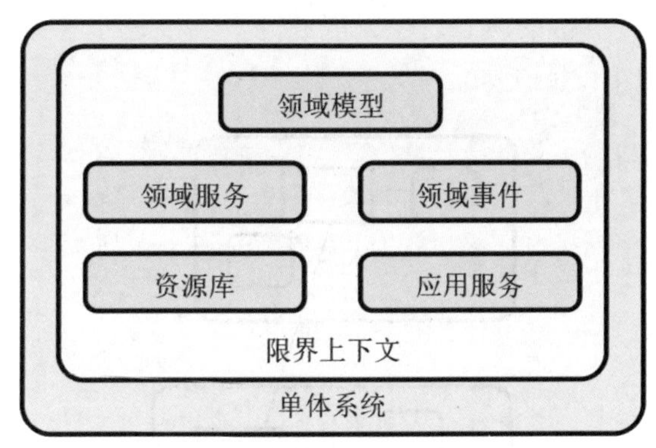

图 1-40 单体系统中的单个限界上下文

在图 1-40 的基础上，我们可以采用业务模块（Module）的方式对单体系统进行拆分，这样得到的一个个模块就是限界上下文。图 1-41 展示了这种拆分效果。

图 1-41 体现了一种逻辑拆分的设计思想，即所有的代码虽然仍位于同一个 JVM 物理进程中，但逻辑上这些代码是严格按照 DDD 的方式进行拆分后的产物。基于这种方式，如果需要将单体系统升级为微服务架构，只需将各个业务模块提取为独立的微服务。

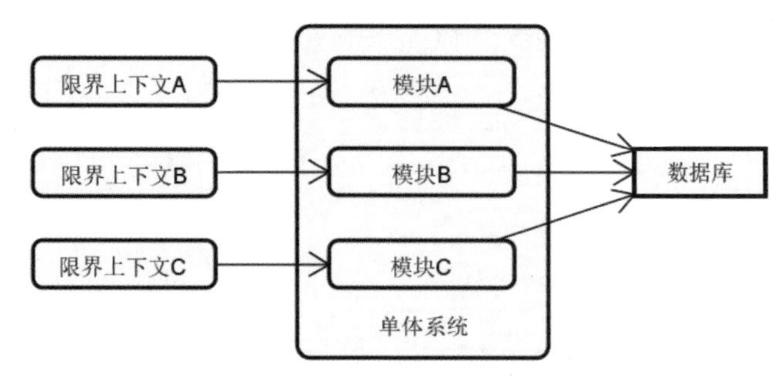

图 1-41　单体系统中基于模块拆分限界上下文

1.3.2　领域驱动设计与微服务架构

近年来，微服务架构的持续发展也为 DDD 的应用带来了一波高潮，这是因为 DDD 中的限界上下文概念和微服务架构中的服务之间存在非常契合的对应关系。如果正在实施微服务架构，那么只需要将每个限界上下文映射成微服务即可，如图 1-42 所示。

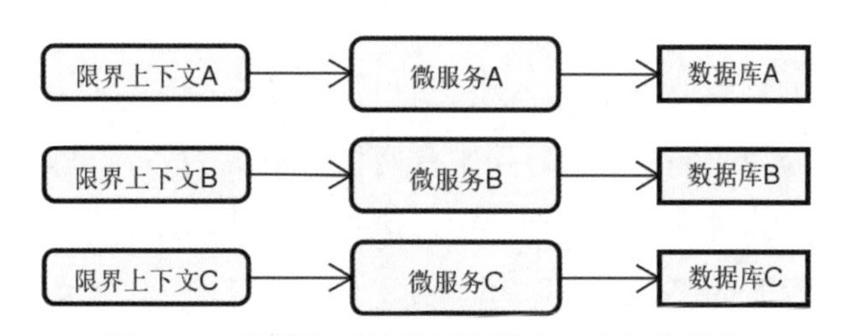

图 1-42　微服务系统基于限界上下文拆分服务

有些读者可能会问：限界上下文和微服务之间是一对一的映射关系吗？答案是否定的。实际上，一个限界上下文中可以包含多个微服务，也就是限界上下文和微服务是一对多的关联关系。图 1-43 展示的就是现实场景中的一个示例，可以看到 3 个限界上下文中一共包含 6 个微服务。

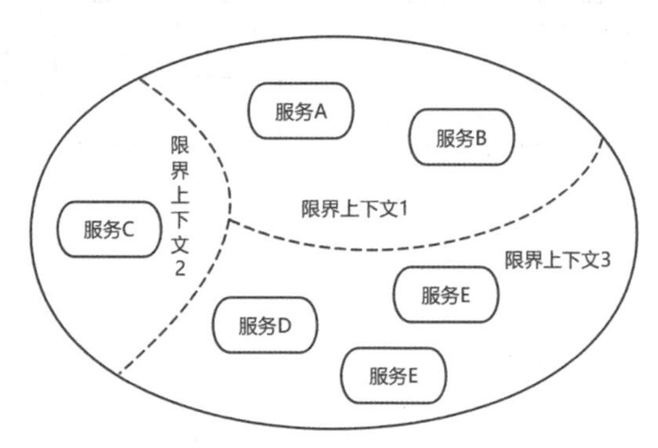

图 1-43　限界上下文和微服务的一对多关系

图 1-44 进一步展示了限界上下文和微服务在范围上的差异性，读者可以通过该图来加深对其的理解。

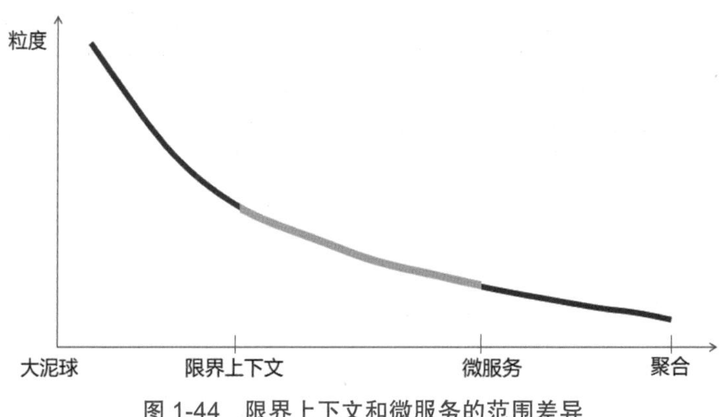

图 1-44 限界上下文和微服务的范围差异

1.3.3 领域驱动设计与中台架构

中台和微服务并不是同一层面的事物，可以简单认为微服务是构建中台的一种组件化实现手段。中台通常分为业务中台和数据中台两种类型。

在业务中台架构中，每个中台都由一组微服务构成。因此，我们可以在微服务架构的基础上添加对中台架构的描述，如图 1-45 所示。

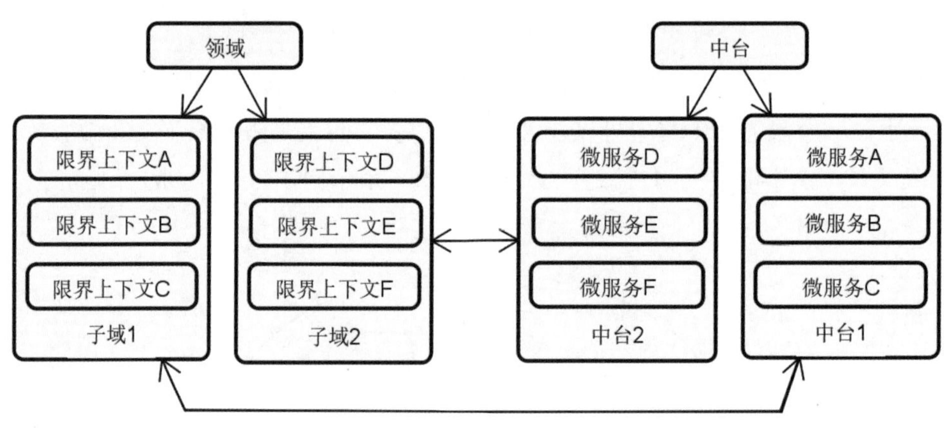

图 1-45 业务中台和 DDD

对于数据中台，我们也可以将整个围绕业务数据处理的后台逻辑及分析模型划分到限界上下文中，从而针对不同的数据处理过程提取不同的限界上下文。图 1-46 展示了这一建模方法。

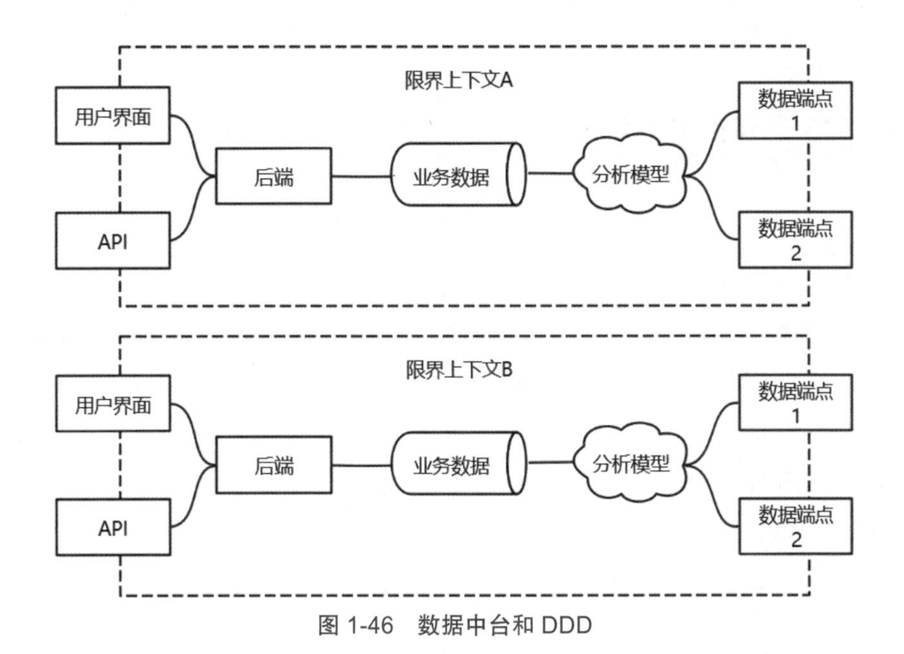

图 1-46　数据中台和 DDD

和其他任何一种软件架构设计方法一样，DDD 同样适用于所有业务系统的开发。在采用 DDD 之前，我们需要结合自身正在开发的业务系统，完成 DDD 和所采用架构之间的融合。

1.4　本章小结

本章首先系统阐述了软件复杂度的 3 种表现形式——规模、结构和变化，并由此引入 DDD 的基本概念，以及战略设计和战术设计这两大类设计体系。使用战略设计和战术设计，我们可以分别应对软件复杂度的不同表现形式。另外，本章还讨论了作为一种主流的系统建模方法，DDD 与单体应用、微服务架构及中台架构之间的融合方法。

第2章
工作坊案例系统

本书是一本以工作坊为驱动的DDD实践类的书，将围绕一个完整的案例系统介绍DDD的方方面面。整个工作坊围绕一个论坛（Forum）系统展开讨论，可分为如下4个部分。

- 基础设计部分。
- 战略设计部分。
- 战术设计部分。
- 架构设计部分。

从本章开始，我们将进入工作坊案例系统的解说环节，首先关注的是案例系统本身及其基础设计部分内容。在本章中，我们将介绍工作坊的基本概念和开展方式，对案例系统的背景和功能进行描述，并最终完成基础设计的交付产物。

2.1 工作坊的基本概念和开展方式

工作坊是一种企业内部经常采用的培训形式，具备固有的开展方式和流程。对于DDD工作坊，同样存在特有的过程和阶段。在引出具体的案例系统之前，本节展开介绍DDD工作坊的各个维度。

2.1.1 工作坊的基本概念

工作坊是一种以实践为基础的培训形式，通过集体参与、互动交流和问题解决等方式，促进学习者在特定领域内的知识、技能和态度的提升，通常以线下封闭培训的方式开展。相比传统的线上或线下培训模式，工作坊具有如下明显优势。

1. 灵活性

工作坊强调互动参与和实践操作，与传统的授课形式相比更加灵活。学员可以根据自身需求和兴趣选择参与的工作坊，而且通常可以根据实际情况进行调整和优化。

2. 集体学习

工作坊采用小组互动的学习方式，通过小组合作、角色扮演等活动，促进学员之间的互动与交互。这种集体学习的形式有助于学员共同探索问题、分享经验和知识，并从中获取不同的观点和反馈。

3. 问题导向

工作坊注重解决实际问题，通过引导学员思考和分析真实案例，提供解决问题的方法和技巧。学员在实际操作中面临的困难和挑战也会成为工作坊讨论的重点，从而帮助学员更好地理解和应用所学知识。

DDD 工作坊从类型上说属于一种参与式工作坊，而不是普通的工作坊。那么什么是参与式工作坊呢？参与式工作坊是这样一种工作坊，它推崇在一个多人共同参与的场景与过程中，参与者相互对话沟通、共同思考、进行调查与分析、提出方案或规划，并一起讨论方案如何推动，甚至付诸实际行动。我们将通过参与式工作坊，基于具体的案例系统生成最终的 DDD 设计交付物。

2.1.2 准备工作

在开展任何类型的工作坊之前都需要做准备工作，这点对于 DDD 工作坊很重要。DDD 工作坊的实施有一定的准入条件、环境要求和物料信息。但请注意，这些条件、要求、信息的提出都有一个前提，即我们希望将工作坊做成什么样子，达到什么样的效果。这也是本节将要讨论的内容。

1. 确定目标

在开展 DDD 工作坊之前，我们需要对工作坊的开展结果设立一个明确的目标。就笔者所辅导过的 DDD 工作坊而言，常见的目标主要包含以下几种。

- 领域知识分析：这类工作坊的核心目标是确保人们对业务系统的领域知识有全面和系统的认知，偏重 DDD 战略设计。
- 架构设计方法提炼：这类工作坊的核心目标是获取系统的整体架构，从而更好地指导系统的设计和实现，偏重 DDD 架构设计及一部分 DDD 战术设计。
- 系统实现过程设计：这类工作坊的核心目标是获取实现系统的详细设计方案和实现方法，偏重 DDD 战术设计及 DDD 架构设计。
- 全流程业务建模和系统设计：这类工作坊最为全面，涵盖了上述 3 种工作坊的所有内容，但由于时间限制，往往偏重系统建模而不是技术实现。

在规划举办一个 DDD 工作坊之前，需要在上述目标中选择一个符合当前团队或业务发展需求的培训目标。如果没有特定的目标，可以开展全流程业务建模和系统设计，即涵盖 DDD 战略设计、战术设计和架构设计，这也是本书介绍的 DDD 工作坊所选择的目标。

2. 准入条件

为了保证工作坊的顺利开展和效果，在开展之前需要满足如下条件。

- 参与人员对工作坊开展的背景、需要解决的问题和产出目标理解一致。
- 参与人员对业务形态已经有明确的认知和理解，有能力共同清晰描述业务流程。
- 参与人员接受过必要的培训，最好对 DDD 的基本概念有一定的了解。
- 参与人员符合特征团队的组成结构，产品（项目）负责人、领域专家、技术专家必须全程参加，如有信息缺失能及时补充相应领域专家。

这里引出了一个概念——特征团队（Feature Team）。团队的组建方式可以是职能团队也可以是特征团队，前者关注某一个特定职能，如常见的服务端、前端、数据库、UI 等功能团队，而后者则代表一种跨职能（Cross Function）的团队构建方式，团队中包括服务端、前端等各种角色。在 DDD 工作坊的实施方法中，特征团队的范围更为广泛，可以包含与这个产品和项目相关的所有成员。

3. 环境要求

工作坊的顺利开展依赖环境，工作坊对物理空间有以下要求。

- 空间能够容纳工作坊参与人员，满足连续工作的需要，防止因空间狭小和密闭产生对人员健康的不利影响。
- 拥有投影仪，便于投影 DDD 相关电子材料。
- 拥有大白板，能够使用白板笔进行可视化交流。
- 拥有完整连续的墙面，能够容纳大白纸，墙面面积应足够适配复杂业务场景需要；同时，能够使用蓝丁胶粘贴大白纸，并易于清除且不造成损坏。
- 障碍物较少，便于全体参与人员站立在大白纸前进行协作设计。

如果环境空间较大或人员较多，可以通过麦克风和音箱保证主持人的音量与现场专注度。

4. 物料清单

工作坊是一个由团队驱动的实践活动，而不是由主持人单方面驱动的培训课程。因此，在实施过程中，需要引入一系列物料来确保团队每个人都能够参与其中。表 2-1 罗列了开展 DDD 工作坊所需的部分常见物料清单。此外，还需要移动白板 1 块，用来张贴学员的设计图；麦克风 2 或 3 个，供学员展示成果和相互交流。

表 2-1　DDD 工作坊物料清单表

材料名称	规格	数量
大白纸	78cm×109cm，120g 全开	100 张
混色便利贴（水上威尼斯系列，蓝色系）	76mm×76mm	2 套
混色便利贴（热情古巴系列，红色系）	76mm×76mm	2 套
黄色长方形便利贴	127mm×76mm	1 套
小号便利贴	76mm×51mm	1 套
马克笔	黑色	2 盒
蓝丁胶	蓝色，75g	2 包

表 2-1 展示了一组不同类型的便利贴，可以在大白纸上展示不同的效果。这些便利贴主要用于开展事件风暴。事件风暴是目前 DDD 工作坊中一种主流的实施方式，我们将在第 5 章中对其进行详细介绍。

2.1.3　流程和阶段

基于“全流程业务建模和系统设计”的工作坊开展目标，以及整个工作坊的进程安排，我们将工作坊的实施过程分为 4 个阶段（见图 2-1），参与人员从基础设计入手，最终采用 DDD 思想和方法完成整个系统的设计。我们将采用类似“总—分—总”的演进结构来设计 DDD 工作坊。

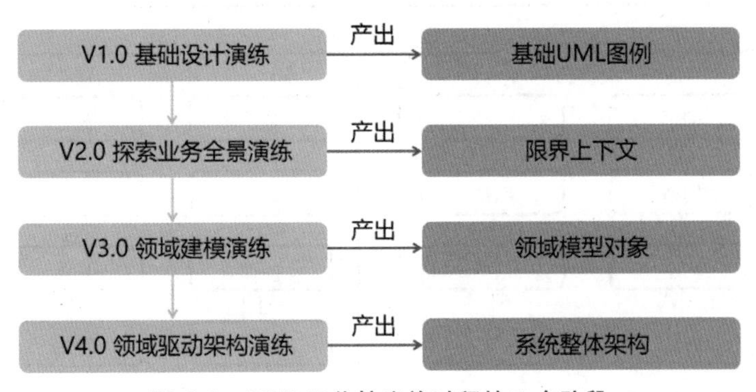

图 2-1　DDD 工作坊实施过程的 4 个阶段

针对上述每个阶段，工作坊的开展流程如下。

- 需要学员以分组的形式在一定时间范围内完成若干任务，并产出对应的交付成果。
- 每个阶段的交付成果均为一系列的设计图例，绘制在大白纸上。
- 每组派代表上台展示每个阶段的交付成果（需要控制展示时间）。
- 讲师和学员互动，对每组的交付成果进行点评（同样需要控制点评时间）。

视工作坊参与人员的数量，我们一般建议学员按照一定的岗位组织结构进行分组，每组保持 7~9 人。请注意，无论每组人数多寡，都需要确保每组构成一个特征团队，并尽量将核心团队成员打散到各个小组中。

关于工作坊的持续时间，就笔者的经验而言，实施图 2-1 中所展示的 4 个阶段的 DDD 工作坊一般需要 16 小时。如果只实施图 2-1 中的部分阶段，如第二阶段和第三阶段，也可以将工作坊的时间控制在 8 小时。

2.2 案例系统介绍

当我们开展 DDD 工作坊时，本质是解决现实中的问题，需要围绕具体的目标设计工作坊的内容。在 2.1 节中，我们已经确定了 DDD 工作坊的目标是完成全流程业务建模和系统设计。为了更好地展示这一目标的具体实施过程和结果，本节将引入一个案例系统，该案例系统将贯穿全书始终。

在本书中，我们将围绕一个论坛系统来开展 DDD 工作坊。论坛系统的基本结构如图 2-2 所示。

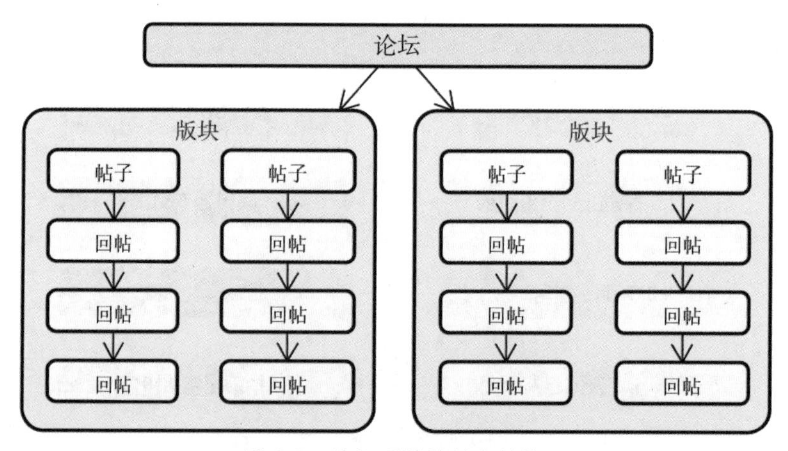

图 2-2 论坛系统的基本结构

之所以选择论坛系统作为案例系统，原因在于论坛系统本身不仅具备足够的复杂度来承载 DDD 中的所有概念，而且具备相对简单的功能体系，能够确保在一个工作坊的有效周期内完成所有的步骤并形成可以指导日常工作的交付物。

对于一个典型的论坛系统，我们认为其应该包含如下功能。

- 用户管理功能：能够注册和更新注册用户的个人信息。
- 论坛管理功能：能够基于不同内容创建多个论坛版块，在每个版块中能够看到最新发布的帖子。
- 帖子发布功能：可以在某个论坛版块下创建新的帖子并对帖子进行修改和删除，用户发帖时会有对应的积分。
- 帖子置顶功能：能够对某个帖子执行置顶操作。
- 帖子回复功能：能够在浏览某一个帖子时对其进行回复，用户回帖会有对应的积分。
- 帖子查看功能：能够获取帖子的查看、回复等统计数据，用户浏览帖子会有对应的积分。
- 附件上传功能：帖子可以支持多种类型的附件。
- 订阅功能：能够对不同的论坛版块、帖子和用户账户进行订阅，从而确保这些论坛版块、帖子和用户账户更新时，用户能够收到消息推送（如短信息、电子邮件等）。
- 标签管理功能：能够对论坛版块和帖子打标签，并能根据标签筛选版块或帖子。
- 全局搜索功能：能够基于关键词对帖子内容进行搜索。

在设计案例系统时，我们不希望通过堆砌业务逻辑来刻意增加论坛系统的复杂度，而是重在展示 DDD 对系统建模方面的指导价值，因此对现实中论坛系统的功能体系做了裁剪，从而得到上述功能列表。

2.3　案例系统基础设计

从本节开始，我们将正式进入案例系统的工作坊开展过程。首先讨论的是如何开展案例系统的第一阶段——基础设计。

2.3.1　基础设计目标

工作坊第一阶段的设计思路是让学员能够围绕有效的需求描述充分展开讨论，并基于自身的认知体系和设计能力给出一版基础的设计方案。本阶段的主要目标有如下两个。

- 在不采用 DDD 的前提下完成一版方案设计，并和采用 DDD 的方案进行对比，从而充分展示不同方案之间的优劣点，促进学员的学习热情和自我提升意识，打破原有认知体系。
- 增进小组之间人员的熟悉程度，让成员对设计展示环节有一定的体验，为后续一系列工作坊任务的展开做好铺垫。

如果成功实施基础设计阶段，那么，对于讲师，有助于了解学员的整体水平，方便临场把控；对于学员，能够快速熟悉案例系统的业务场景和功能体系，对系统本身有整体认识和把握。

2.3.2 基础设计流程

在开始 DDD 工作坊时，无论在哪一个阶段，我们都需要把控该阶段的工作流程、时间安排及对应的交付物。同时，在实施过程中，势必会遇到一些注意点，我们需要在该阶段结束时总结和复盘，以提炼符合自身团队的最佳实践。

1. 工作流程

在基础设计阶段，由于还没有介绍 DDD 中的各个概念，因此这里通过传统的系统建模方法来完成对论坛系统的设计。这一阶段的工作流程如图 2-3 所示。

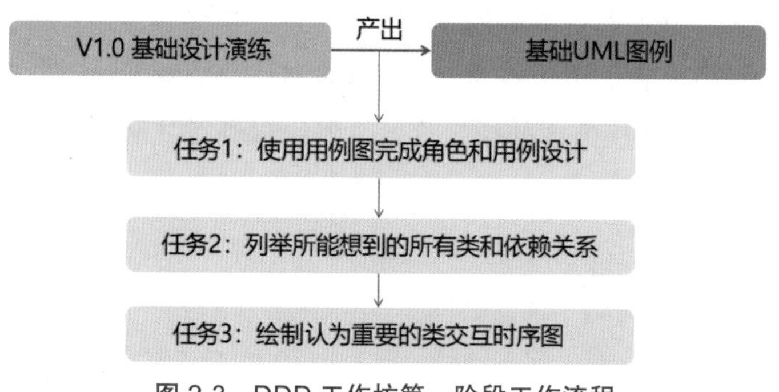

图 2-3　DDD 工作坊第一阶段工作流程

可以看到，在基础设计阶段，每个小组需要完成 3 个任务，这些任务的交付物就是一组 UML 图例，包括用例图、类图和时序图。

2. 时间安排

对于论坛系统这种规模的案例系统而言，我们可以按照如下建议来安排时间。

- 任务时间：30 分钟完成 3 个任务。
- 展示时间：每组上台展示和点评 6~8 分钟。

如果整个工作坊的参与人员为 60 人，每组按 10 人进行划分，那么整个基础设计阶段中学员参与的时间及讲师的总结和点评时间可以控制在 1 小时 30 分钟左右。

2.3.3　基础设计交付物

下面先来看一下基础设计阶段的交付产物。这里先以电子版本的标准 UML 图例给出对应的效果图，然后讨论如何结合工作坊现场环境模拟真实的交付结果。

1. UML 交付物

我们使用的 UML 建模工具是 Astah UML。图 2-4 展示了论坛系统的用例图。

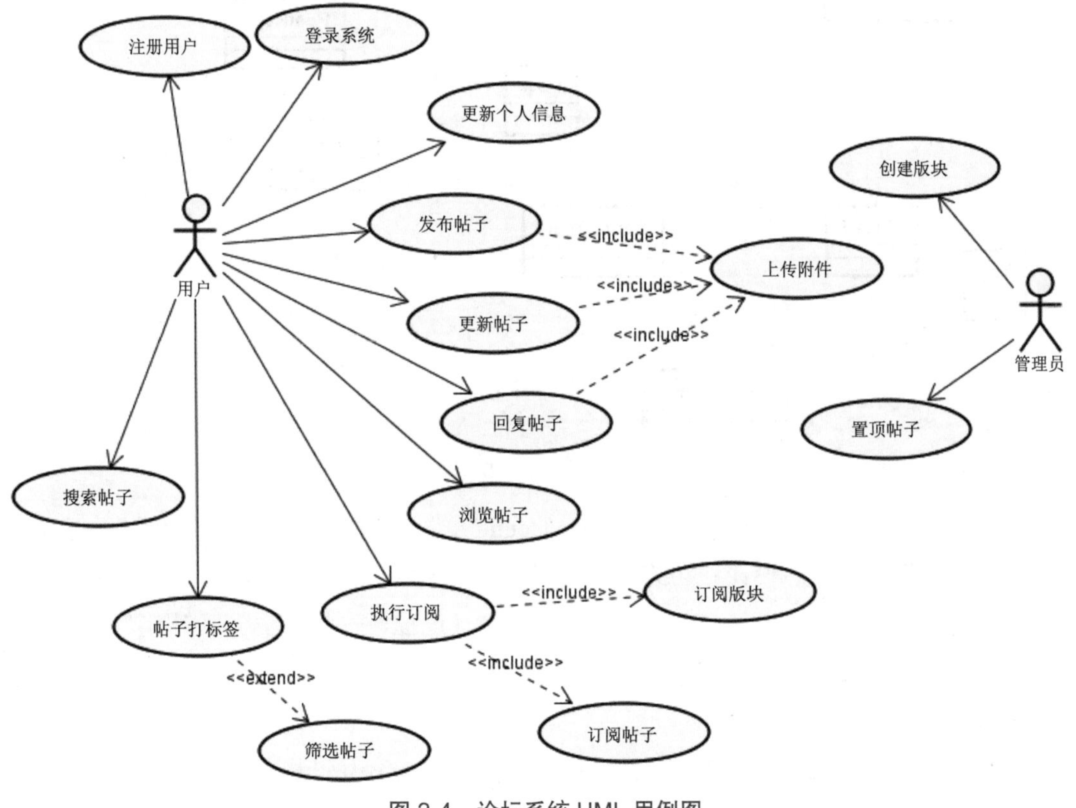

图 2-4　论坛系统 UML 用例图

可以看到，这里出现了两类角色——用户和管理员，分别包含了一组执行用例。在提炼系统用例时，一方面尽量挖掘出系统中潜在的用例，另一方面明确具体用例的执行对象。例如，基于“具备帖子置顶功能，能够对某个帖子执行置顶操作”这一功能，我们明确系统具有“置顶帖子”这一用例，但这一用例应该由谁来执行呢？显然，用户不应该具备置顶帖子的权限，执行该用例的应该是管理员。

基于用例及功能描述，我们可以初步梳理系统中的核心类结构。这一步通常无法完全挖掘出系统中所应具备的所有类，但应该尽量实现这一点。图 2-5 展示了论坛系统的核心类及其交互关系。

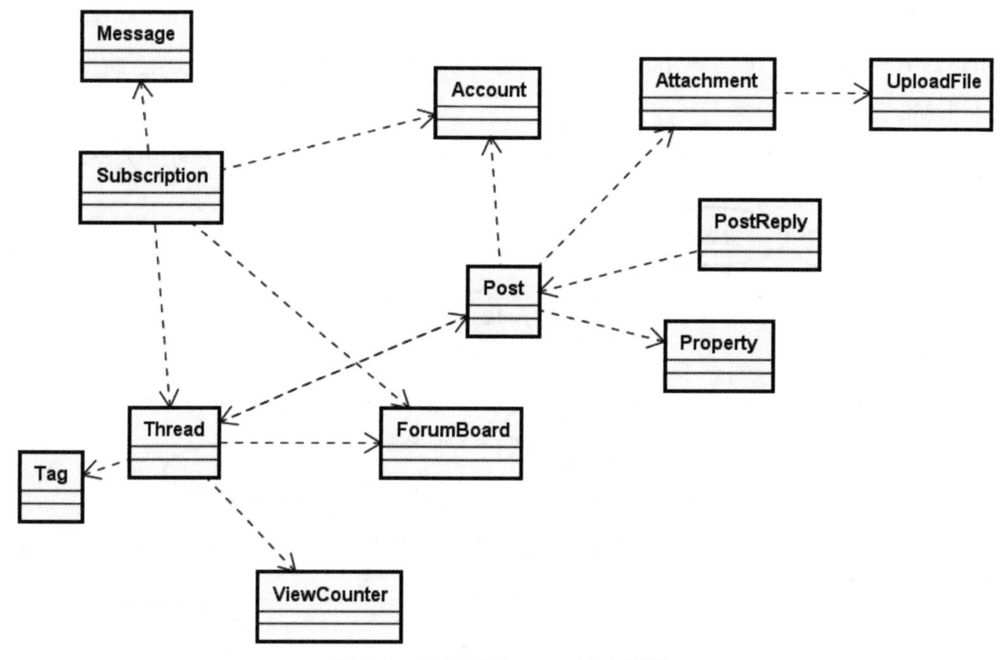

图 2-5 论坛系统 UML 核心类图

在图 2-5 中，我们针对帖子设计了 ViewCounter 类用来标识该帖的浏览数量，但并没有针对“积分”这一概念设计独立的类。在基础设计阶段，出现这种情况是合理的，因为我们还没有深入探究论坛系统中各个业务流程的交互过程，也就无法合理判断“积分”这个概念是应该包含在 Account 类中还是单独提炼为一个类。这些设计决策点随着工作坊的演进渐进涌现。

最后，我们基于图 2-5 中的核心类来梳理论坛系统的交互过程，图 2-6 展示了发帖和回帖的时序图。当然，读者也可以根据个人需要创建一组不同场景下的交互时序图。

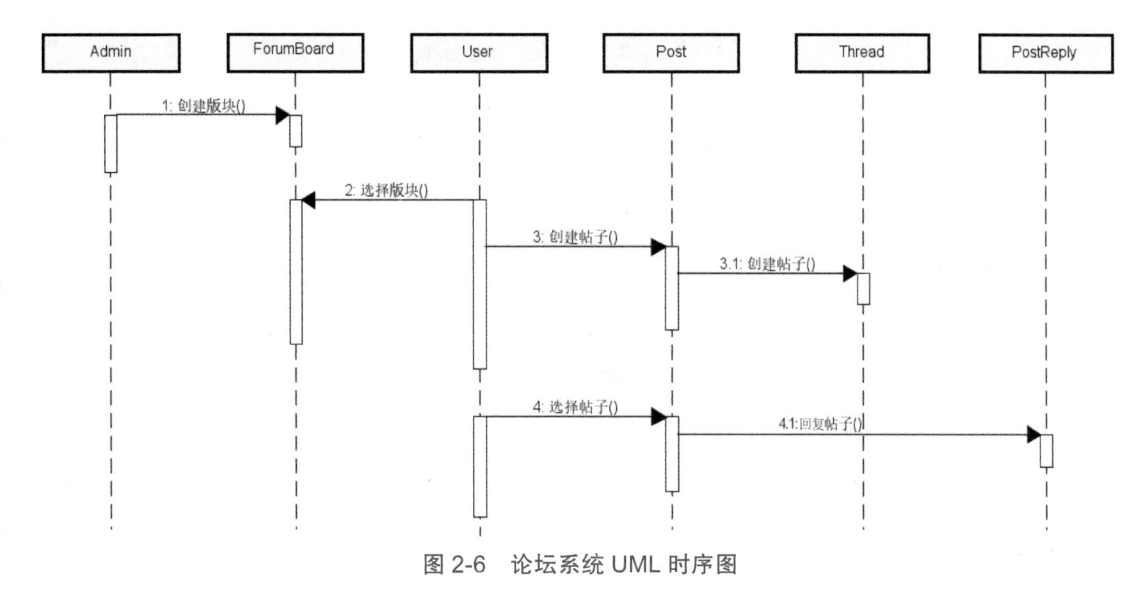

图 2-6　论坛系统 UML 时序图

2. Miro 平台交付物

现在，我们回到工作坊的现场环境。在工作坊中，学员无法使用类似 Astah UML 这样的电子化工具，手上只有便利贴、大白纸和水笔。通过这些工具，也可以构建出类似图 2-4～图 2-6 的效果。但是，这些现场效果图显然无法直接作为本书展示的可视化内容。为此，我们引入符合 DDD 工作坊现场建模的电子化工具。

笔者综合对比了目前市面上的便利贴和白板工具，发现 Miro 这款在线工具非常适合 DDD 工作坊。Miro 是一款功能强大的在线白板软件，被广泛应用于团队协作、创意思维和项目管理等领域。它提供了丰富的创作工具和功能，使得团队成员可以轻松地进行思维导图、流程图、便利贴、画笔绘制等操作。在白板软件领域，Miro 是主流白板工具中存续时间最长，也是在功能和生态上最为成熟的一款工具。关于该工具的详细介绍，读者可以自行浏览其官方网站。

在 Miro 中，我们可以使用一组便利贴完成系统建模。图 2-7 展示了使用 Miro 绘制的用例效果图。

在图 2-7 中，我们使用两种不同颜色的便利贴来展示角色和用例，当然也可以使用实线和虚线来展示 UML 用例图中的细节。

基于 Miro 绘制论坛系统中的类及其交互关系也非常简单，图 2-8 展示了对应的效果图。

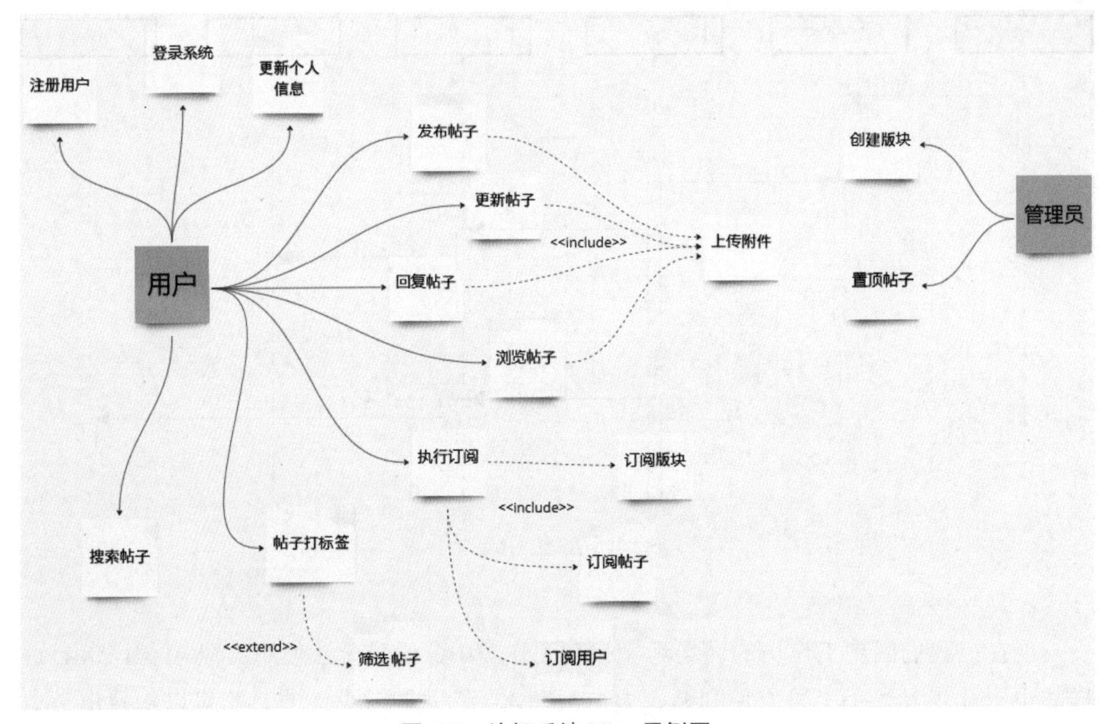

图 2-7 论坛系统 Miro 用例图

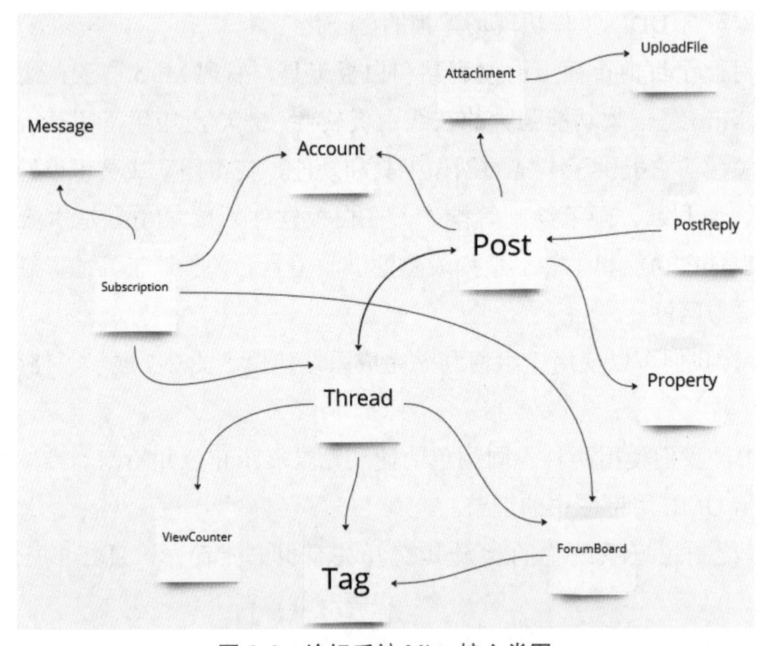

图 2-8 论坛系统 Miro 核心类图

也可以使用 Miro 来绘制图 2-9 所示的时序图，该图展示了用户发布帖子和回复帖子时触发订阅的场景。

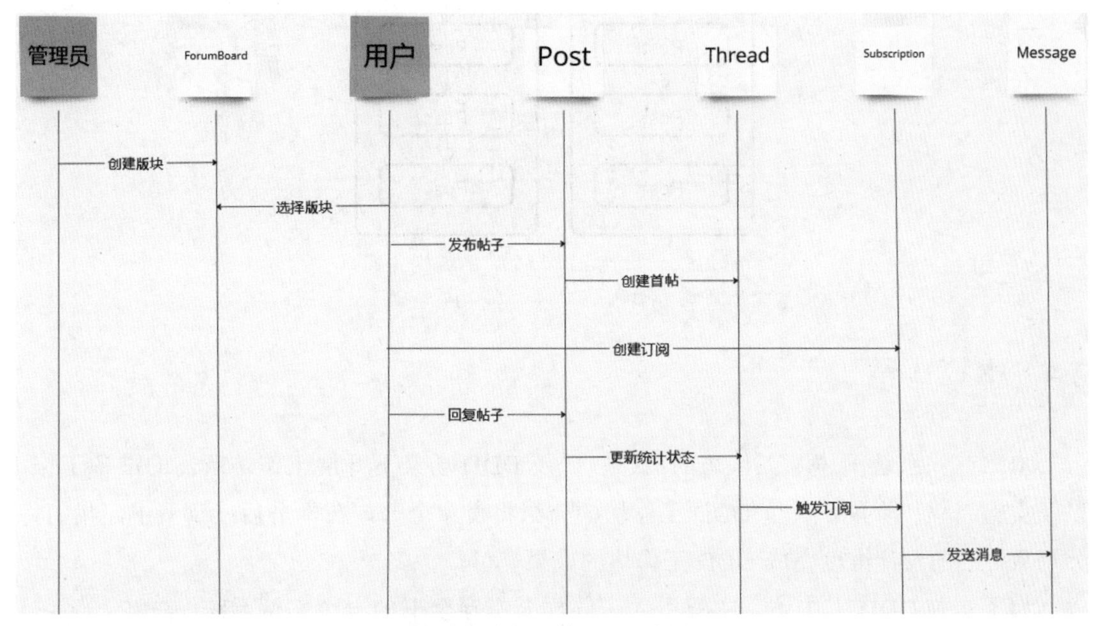

图 2-9　论坛系统 Miro 时序图

以上示例仅展示了 Miro 的部分功能，在 DDD 工作坊的第二阶段，我们将大量使用该框架的功能特性来展示基于事件风暴开展战略设计的实施方法。

3. 注意点总结

到此，关于论坛系统的基础设计告一段落。这部分内容没有用到 DDD 的任何概念和实践，相对比较简单。唯一可能让人感到疑惑的是图 2-5 和图 2-8 这两张类图中展示的 Thread 类。我们已经有了代表帖子的 Post 类，为什么还要引入 Thread 类呢？实际上这是业界主流论坛系统中的一种设计方法。

Thread 和 Post 在英文中都有帖子的意思。两者的区别在于 Thread 相当于一种时间线，将同一主题不同时间发的帖子按时间先后连接起来。图 2-10 展示了 Thread 和 Post 之间的这层关系。

当我们在论坛系统中提炼出 Thread 类时，该帖子下的回帖数量、访问次数、最新一次回帖、帖子的标签和订阅情况等数据都可以通过该类进行统一管理，从而方便查看和维护。

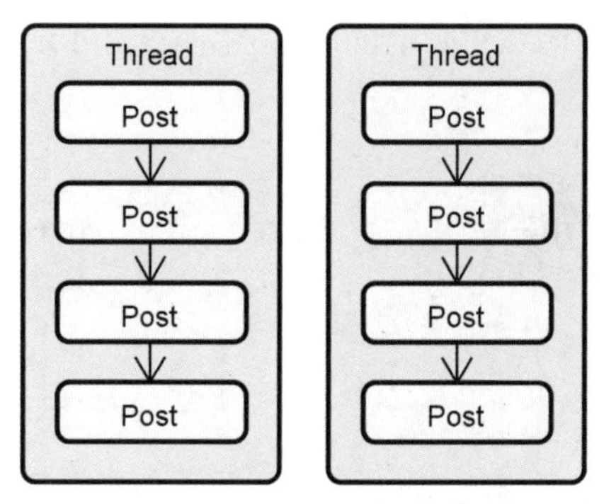

图 2-10 Thread 和 Post 的结构关系

2.4 本章小结

本章首先系统阐述了工作坊的概念，以及 DDD 场景下开展工作坊所需的准备工作，以及实施流程和阶段。关于 DDD 工作坊的介绍将贯穿全书，在本书后续章节中，我们将分别从不同的设计维度完成 DDD 工作坊的成果交付。

为了实施 DDD 工作坊，本章引入了同样会贯穿全书的一个案例系统——论坛系统。我们对论坛系统的业务场景和功能体系进行了介绍，并通过传统的系统建模方法完成了基础设计，产生了对应的交付成果。

战略设计篇

面向领域的战略设计包含DDD中的一组核心概念，用于抽象业务的领域模型。这组概念包括统一语言、子域和限界上下文。本篇将对这组概念进行详细介绍。其中，DDD从业务角度提供了统一语言概念，用来满足对业务模型进行描述的需要，确保开发人员与领域专家能够形成统一认识，并使用子域概念来对领域的范围进行控制和管理。而限界上下文概念则考虑系统边界的划分及集成方式，用来实现对业务的拆分。

同时，本篇引入事件风暴这一主流的战略设计实施方法，完成对系统业务全景的探索。在基础概念篇的基础上，本篇继续讨论案例系统，并形成案例系统的战略设计，即产出案例系统V2.0。

第3章 统一语言与子域

DDD 作为一种软件开发方法论，基本思路在于清楚界分不同的系统与业务关注点，并基于技术工具按照领域模型开发软件。我们在第 1 章中已经明确统一语言和限界上下文都属于 DDD 战略设计部分的内容，其作用是完成对业务系统的有效拆分和集成，实现问题空间到解空间的转换。其中统一语言属于问题空间的范畴，而限界上下文则用来描述解空间。我们将在第 4 章中讨论解空间和限界上下文，本章主要关注统一语言，并展开介绍子域的划分方式。

3.1 统一语言

在以极限编程（Extreme Programming，XP）为代表的敏捷方法中，统一语言也是一项典型的工程实践。统一语言用来解决一个在业务人员和技术人员协作过程中非常重要的问题，即团队所有成员如何说同一种语言。显然，要做到这一点并非易事，因为业务人员和技术人员都有其自身的意识形态和表达方式。统一语言的思路是面向领域和业务，统一团队成员对领域知识的认识。本节将围绕 DDD 中的统一语言展开讨论。

3.1.1 沟通的问题和策略

本节将从日常沟通中存在的问题和策略开始介绍。我们先来看几个日常开发中出现沟通问题的场景。假设现在一个业务人员提出了如下需求：

我想在**销售订单**上添加一个是否有投诉的字段，并显示在界面上。

这个需求乍一看没有什么问题，但技术人员并不认为这是合格的需求描述，因为它存在如下问题。

- 所谓的销售订单指的是什么，它能做什么，不能做什么？
- 投诉是一个售后的概念，跟销售本身是否有直接的关系？
- 如果投诉和销售是两个不同的概念，那界面上如何显示？

技术人员产生上述疑问的根本原因在于业务职能的不明确。销售订单和普通订单虽然都是订单，采用了同一个业务词语，但背后体现的却是不同的概念和场景。只有销售订单会与投诉关联，而普通订单并不具备这个功能，因此业务人员在描述这个概念时需要指明特定的场景。

我们再来看一个场景示例，业务人员提出了如下需求：

我希望在订单付款时能够修改**买家地址**，但需要确保预售记录中的**买家地址**保持不变。

注意到这个需求中存在两个买家地址，技术人员自然就会提出类似如下的疑问。

- 两个买家地址是同一个概念吗？
- 如果是不同的概念，那如何确保修改一个买家地址的同时不会影响另一个？
- 如果后续业务人员希望两者更新是保持一致的，又该怎么办？

产生这种现象的问题来源于领域边界：业务上买家地址虽然是同一个概念，但具体场景下却需要区分处理。显然，预售记录中的买家地址更像一种快照（Snapshot），而订单付款时使用的买家地址则应该指向该用户最新的收货地址。

针对上述两个沟通问题，我们需要梳理基本的沟通策略。在现实中，无论一个人的角色和身份是什么，沟通时都需要明确以下问题：

谁基于什么原因在什么地点什么时候做了什么事情？

为了系统化地回答上述问题，业界存在一个 5W 模型。5W 是 5 个英文单词的缩写——Why、Who、Where、When 和 What，这些英文单词对应的中文含义如图 3-1 所示。

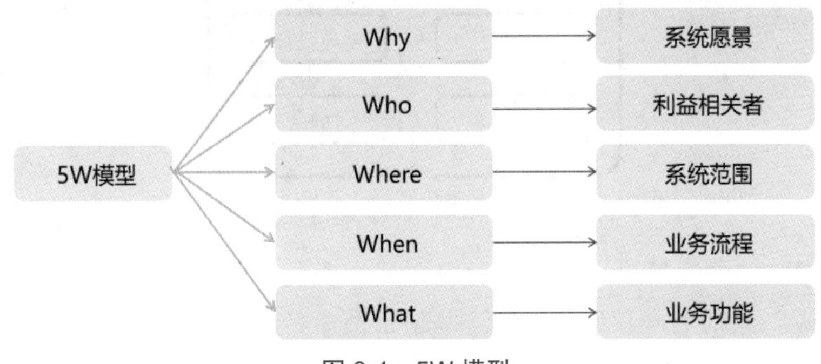

图 3-1　5W 模型

5W 模型适用于任何行业、任何领域、任何人员的沟通过程。但在软件开发中，我们还可以进一步梳理沟通的基本策略，如下沟通策略有助于业务人员和技术人员达成一致。

- 基于特定场景而非通用场景描述业务行为。
- 从领域的角度而非实现角度描述业务行为。
- 强调动词描述的精准性，提出业务动作的状态变化。
- 涉及的领域术语必须遵循术语表的规范。

3.1.2 统一语言的结构化表述

在 DDD 中，统一语言专门用于消除业务人员和技术人员之间的沟通失调，但业界关于统一语言的具体表达方式并没有统一的标准。在 3.1.1 节内容的基础上，本节将首先给出统一语言的基本原则，然后介绍统一语言的结构化表达方式。

1. 统一语言的基本原则

在这里，我们尝试给出关于统一语言的如下 3 条基本原则。

- 遵循行业规范。
- 不包含任何 IT 术语。
- 只包含术语用例。

我们通过一个示例来进一步强调这 3 条原则的重要性。在 2.2 节中，我们已经给出贯穿全书的案例项目——论坛系统。论坛系统的每一个版块都包含一个主帖的概念，如图 3-2 所示。

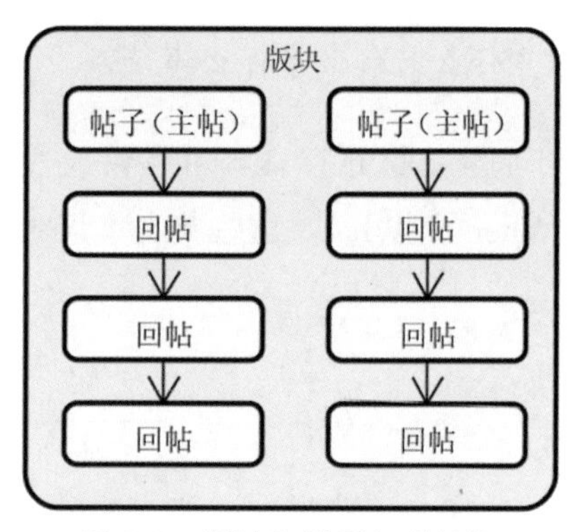

图 3-2 版块和帖子组成结构

在图 3-2 中，一个主帖可以衍生出一组回帖，那么这个主帖和回帖是否应该采用同一个概念和名称呢？原则上，我们可以把这些帖子都命名为 Post，但更为专门和精准的做法是引入 Thread 概念，以便将所有的主帖和回帖构建为一个整体。我们在 2.3 节中已经讨论过这一问题，这里不再赘述。这里引用这一示例的目的是展示统一语言在实际应用中的具体场景。

基于上述 3 条原则，开发人员针对统一语言要做到如下 3 个步骤。

- 开发人员使用业务人员的用语作为开发词汇。
- 开发人员划分好领域对象后，将这些词汇关联到领域对象上。
- 开发人员将这些词汇映射到代码中。

2. 统一语言的表达方式

明确统一语言的基本原则之后，下一步要讨论的是它的表达方式。在通用的 5W 模型基础之上，我们梳理出专门针对软件开发的 5W2H1E 模型，如图 3-3 所示。

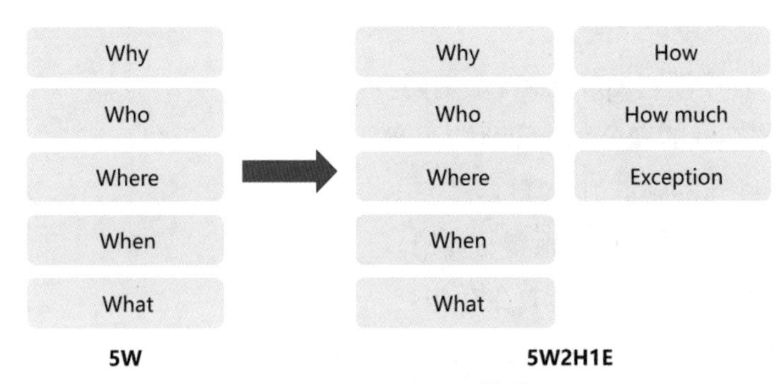

图 3-3　5W2H1E 模型

相较于 5W 模型，5W2H1E 模型多了如下 3 个沟通维度。

- How：如何实现软件功能？
- How much：实现这个功能需要多少工作量？
- Exception：该业务功能可能存在的异常情况有哪些？

事实上，我们还可以在 5W2H1E 模型的基础上添加实现该功能的前置条件（Pre-Condition）和后置条件（Post-Condition），从而形成 5W2H1E2P 模型，如图 3-4 所示。

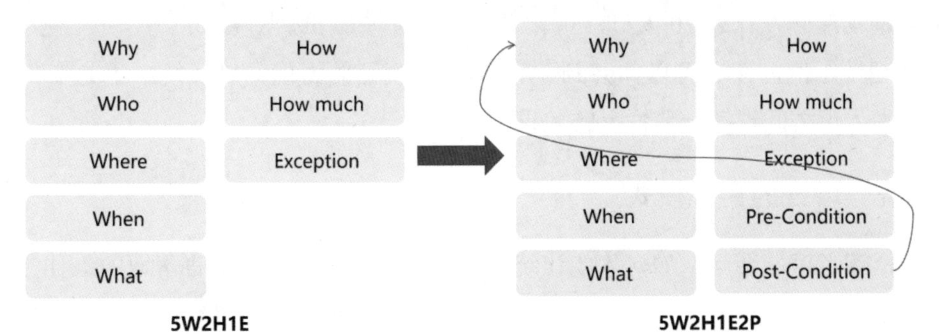

图 3-4　5W2H1E2P 模型

请注意，实现了图 3-4 所示的后置条件，就相当于回到了该功能提出的系统愿景，从而形成了从愿景到实现结果的完整闭环管理。

我们仍然通过几个示例来展示统一语言的结构化表达方式。例如，在电商领域，我们需要设计客户促销场景，那么对应的 5W2H1E2P 模型的表述内容如下。

- Why：为了刺激用户消费，提高平台销售量。
- What：促销指根据特定要素组合享受指定折扣。
- Who：积分超过 1000 分的用户。
- When：促销时段可以配置。
- Where：小程序端、App 端和 PC 端同步开展促销。
- How：根据客户的积分数量和所购买产品，匹配特定折扣。
- How much：开发成本 10 人日。
- Exception：平台特价商品不参与促销。
- Pre-Condition：促销活动配置生效中。
- Post-Condition：预计平台销售量增加 5%~8%。

梳理 5W2H1E2P 模型之后，经过简单的文字调整，我们就可以得出如下完整的统一语言描述。

- 为了刺激用户消费，提高平台销售量，系统可以在指定时间段（可配置）在小程序端、App 端和 PC 端为积分超过 1000 分的用户提供促销活动。
- 根据用户的积分数量和所购买产品的组合来匹配特定的折扣额度，具体折扣算法另附说明。
- 促销活动在所配置的活动时间段才能生效。另外，平台特价商品不参与促销。
- 本项功能开发计划 10 人日，预计平台销售量增加 5%~8%。

通过这个示例，读者可以体会到 5W2H1E2P 模型的力量，以及统一语言在促进业务人员和技术人员之间理解一致性上的效果。

3.1.3 统一语言的实现模式

到此，读者可能会问：如何才能让统一语言真正落地？统一语言落地的最佳方法是在团队中形成一些固定的模式，将 5W2H1E2P 模型与特定的系统分析方法整合起来，这些系统分析方法包括用例分析、用户故事、测试驱动开发和事件风暴。

1. 用例分析

所谓用例，简单来说就是做一件事情。做一件事情需要做一系列的活动，可以有很多不同的方法和步骤，也可能会遇到各种意外情况。因此很多不同情况的集合构成了场景，一个场景就是一个用例的实例。

一个用例是用户与软件系统之间的一次典型交互作用，在 UML 中用例被定义为系统执行的一系列动作，也就是系统功能。在第 2 章中，我们已经介绍过 UML 用例图。而针对用例图，我们还可以编写对应的用户描述。ATM（Automated Teller Machine，自动取款机）场景下的一个典型用例及其描述如下。

用例编号：001。

用例名：ATM 取款。

用例描述：储户使用储蓄卡从 ATM 取款。

角色：储户。

前置条件：ATM 处于正常准备状态。

后置条件：若成功，则储户取出钱，账户上扣除钱数；若失败，储户没有取到钱，账户上钱数不变。

正常事件流如下。

储户插卡→ ATM 提示输入用户口令→储户输入口令→ ATM 验证口令通过，提示输入钱数→储户输入钱数→ ATM 进行钱数有效性检查，提示操作成功，吐出卡和钱→储户取走卡和钱→ ATM 屏幕恢复为初始状态。

备选事件流如下。

（1）ATM 验证用户口令不通过：ATM 给出提示信息，并吐出储蓄卡→储户取出卡→ ATM 屏幕恢复为初始状态。

（2）ATM 验证用户输入钱数超过 3000：ATM 给出提示信息，并吐出储蓄卡→储户取出卡→ ATM 屏幕恢复为初始状态。

使用 UML 用例图的优势在于采用严格的 UML 图形符号，表达严谨且成熟度高，但随之而来的是需要一定的学习成本。

2. 用户故事

用户故事（User Story）是极限编程中表述需求的一种方法，以业务为中心，由用户进行梳理，从而避免出现技术性描述，并提供测试性作为完成标准。图 3-5 展示了用户故事的组成结构。

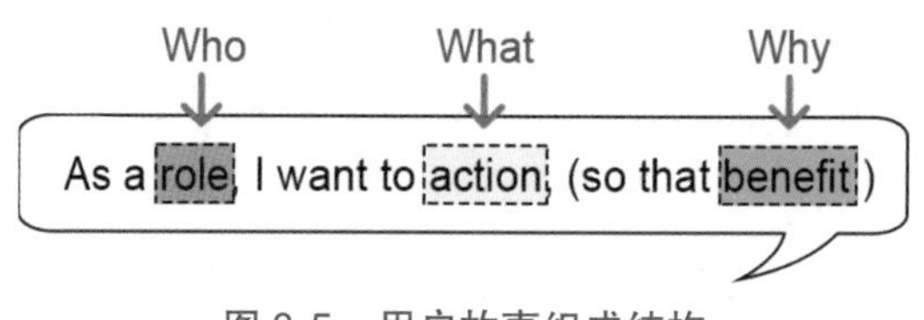

图 3-5 用户故事组成结构

可以看到，用户故事主要包含了 5W2H1E2P 模型中的 Who、What 和 Why 3 个组成要素。如果想要表述用户故事，可以采用如下固定格式。

作为一个＜角色＞，我想要＜活动＞，以便于＜商业价值＞。

一个完整的用户故事还应该包含若干验收条件，以及正常路径和异常场景。这些也与 5W2H1E2P 模型形成对应关系。

3. 测试驱动开发

测试驱动开发（Test-Driven Development，TDD）的核心理念是回答这样一个问题：当设计和开发软件系统时，我们应该采用需求分解优先还是任务分解优先的策略？这个问题可以类比为现实中的应用场景。例如，当我们砌墙时，可以采取如下两种策略。

- 先拉线后砌砖：工人师傅先用桩子拉上线再砌砖。这相当于先写测试代码，然后编码的时候以此为基准，只编写符合这个测试的功能代码。
- 先砌砖后拉线：工人师傅直接把砖往上垒。这相当于先编码，完成编码后再写测试程序，以此检验已完成的代码是否正确，如果有错误再一点点修改。

显然，测试驱动开发使用的是前者。测试驱动开发实施流程如图 3-6 所示。

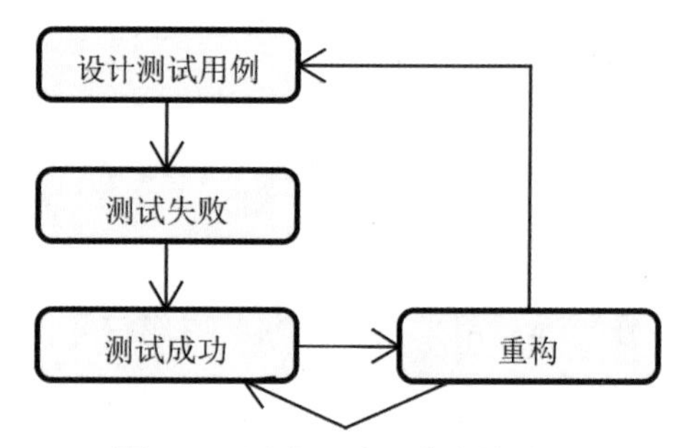

图 3-6 测试驱动开发实施流程

当采用测试驱动开发时，统一语言的实现依赖 Given-When-Then 模式。Given-When-

Then 模式介绍如下。

- Given：驱动人们思考被测对象的创建及其与其他对象的协作。
- When：驱动人们思考被测对象的命名、传入参数和行为方式。
- Then：驱动人们分析和验证被测对象的返回值。

不难看出，Given-When-Then 模式与 5W2H1E2P 模型中的前置条件、后置条件部分内容有高度的一致性。

4. 事件风暴

事件风暴是一种以工作坊形式开展的系统分析方法，特点是使用一组由不同颜色组成的、代表不同含义的便利贴来完成对系统的描述。其实施流程如图 3-7 所示。

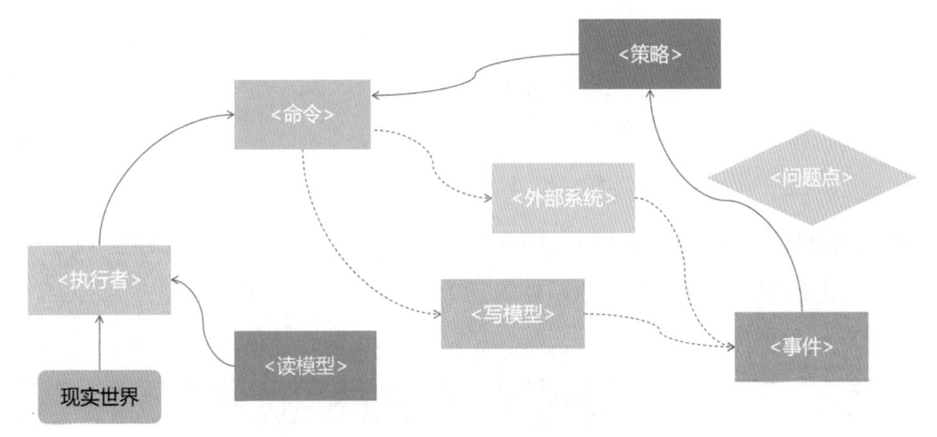

图 3-7　事件风暴实施流程

事件风暴也是领域驱动战略设计过程中的常用方法，可以快速分析和拆解复杂的业务领域，完成统一语言的构建，目前在 DDD 领域非常流行。事件风暴也是本书所采用的工作坊实施方案，我们将在第 5 章中对这种统一语言实现模式进行详细分析和讨论。

3.2　子域

介绍完统一语言，我们回到 DDD 中的领域这一概念。在第 1 章中，我们已经给出了领域的概念，领域体现的是一个组织所做的事情，以及其中所包含的一切业务范围和所进行的活动。那么，领域的本质是什么呢？领域的本质是问题的范围。而针对范围的控制和管理，我们引入了子域这一概念。在本节中，我们将系统分析 DDD 中的子域。

3.2.1 子域的划分方法

简单来说，子域就是对领域的分解，本质是相对较小的问题范围。同时，子域也可以用来区分主要问题和次要问题。图 3-8 展示的就是电商系统中的一个子域划分示例，可以看到这里出现了 4 个子域，分别是订单子域、商品子域、库存子域和用户账户子域。

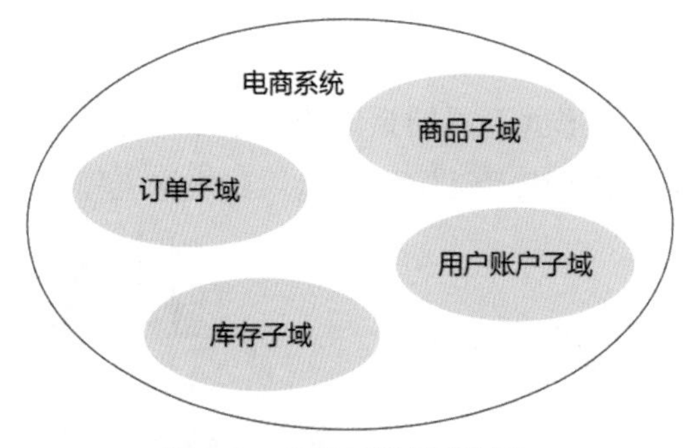

图 3-8 电商系统子域划分

图 3-8 展示的结果比较容易理解，但很多时候人们并没有明确的思路去划分子域，此时需要引入一组常用的子域划分方法，如表 3-1 所示。

表 3-1 子域划分方法和示例

划分切入点	划分方法	示例
业务流程	对系统的核心业务流进行分阶段划分并形成子域	电商系统中的下单、支付、仓储、配送、售后等
业务职能	根据职能部门划分目标系统子域	了解企业的组织结构，如人事、财务、供应链等
业务产品	按照产品的内容和业务方向进行子域划分	金融系统下的储蓄卡业务、外汇业务、保险业务等
业务概念	根据系统中客观存在的业务概念划分子域	医疗健康系统中的问诊、开方、购药、随访等

例如，前面所展示的电商系统就是基于“业务流程”这个切入点，通过对电商系统中的业务流程进行拆分而得到一组目标子域的。

3.2.2 子域的分类和映射

虽然子域的划分因系统而异，但基于对子域特性和需求的抽象，我们仍然可以梳理出通用的分类方法。本节将带领读者了解主流的子域分类方法，并完成子域映射图。

1. 子域分类方法

相比领域，子域对应一个更小的问题域或更小的业务范围。子域的定位和表现形式不都是一样的，而是具有不同的分类。业界比较主流的分类方法认为，系统中的各个子域可以分为核心子域、支撑子域和通用子域3种类型。

- 核心子域：代表系统中核心业务的一类子域。
- 支撑子域：代表专注于某一方面业务的一类子域。
- 通用子域：代表具有公用功能或基础设施能力的一类子域。

为了更好地理解这3类子域之间的区别，这里仍然以电商系统为例给出分类示例。在电商类应用中，用户浏览商品，然后在商品列表中选择想要购买的商品并提交订单。而在提交订单的过程中，我们需要对商品和用户账户信息进行验证。在这个过程中，我们可以梳理出商品子域、订单子域和用户账户子域3个子域，正如前面所介绍的那样。那么，从子域的分类上说，用户账户子域比较明确，显然应该作为一种通用子域。而订单是电商类系统的核心业务，所以订单子域应该是核心子域。至于商品子域，在这里比较倾向于归为支撑子域。整个电商系统的子域划分如下。

- 核心子域：订单子域。
- 支撑子域：商品子域。
- 通用子域：用户账户子域。

请注意，子域的划分并不是绝对的，需要考虑不同的行业背景和目标系统，如下面示例中的地图子域和授权认证子域在不同系统中属于不同的子域类型。

- 在地图供应商系统中地图子域属于核心子域，但在物流系统中地图子域属于支撑子域。
- 在电商系统中授权认证子域属于通用子域，但在安全领域中授权认证子域属于核心子域。

另外，我们也需要通过判断价值高低来确定业务的子域，这一点取决于人们对各个子域的业务价值分析。

2. 子域映射图

当完成对子域的分类后，下一步是绘制整个系统的子域映射图。子域映射图指将各个子域按照其分类进行展示的一张全局蓝图，其表现形式如图3-9所示。

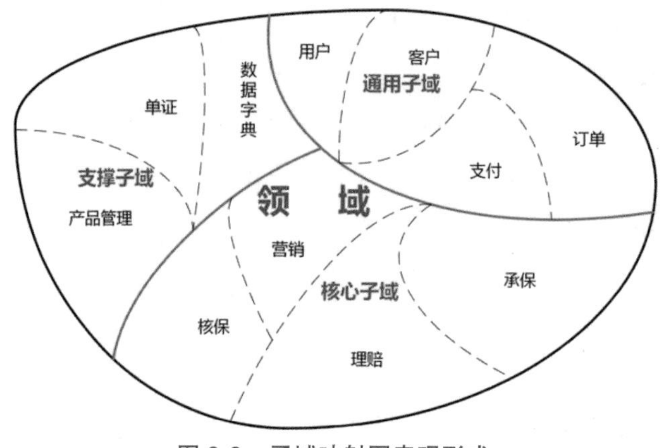

图 3-9　子域映射图表现形式

不难看出，这是一张保险理赔领域的子域映射图，一共存在 11 个子域。注意到这里将订单子域划分为通用子域而非核心子域，这是因为保险理赔业务的核心是解决核保、承保、理赔等业务问题，订单处理只是一种面向用户的交互途径，而不包含核心业务逻辑。在图中，进一步明确了子域的分类需要综合考虑行业背景和业务属性。

3.3　本章小结

本章介绍了 DDD 问题空间中的两大核心概念——统一语言和子域，其中统一语言用于描述业务领域知识，而子域则提供了系统拆分的切入点。图 3-10 对统一语言和子域的定位、价值和交互过程进行了总结。

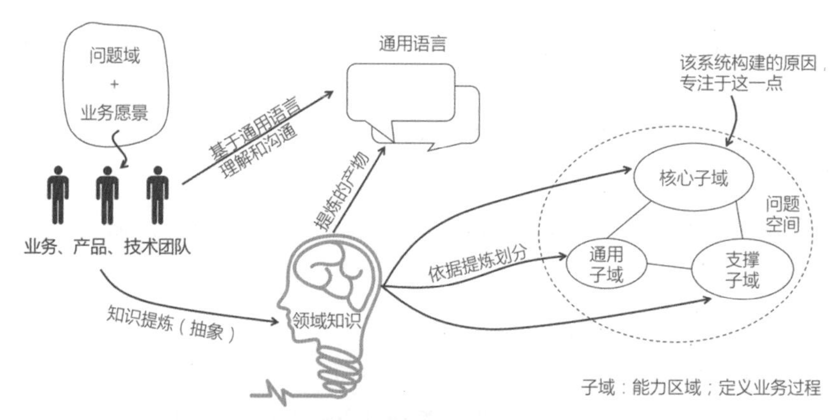

图 3-10　统一语言和子域整体蓝图总结

第4章 限界上下文

在第3章中，我们介绍了子域的概念、划分方法及其类型，并通过子域映射图实现了对业务领域的合理拆分。本章将全面介绍DDD战略设计中的另一个核心概念——限界上下文。

在日常工作和培训中，笔者发现了以下困扰读者的问题。

- 我们已经有了子域，那么如何将子域组装起来形成完整领域模型呢？
- 我们已经拆分了子域，那么为什么还要引入限界上下文？子域和限界上下文有什么区别？
- 一个子域是不是就对应一个限界上下文？

相信对于很多刚接触DDD的读者，这些问题很常见。在对这些问题进行具体分析之前，笔者可以先给出问题的答案，就是下面这两句话。

领域+子域=问题的范围。

限界上下文=问题的解决方案。

这两句话体现了DDD中非常重要的一个设计理念——将问题空间转换为解空间。请注意，领域和子域属于问题空间，它们代表了问题的范围，而限界上下文则代表了问题的解决方案，两者是不同层级的设计产物。在本章中，我们将详细介绍限界上下文的基本概念、识别方法及映射关系，并给出具体的案例解说。

4.1 引入限界上下文

在DDD中，限界上下文是一个晦涩难懂且比较复杂的核心概念。在本节中，我们将给出限界上下文的定义，并分析它所具备的特征。

4.1.1 限界上下文的定义

为了更好地掌握限界上下文的含义，一种方法是将其拆分为两部分来分别理解。

限界上下文 = 限界 + 上下文。

对于技术人员，上下文（Context）这个词并不陌生。所谓上下文，指的就是一种语境和语义。计算机领域中的上下文可以理解为当前环境中的运行时变量、参数等信息。而在业务系统中，上下文代表业务流程的场景片段，这些场景片段构成了整个业务流程。而随着业务流程的进行，上下文发生切换，从而形成边界。

那么什么是限界（Boundary）呢？所谓限界，指的是每个领域模型在特定的业务边界之内具有特定含义，这些含义只限于这个边界之内。即使同一个业务概念，在不同的限界上下文中也代表着不同的领域模型。

将限界和上下文这两个词组合起来就形成了限界上下文（Bounded Context）。限界上下文封装了领域对象在特定环境的界定下所扮演的不同角色、执行的不同活动，并对外提供业务能力。

在现实中存在大量符合限界上下文定义的事物。图 4-1 展示的是人体细胞的结构，细胞结构就是一个很好的限界上下文。

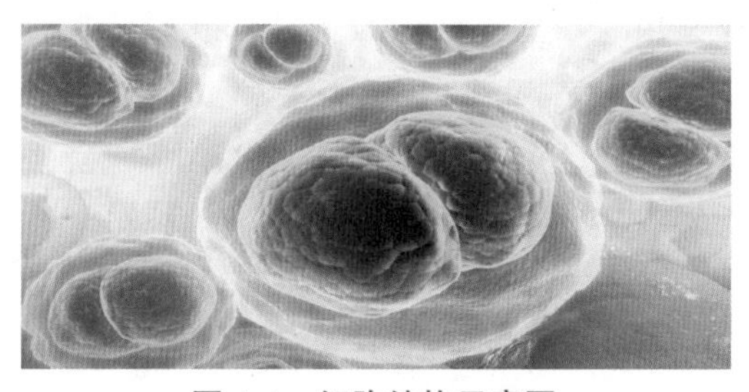

图 4-1 细胞结构示意图

可以说，细胞就是人体中的一个上下文，而细胞膜就是这个上下文的限界，载体蛋白则是该上下文暴露的接口，可供其他细胞与其进行物质传输。

我们再来看一个示例，图 4-2 展示了一位企业员工的日常工作内容。

可以看到，这位员工首先通过交通工具到达公司，然后在公司开展工作，并在食堂吃饭，这些步骤构成了他的日常工作，也就是这个场景下的业务流程。我们可以根据这些步骤抽取不同的上下文，例如，交通出行包含安检、上车、下车等活动，这些活动与公司工作及食堂吃饭之间存在明显的边界。

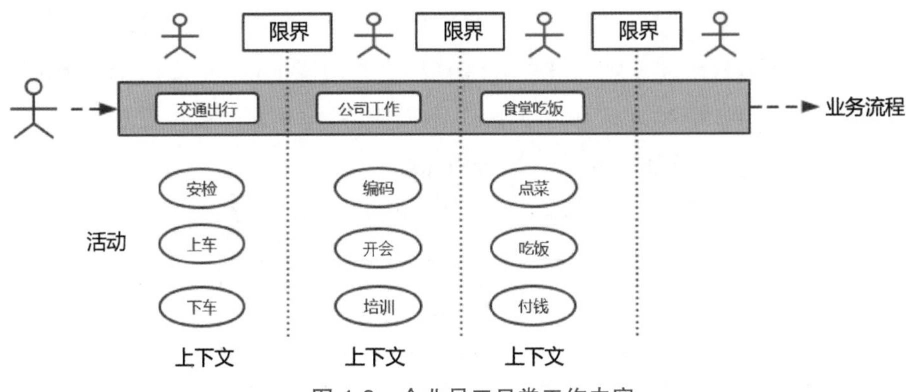

图 4-2　企业员工日常工作内容

4.1.2　限界上下文的特性

限界上下文具有 3 个明显的特征——独立的语境、受控的边界和自治的单元。

1. 独立的语境

独立语境这个词比较抽象，我们将通过几个示例来分析它背后的设计思想。图 4-3 是软件工程大师 Martin Fowler 介绍 DDD 时所采用的素材，展示了营销场景下两个限界上下文之间的关系。

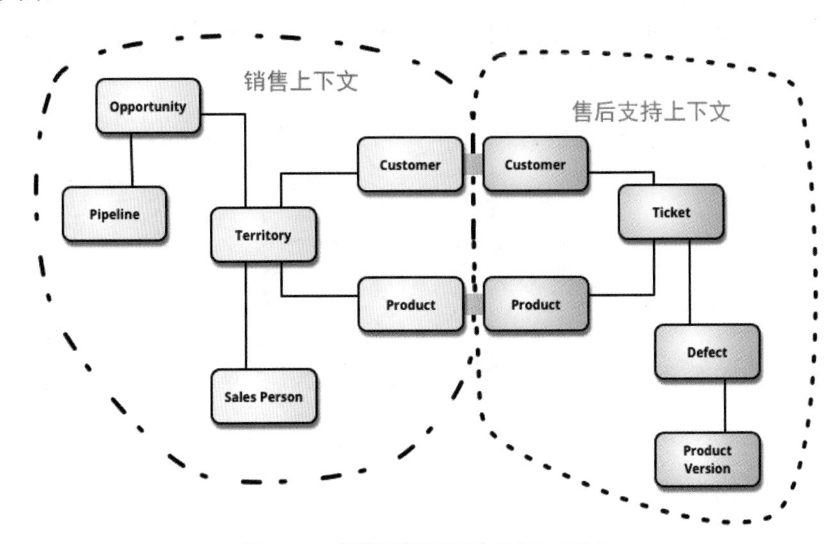

图 4-3　营销场景下两个限界上下文

可以看到，销售上下文与售后支持上下文这两个限界上下文都需要客户（Customer）与商品（Product）信息，但它们对客户与商品的关注点是不同的。销售上下文可能需要了解客户的性别、年龄与职业，以便更好地制定推销策略。而售后支持上下文则不必关心这些信息，只需要知道客户的住址与联系方式。从业务语境上说，这属于概念相同但用法不同的典型场景，图 4-3 清晰地展示了为两个不同限界上下文分别建立独自的 Customer 与 Product 领域模型对象，而不是重用这两个对象。

我们再来看第 1 章介绍的一个示例，即图 4-4 所示的客服系统中的 3 个限界上下文。

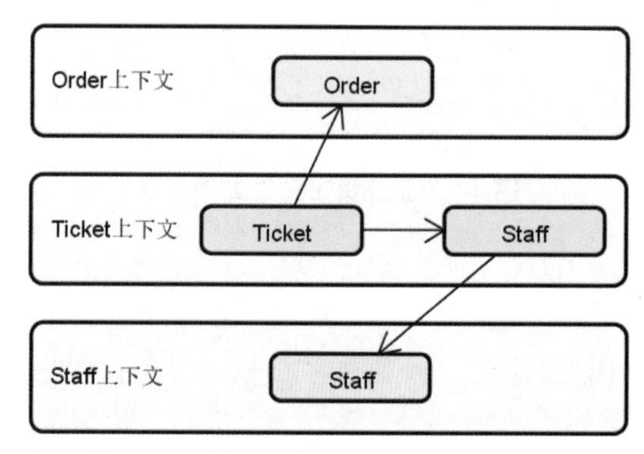

图 4-4 客服系统中的 3 个限界上下文

不难看出，这里出现了两个 Staff 对象，它们的概念相同，理应可以复用，复用之后，我们可以在任何地方对 Staff 进行任何操作。但这一领域概念具有两个明显不同的使用场景。因此，正确的做法是提取两个不同的上下文，Staff 可以以相同名称出现在两个限界上下文中，但代表不同含义。

我们回到熟悉的电商业务场景。图 4-5 展示了 4 个限界上下文中对于商品这个概念所依赖的不同数据属性。

图 4-5 不同上下文对商品概念的数据依赖

不难看出，同一个概念在不同的上下文中具有不同的关注点，这也是独立语境的一种表现形式。

2. 受控的边界

关于边界的概念和特性我们已经讨论了很多，例如，在介绍限界上下文定义时引入的企业员工日常工作流程就体现了边界的作用。这里再给出一个简单的示例，如图 4-6 所示。

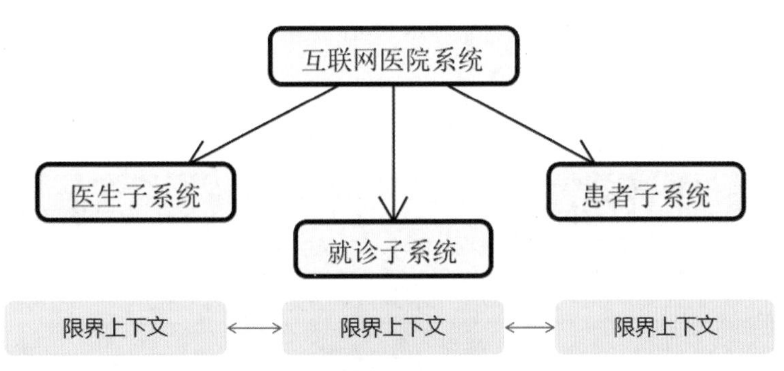

图 4-6　纵向拆分和限界上下文

在图 4-6 中，我们采用纵向拆分的方式对互联网医院系统进行了拆分，并基于不同的业务场景提炼出医生子系统、就诊子系统及患者子系统 3 个子系统。这些子系统都具备明确的边界，因此都可以提取为独立的限界上下文。

3. 自治的单元

每个限界上下文都应该是一个自治的单元。业界关于限界上下文的自治性存在一定的评判标准，即最小完备、稳定空间、自我履行及独立进化。在此基础上可以进一步提取限界上下文的自治效果图，如图 4-7 所示。

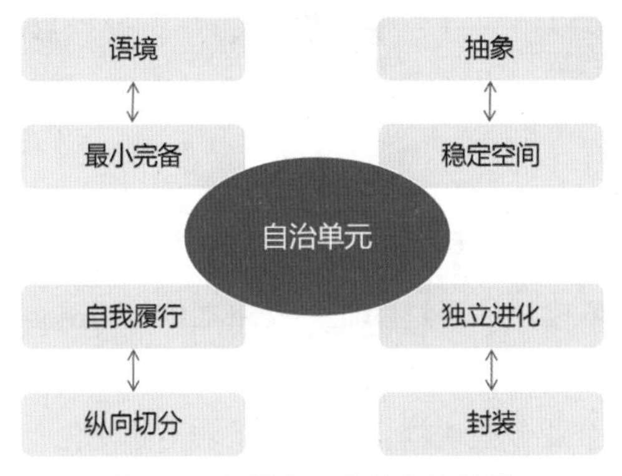

图 4-7　限界上下文的自治效果

在图 4-7 中，我们通过独立的语境确保上下文能够实现最小完备；通过抽象实现上下文的稳定空间；通过纵向切分实现上下文的自我履行能力，并通过封装确保实现上下文的独立进化能力。

4.1.3　限界上下文的设计

在本节的末尾，我们将通过一个示例来阐述限界上下文在设计上的技巧和注意点。

在电商系统中，订单（Order）数据是核心业务数据，通常包含表 4-1 所示的订单属性。

表 4-1　订单相关常见信息

订单信息分类	订单属性
订单基本信息	订单编号、下单时间、当前状态
用户相关信息	用户信息
商家相关信息	商家信息
产品相关信息	产品名称、产品数量、产品金额
配送相关信息	配送费用、配送地址、预计送达时间
结算相关信息	商家费用结算、运费分成

那么，如何设计 Order 这个领域对象呢？基于复用思想的 Order 对象设计如图 4-8 所示。

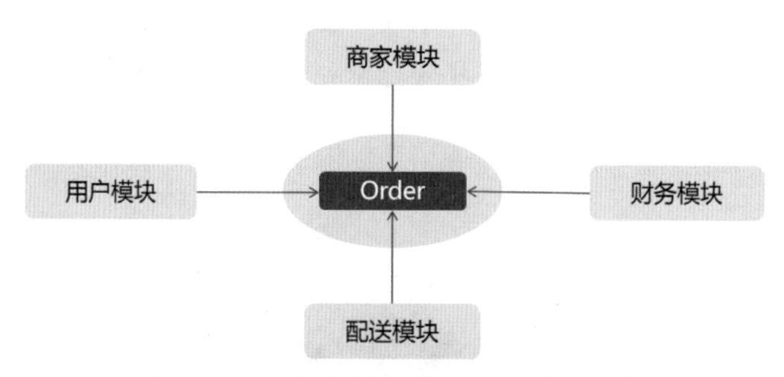

图 4-8　基于复用思想的 Order 对象设计

图 4-8 展示了 4 个业务模块，而这些业务模块都依赖 Order 对象，即所有业务模块共同复用这个 Order 对象。从面向对象的角度来看，这似乎是合理的，但从 DDD 的角度来看，复用一个类将导致多个业务模块耦合。随着需求不断变化，这些业务模块的边界将会变得越来越模糊。Order 对象的合理设计如图 4-9 所示。

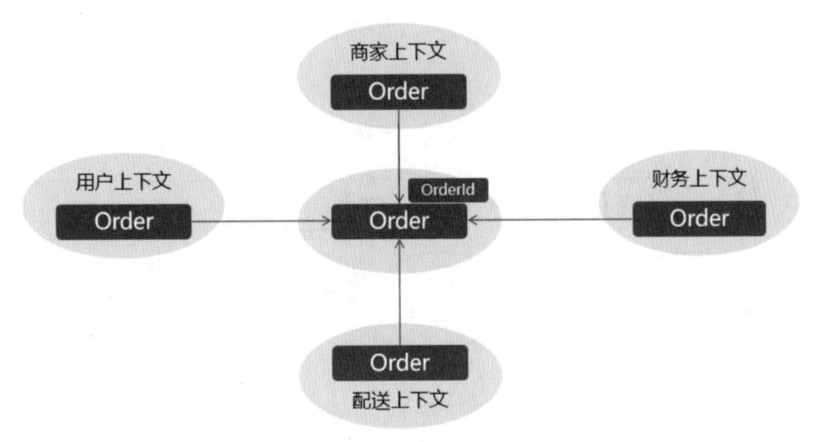

图 4-9　Order 对象的合理设计

在图 4-9 中，我们将原本的 4 个业务模块转换为对应的限界上下文。这些限界上下文对 Order 对象的依赖并不是复用，而是在通用 Order 对象的基础上添加自身所需的数据属性，从而形成自身独有的 Order 对象。然后这些 Order 对象都会基于 OrderId 这个全局唯一标识来与通用 Order 对象进行关联。通过这种方式，每一个限界上下文都是一个自治单元。

这可能会打破读者对系统设计的一些认知，尤其是对面向对象设计思想和理念的认知。面向对象设计和 DDD 之间的取舍是一个复杂的话题，我们将在第 8 章中进一步分析和讨论这一话题。

4.2　识别限界上下文

在实施 DDD 的过程中，识别限界上下文是一大难点，但也并非无章可循。在本节中，我们将分别从业务维度、工作维度及技术维度展开介绍，讨论有效识别限界上下文的方法和技巧。

4.2.1　从业务维度识别限界上下文

从业务维度识别限界上下文的基本思路很明确，就是围绕业务流程的组成结构进行切入。

1. 业务维度的表现形式

业务维度常见的表现形式有如下两种：

- 流程 + 角色 + 活动。
- 角色 + 行为。

我们先来看第一种业务维度的表现形式。如果用图例来展示这种业务维度，可以得到类似图 4-10 所示的效果。

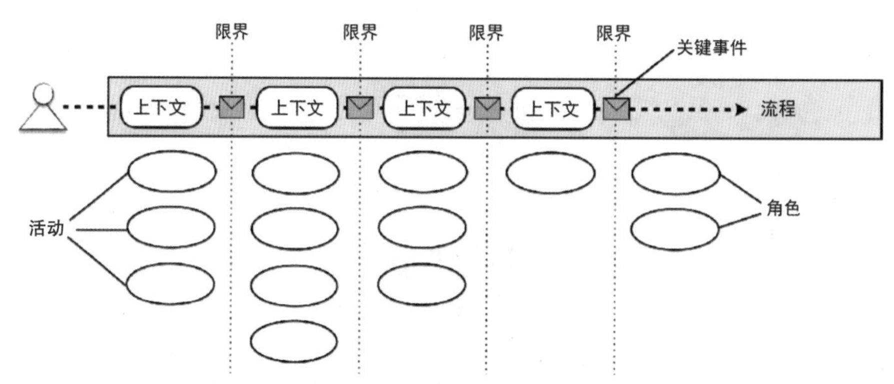

图 4-10 基于流程、角色及活动来表现业务维度

在图 4-10 中，可以看到业务维度的组成包括流程、角色及活动 3 部分，它们构成流程 + 角色 + 活动的表现形式。随着业务流程的演进，我们可以划分不同的边界并提炼不同的限界上下文。而在每个上下文中，我们可以进一步提炼多个活动。从这种表现形式看，原本基于某个角色的完整业务流程被人为地切割成多个片段。因此，限界上下文可以看作动态业务流程被边界静态切分的产物。

业务维度的另一种常见表现形式是角色 + 行为。我们可以使用 UML 中的用例图来展示这种业务维度，如图 4-11 所示。

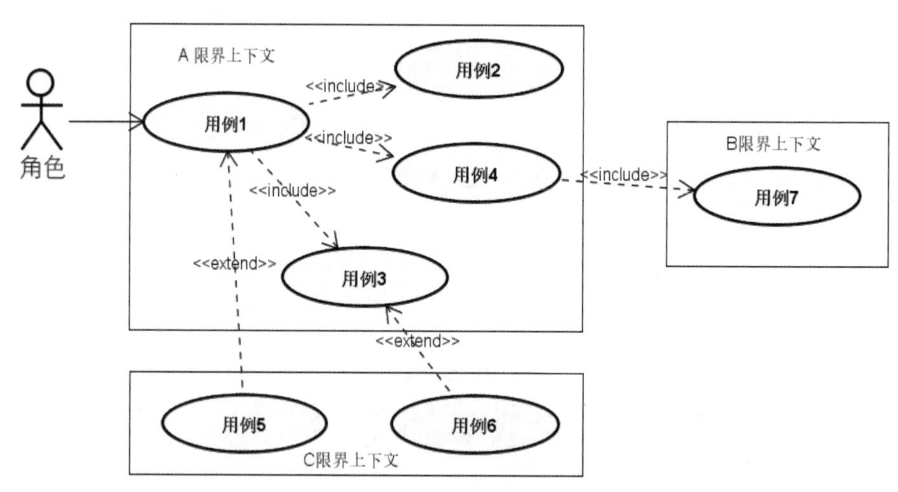

图 4-11 基于角色和行为来表现业务维度

在图 4-11 中，可以看到 A 限界上下文包含多个用例，其中用例 4 又与另一个限界上下

文——B 限界上下文存在关联关系。用例描述了业务场景和功能，可以用来提取限界上下文。

2. 业务相关性

当我们通过业务维度识别若干限界上下文之后，下一步工作就是对这些限界上下文进行分析，并判断是否对已识别的限界上下文进行优化。此时需要引入业务相关性这一概念，因为业务相关性较高的业务逻辑往往应该被合并到同一个限界上下文中。

一般认为，业务相关性有两种类型——语义相关性和功能相关性。所谓语义相关性，指的是名称就能体现业务的相关性，如浏览商品、发布商品、推荐商品都属于“商品”类的业务。而功能相关性指的是需要根据业务目标来确定的相关性，如推荐商品、活动促销、积分折扣都是为了做“营销”。在基于业务维度识别限界上下文的过程中，我们可以根据语义相关性和功能相关性来对上下文进行重新审视。

4.2.2　从工作维度识别限界上下文

从工作维度识别限界上下文跟团队工作相关，是一类依托于管理理念的限界上下文识别方法。DDD 实施过程所崇尚的团队是特征团队，关于特征团队的概念我们在第 2 章中已经介绍过，读者可以自行回顾相关内容。正常情况下，一个特征团队可以同时应对多个限界上下文的开发需求。因此，判断限界上下文识别是否合理的标准就是：

一个特征团队是否能够同时开发若干个限界上下文。

从工作维度来说，如果一个特征团队无法同时开发若干个限界上下文，则说明这些限界上下文之间存在较强的依赖关系，边界的拆分不够合理，需要进一步识别限界上下文。

4.2.3　从技术维度识别限界上下文

从技术维度识别限界上下文是最符合技术人员思维方式的，通过一个示例就可以让读者掌握这种识别方法。例如，在电商系统中，我们基于业务维度或工作维度已经成功提取了若干限界上下文，如图 4-12 所示。

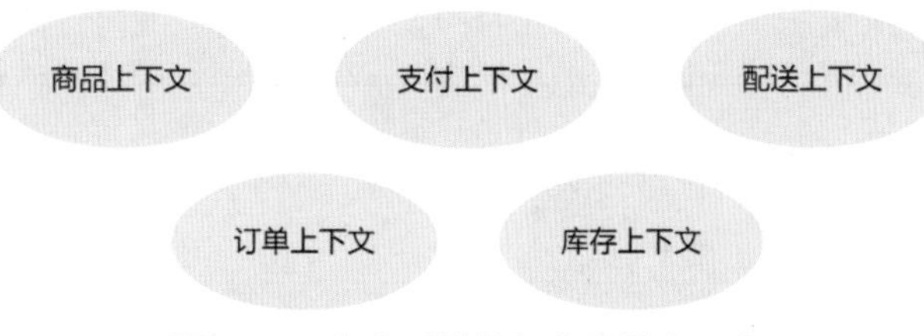

图 4-12　电商系统的部分限界上下文

现在，我们明确系统应考虑质量需求，即系统需要应对高并发场景下的商品查询需求。从技术维度出发，我们可以专门提炼一个实现多元化搜索功能的限界上下文，如图 4-13 所示。

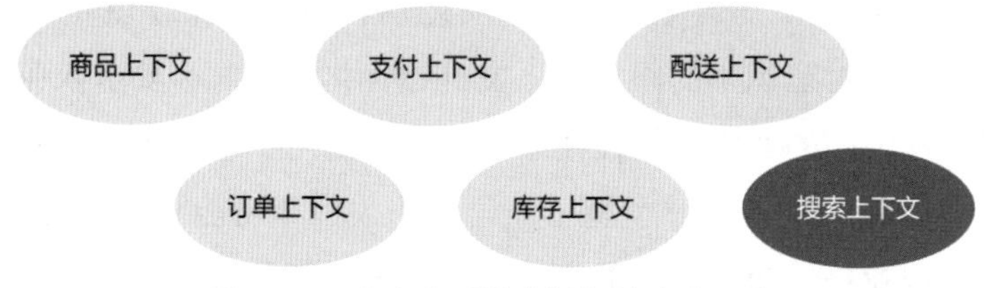

图 4-13　在电商系统中添加搜索上下文

接着，我们进一步明确系统应考虑架构需求，即为了实现技术复用，系统需要在商品、支付、搜索等功能中根据用户画像实现千人千面的商品推荐。显然，从技术维度出发，我们也可以专门提炼一个实现推荐功能的限界上下文，如图 4-14 所示。

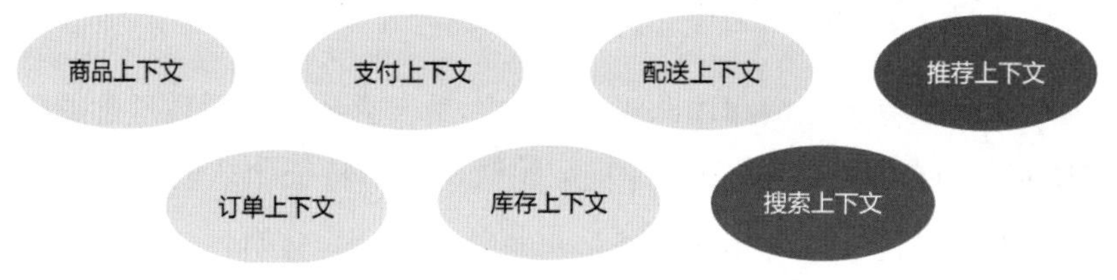

图 4-14　在电商系统中添加推荐上下文

正如前面示例所展示的，基于技术维度的识别方法往往在业务维度和工作维度之后应用，这也符合正常的系统建模顺序，先提炼业务需求，再梳理技术需求。

接下来对识别限界上下文的 3 种方法进行总结。图 4-15 可以帮助读者更好地理解它们的实施方法和特性。

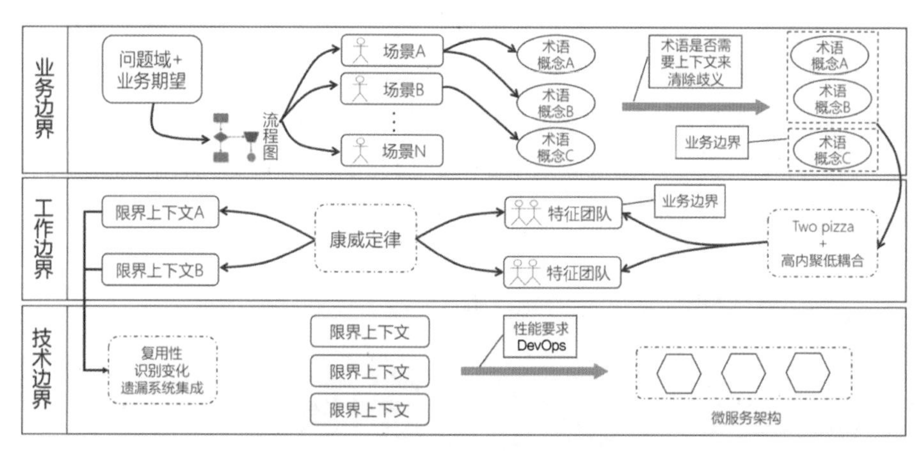

图 4-15　识别限界上下文的 3 种方法

4.3　限界上下文映射

关于限界上下文的实施，本质上需要解答如下两个核心问题。

- 限界上下文怎么拆？即如何识别限界上下文。
- 限界上下文怎么合？即如何集成限界上下文。

我们成功识别出一组限界上下文后，随之而来的问题是如何有效地管理限界上下文之间的关联关系。这就需要引入本节讨论的话题——设计限界上下文的映射关系和集成模式。

4.3.1　上下游关系和映射

DDD 认为：每一个限界上下文都不是独立存在的，多数情况下，多个限界上下文通力协作才能完成一个完整业务场景，而上下文映射（Context Mapping）可以使限界上下文中的边界变得更加清晰和可控。

什么是上下文映射？每个限界上下文都有一套自己的语言，如果在某个限界上下文中使用其他限界上下文中的概念，就需要一个翻译器。这个翻译器在不同领域之间进行概念转化、信息传递的动作称为上下文映射。

我们可以通过一个具体的示例来展示上下文映射的场景和需求，如图 4-16 所示。

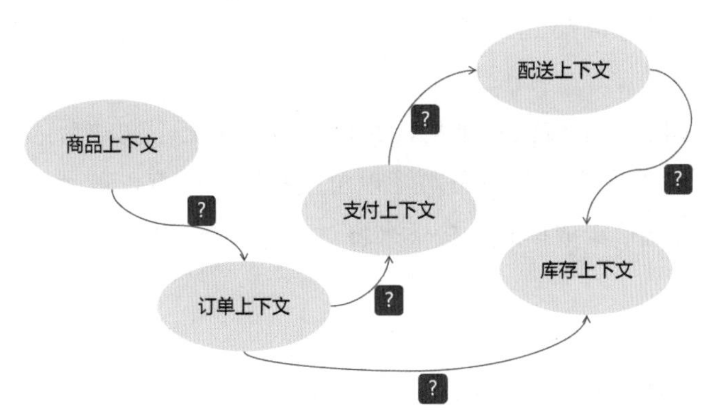

图 4-16　上下文映射的场景和需求

图 4-16 展示了一个购买商品的完整交互流程，可以看到，这里通过单向箭头展示了不同限界上下文之间的调用，但在每条线上都标注了一个问号，表示需要明确这种调用的具体关系。这引出了接下来要讨论的一个话题——调用的上下游关系。在 DDD 中，限界上下文的上下游关系如图 4-17 所示。

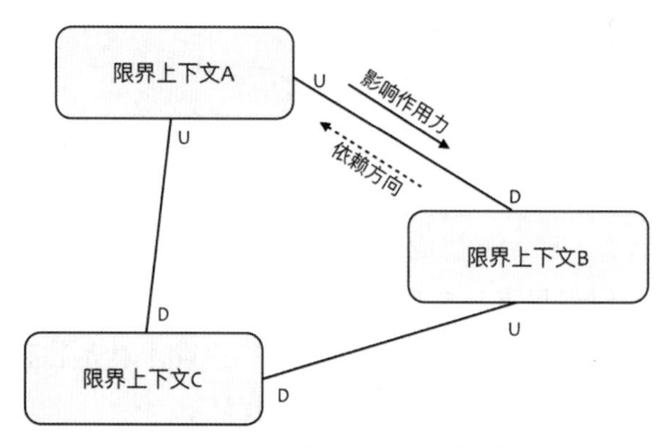

图 4-17 限界上下文的上下游关系

在图 4-17 中，U 代表 Upstream，即上游，而 D 代表 Downstream，即下游。其中上游上下文作用于下游上下文，而下游上下文则依赖上游上下文。我们可以通过上下文之间的依赖关系简单判断上下游关系。图 4-18 展示了订单上下文和商品上下文之间的上下游关系。

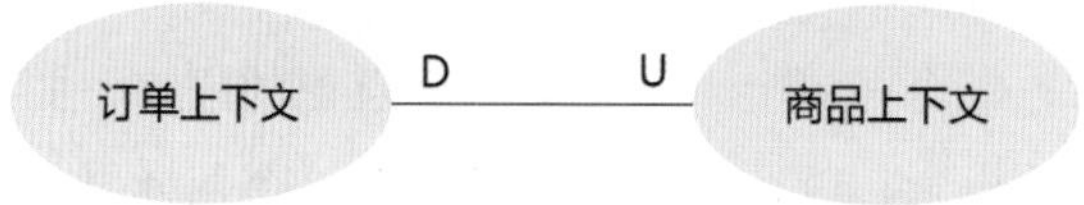

图 4-18 上下文之间的映射关系

从依赖关系上说，由于订单上下文需要调用商品上下文以获取订单中商品的详细信息，因此订单上下文依赖商品上下文。这意味着订单上下文位于下游，而商品上下文位于上游。

明确上下文之间的上下游关系之后，我们接着讨论上下文映射的类型。在 DDD 中，上下文映射包含两大类模式，分别面向管理角度和技术角度，前者包括 5 种团队协作模式，而后者包括 4 种通信集成模式。接下来将对此进行详细介绍。

4.3.2 团队协作模式

限界上下文映射中的团队协作模式共有 5 种，分别是合作模式、客户 – 供应商模式、发布者 – 订阅者模式、分离模式和遵奉者模式。

1. 合作模式

如果两个限界上下文的团队要么一起成功，要么一起失败，那么他们应建立合作关系。两个团队不仅应该在接口的演化上进行合作以同时满足两个系统的需求，而且应该为相互关联的软件功能制订好计划表，以确保这些功能在同一个发布中完成。

显然，合作模式是一种反模式，造成这种模式的根本原因是循环依赖，即两个限界上下文中包含对方所依赖的部分，如图 4-19 所示。

图 4-19　循环依赖结构

打破循环依赖的基本策略有两种——上移和下移，它们的实现效果如图 4-20 所示。

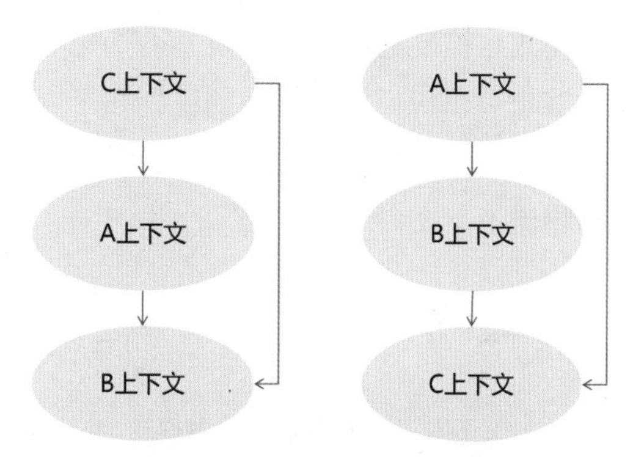

图 4-20　通过上移和下移消除循环依赖

可以看到，在存在循环依赖关系的两个上下文中抽象出共同依赖部分，并把这些依赖部分进行上移或下移就可以消除循环依赖。这些策略在日常代码开发中也非常实用。

2. 客户 – 供应商模式

当两个团队处于一种上下游关系时，上游团队的计划中应该顾及下游团队的需求。这是现实中最为常见的一种团队协作模式。我们将提供服务的一方称为上游，使用服务的一方称为下游，而这种关系则称为客户 – 供应商（Customer-Supplier，C-S）关系。

图 4-21 展示的就是一种常见的客户 – 供应商模式示例，来自软件开发场景。

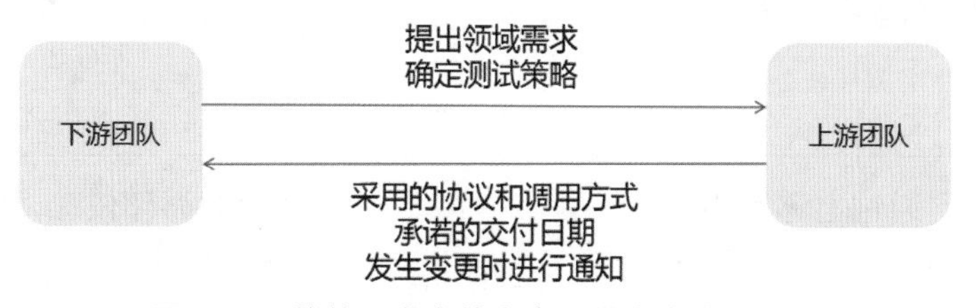

图 4-21　软件开发中的客户 – 供应商模式示例

使用服务的下游团队向提供服务的上游团队提出领域需求，并确定测试策略。而上游团队则明确采用的协议和调用方式，并承诺需求的交互日期。当上游团队无法按时交付需求时则应通知下游团队。客户 – 供应商关系符合我们对于软件开发场景的基本认知。

3. 发布者 – 订阅者模式

发布者 – 订阅者（Publisher-Subscriber，P-S 或 Pub-Sub）模式也是一种常见的上下文映射方式。这个模式并不包含在 Eric Evans 提出的上下文映射模式中，但随着领域事件概念的提出，发布者 – 订阅者模式也被普遍用于处理限界上下文之间的协作关系。

发布者 – 订阅者模式与客户 – 供应商模式最大的区别在于，发布者 – 订阅者模式是上游主动发起业务的变化，而不是被动等待下游去调用上游。图 4-22 展示了基于发布者 – 订阅者模式的订单上下文和物流上下文。

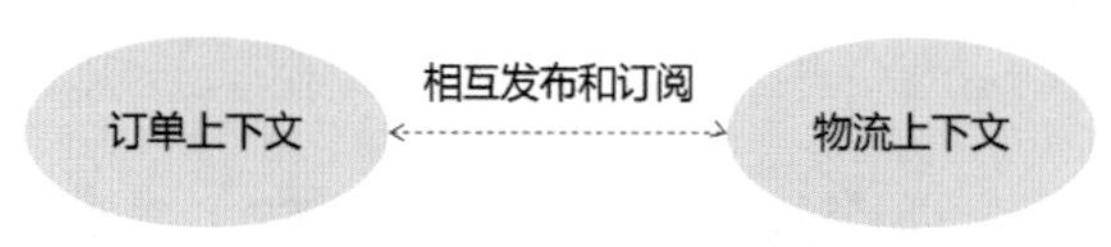

图 4-22 发布者 – 订阅者模式

那么，为什么可以在订单上下文和物流上下文中采用发布者 – 订阅者模式呢？这是因为订单下单和物流发货之间并不存在严格的时序要求，系统可以在订单下单一段时间之后再启动物流收件和派件。而物流上下文也可以根据物流的具体流转情况通知订单上下文最新的物流信息。由于这两个步骤都可以做成异步，因此非常适合发布者 – 订阅者模式。在发布者 – 订阅者模式中，上下文之间的交互媒介是事件，表 4-2 展示了该场景下诞生的事件及其发布者和订阅者。

表 4-2 事件及其发布者和订阅者示例

发布者	订阅者	事件
订单上下文	配送上下文	OrderConfirmed
配送上下文	订单上下文	ShipmentDelivered

前面我们提到通过上移和下移策略可以消除上下文之间的循环依赖，而发布者 – 订阅者模式则为人们提供了实现这一目标的第 3 种实现策略——通过发布者 – 订阅者模式消除循环依赖，如图 4-23 所示。

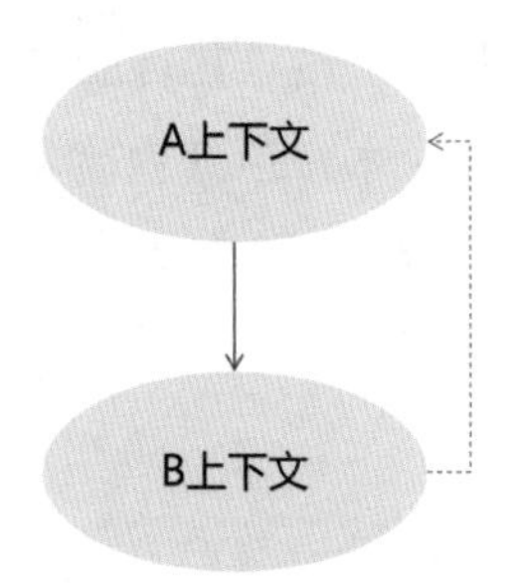

图 4-23　通过发布者－订阅者模式消除循环依赖

不难看出，相较于客户－供应商模式，发布者－订阅者模式的耦合程度更低，使用也更广泛。

4. 分离模式

所谓分离模式（Separate Way），指的是两个限界上下文没有任何关系。没有关系其实就是一种非常好的设计，因为它们可以独立变化，互相影响。图 4-24 展示了分离模式的一种示例。

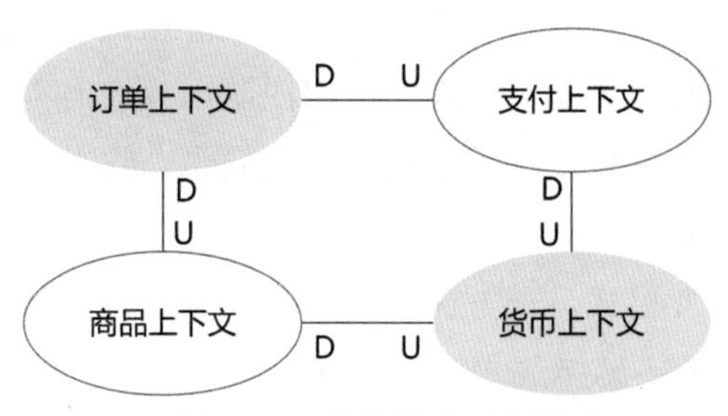

图 4-24　分离模式示意图

在图 4-24 中，订单上下文和货币上下文之间属于分离关系，因为两者之间并没有严格意义上的依赖关系。货币可以独立于订单而存在，而订单也不需要直接使用货币。

5. 遵奉者模式

我们考虑这样一个问题：当上游上下文不积极响应下游上下文的需求时，下游上下文应该怎么办？通常，有以下 3 种处理方式。

- 分离方式：下游上下文切断对上游服务的依赖，自己来实现。
- 防腐层：复用上游服务，但领域模型由下游团队自己开发，然后用防腐层实现上下游领域模型之间的转换。
- 遵奉者：严格遵从上游团队的模型，消除复杂的模型转换逻辑。

这里出现了两个新的名词——防腐层（Anti-Corruption Layer，ACL）和遵奉者

（Conformist）。防腐层是一种通信集成模式，其目的是在上下游之间构建一层适配层，专门用来处理上下游上下文之间的差异，本章后续内容将对其展开介绍。而遵奉者是一种团队协作模式，下游上下文直接遵循上游上下文的数据模型。我们通过一个示例来展示这三者之间的区别。假设系统中存在一个活动上下文和一个财务上下文，它们之间的上下游关系如图 4-25 所示。

图 4-25 活动上下文和财务上下文之间的上下游关系

基于图 4-25，我们可以梳理出如下 3 种处理方式对应的效果。

- 分离方式：活动上下文可以自己实现一套财务处理模型。
- 防腐层：活动上下文复用财务上下文的财务占用、扣减等服务，防腐层将财务上下文返回的数据转换为活动上下文内部的数据模型。
- 遵奉者：位于下游的活动上下文将完全遵循财务上下文的模型。

在存在上下游关系的两个团队中，如果上游团队已经没有能力提供下游团队之所需，下游团队便会孤立无援，只能盲目使用上游团队的模型，这就是遵奉者的概念。本质上，遵奉者就是一种妥协，也是一种反模式。

显然，一旦采用遵奉者模式，一方面，下游上下文可以直接复用上游上下文的模型，减少了两个上下文之间模型的转换成本，这是它的优势；另一方面，不可避免地，遵奉者模式也导致下游上下文对上游上下文产生了模型上的强依赖。

4.3.3 通信集成模式

上下文映射中的通信集成模式共有 4 种，分别是防腐层模式、开放主机服务模式、发布语言模式和共享内核模式。

1. 防腐层模式

防腐层是应对上游服务变化的利器，尤其是当下游上下文有多个地方依赖某一个上游上下文时，一旦上游上下文发生变化，下游上下文如果不做防腐处理，就会面临大面积的修改。

当上游上下文中存在多个下游上下文时，如果都需要隔离变化，那么每个下游上下文都应实现防腐层，成本比较大。此时可以考虑单独抽取一个只有防腐层功能的限界上下文，避免代码重复。例如，为了让订单上下文和售后上下文都能够使用第三方支付功能，我们专门实现了一个支付防腐层上下文，如图4-26所示。

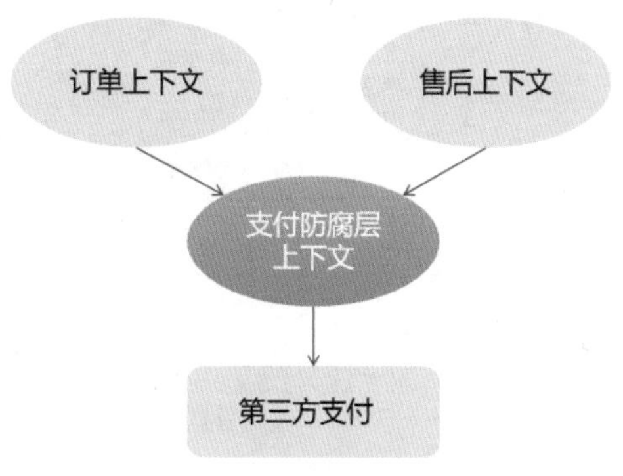

图4-26　防腐层上下文

防腐层是应对遗留系统改造的基本模式，基本思想是在软件设计过程中，如果遇到问题无法解决，不妨先考虑添加一层。图4-27展示了基于防腐层将遗留系统改造为新系统的过程。

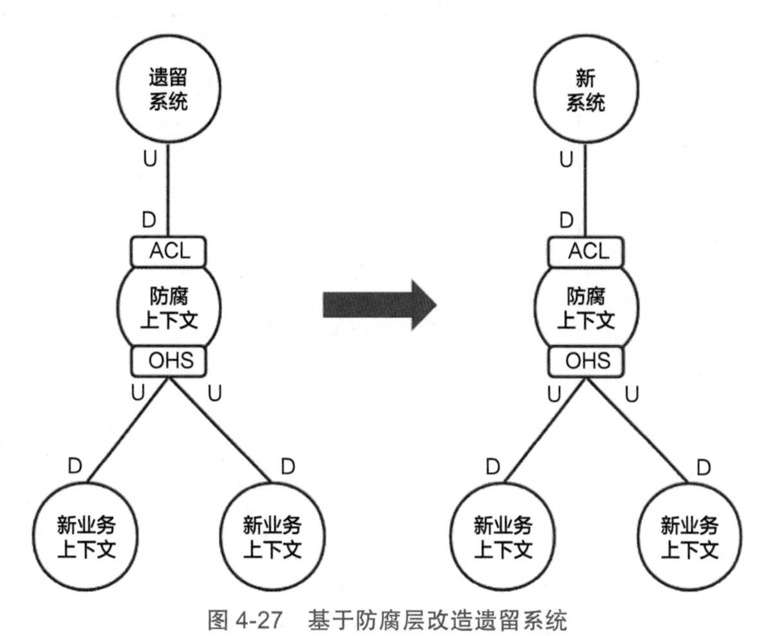

图4-27　基于防腐层改造遗留系统

再来看一个示例，当系统中存在一个用户权限上下文和一个计划讨论上下文并且后者依赖前者时，我们可以在两者的交互过程中添加图4-28所示的防腐层组件。

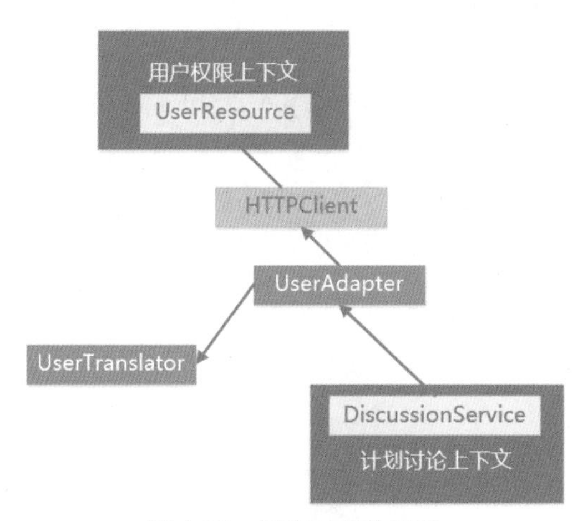

图 4-28　防腐层组件实现

图 4-28 中的 UserAdapter 和 UserTranslator 就是具体的防腐层组件。图 4-29 进一步展示了这两个限界上下文中核心技术组件之间的交互过程。这里用到 UML 中的时序图。

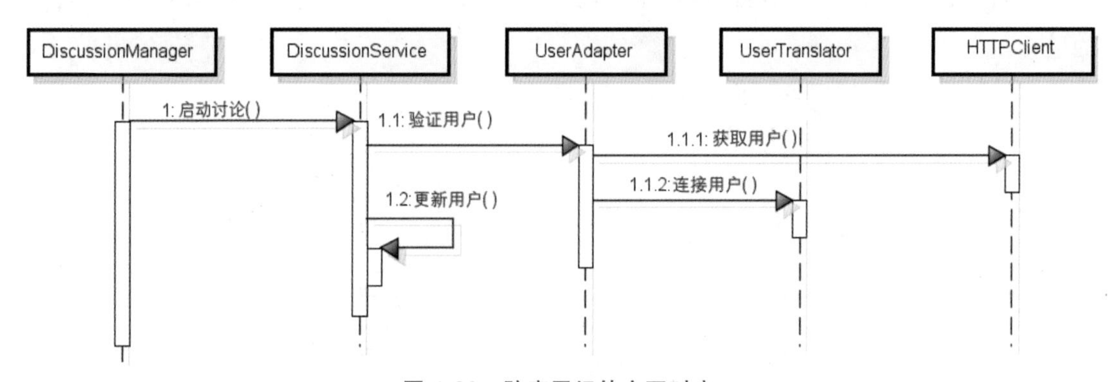

图 4-29　防腐层组件交互时序

2. 开放主机服务模式

开放主机服务（Open Host Service，OHS）指的是上游提供一些公开的服务，暴露它们的通信方式和数据格式，并且承诺这些服务不会轻易做出变化。也就是说，OHS 定义了一种协议，让其他上下文通过该协议来访问上游的服务。和防腐层不同，OHS 是上游服务吸引更多下游调用者的诱饵。

请注意，防腐层的实现位于下游限界上下文，而开放主机服务则位于上游限界上下文，两者往往组合使用，如图 4-30 所示。

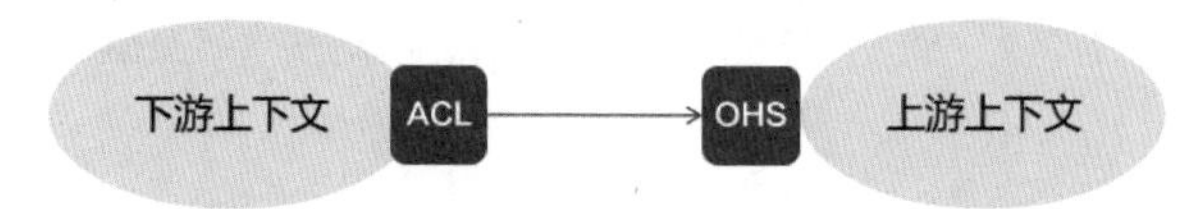

图 4-30　防腐层和开放主机服务组合使用

那么，如果必须选择，你更倾向于使用防腐层还是开放主机服务呢？事实上，上游上下文作为被依赖方往往会被多个下游上下文消费，如果引入防腐层模式意味着需要为每个下游上下文都开发一个几乎完全一样的防腐层，这将导致"重复造轮子"。因此，如果上下游上下文都在开发团队内部，又或者两者之间建立了良好的团队协作，笔者更倾向于在上游上下文中定义开放主机服务。

3. 发布语言模式

发布语言（Published Language，PL）模式通常和开放主机服务模式配合使用，主要用于实现两个限界上下文之间的模型转换，确保在两个限界上下文之间存在一种共享的公用的语言。

请注意，防腐层和开放主机服务操作的对象都不应该是各自的领域模型对象。因此，防腐层和开放主机服务之间的操作需要在发布语言中进行一一映射。图 4-31 展示了领域模型中的对象和发布语言中的消息契约之间的区别。

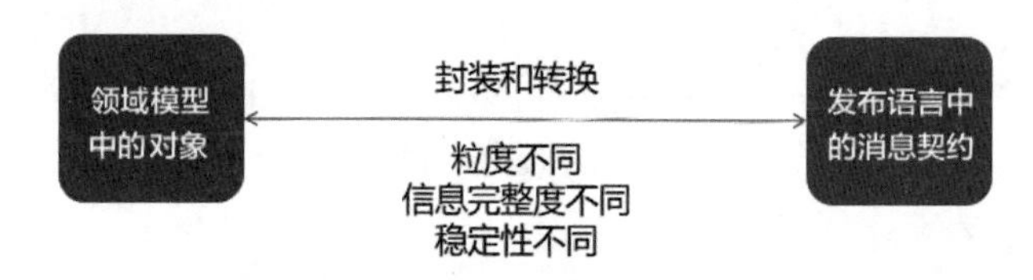

图 4-31　领域模型中的对象与发布语言中的消息契约之间的区别

可以通过一个示例来理解发布语言的作用和效果。例如，订单上下文需要调用支付上下文，那么可以专门提炼调用过程的输入和输出为 InvokingPaymentRequest 和 PaymentExecutingResponse 对象，如图 4-32 所示。

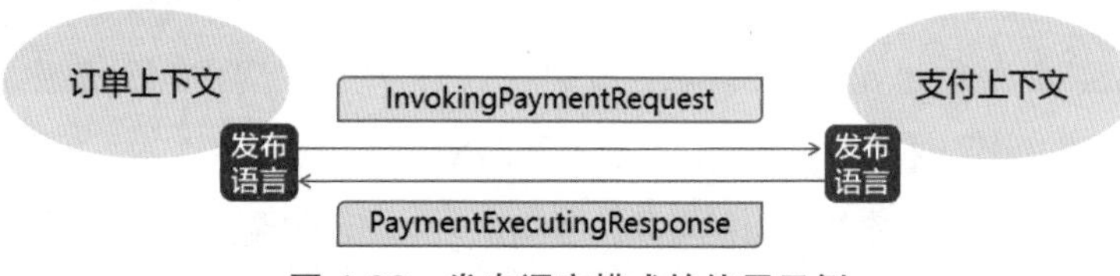

图 4-32　发布语言模式的使用示例

显然，InvokingPaymentRequest 和 PaymentExecutingResponse 都不是订单上下文和支

付上下文中的领域模型对象，而更像是一种数据传输对象（Data Transfer Object，DTO）组件。

4. 共享内核模式

所谓共享内核，指的是一个限界上下文将自己的领域模型暴露出去供其他限界上下文使用。共享内核不能像其他限界上下文那样自由地更改，但共享内核也会造成耦合。因此应该只将那些非常稳定且具有复用价值的领域模型封装到共享内核上下文中。

共享内核对模型和代码的共享将产生一种紧密的依赖性。我们需要为模型共享的部分指定一个显式的边界，并保持共享内核的小型化。共享内核具有特殊的状态，在未与另一个团队协商的情况下，这种状态是不能改变的。

共享内核能够节约研发成本和提升研发效率，有效地防止多个团队重复“造轮子”。共享上下文往往会在后续的系统架构演变过程中被抽象为平台服务，即一种特定类型的支撑子域，并指定某一研发团队专门负责其推进和维护。

请注意，共享内核通常以库的形式（如 Java 的 JAR 包）被其他限界上下文复用，本身不提供远程服务。共享内核也可以看作一种折中方案和反模式，建议慎用。

4.3.4 影响上下文映射的考量点

当我们考虑应该如何设计上下文之间的映射关系时，有一些考量点会影响甚至决定上下文映射的结果。本节将围绕这一话题展开讨论。

1. 领域行为产生的依赖

领域行为确定了上下文映射的结果。领域行为产生的依赖主要涉及如下两点。

- 职责由谁来履行？这意味着通过领域行为可以确定限界上下文。
- 谁发起对该职责的调用？这意味着通过协作关系的限界上下文可以确定上下游关系。

这两点有点抽象，接下来将通过一个具体的示例展开介绍。假设存在一个用户提交订单的业务场景，那么用户这个概念是否应该包含在订单上下文中呢？答案显然是否定的。“由用户发起调用”仅代表用户通过用户界面发起对后端服务的请求。限界上下文的边界并不包含前端的用户界面，不能让前端承担本由后端封装的业务逻辑。领域模型是排除参与者在外的客观模型，作为参与者的用户应该被排除在这个模型之外。图 4-33 展示了订单上下文与用户的交互过程。

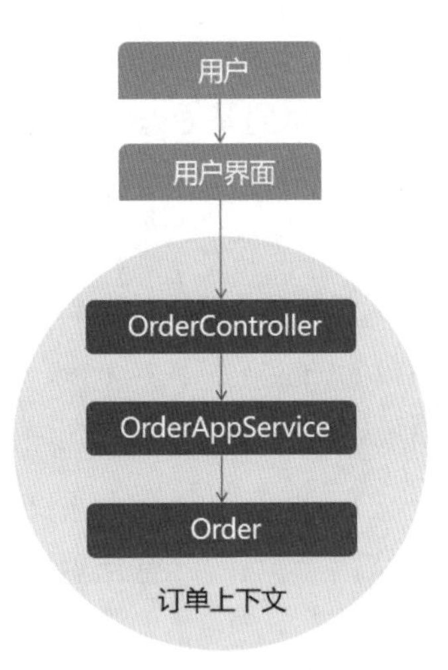

图 4-33　订单上下文与用户的交互过程

2. 领域模型产生的依赖

相比领域行为产生的依赖，领域模型产生的依赖更加难以把握。我们同样来看一个示例。在电商系统中，当设计“根据用户获取订单列表”功能时，订单（Order）和用户（Customer）之间存在图 4-34 所示的数据模型。

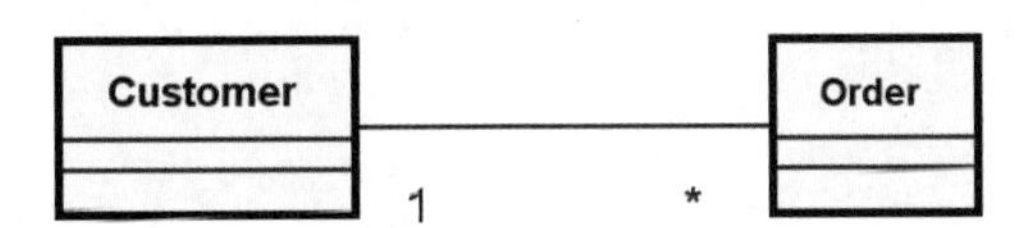

图 4-34　Order 与 Customer 之间的数据模型

针对这一场景，方案一是在 Customer 对象中内嵌一组 Order 对象，如图 4-35 所示。

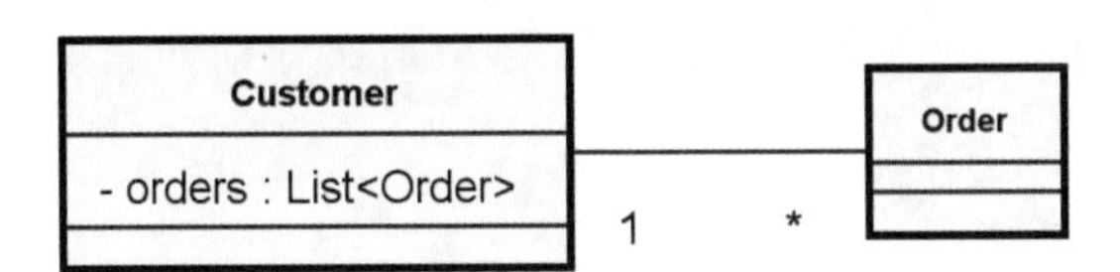

图 4-35　在 Customer 对象中内嵌一组 Order 对象的数据模型

方案二是在 Order 对象中包含对 Customer 对象的引用，如图 4-36 所示。

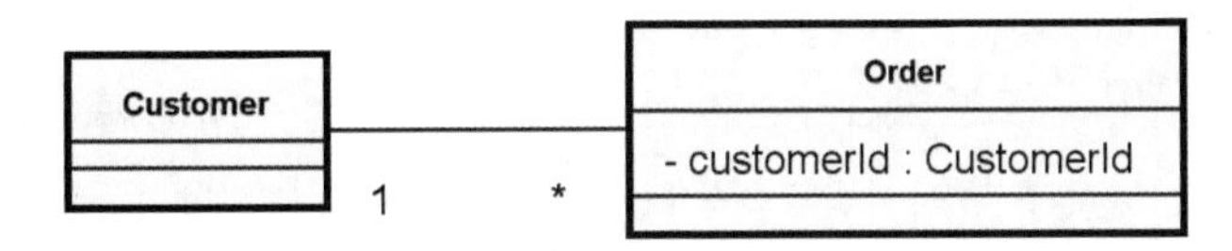

图 4-36　在 Order 对象中包含对 Customer 对象的引用的数据模型

那么应该选择哪种方案呢？可以注意到，在方案一中 Customer 对象中内嵌的是整个 Order 对象，而方案二中 Order 对象包含的是 Customer 对象的 ID。显然，第二种方案优于第一种方案，因为针对某一个对象 ID 的引用并不会导致对这个对象本身的依赖。这就是领域模型依赖的一种处理方式。

如果我们将讨论的范围进一步扩大，还可以探讨“重用”和“分离”这两种针对领域模型依赖的处理策略。我们同样以电商系统中常见的“订单上下文查询订单时如何获取订单中商品信息”这一场景进行切入。如果我们采用“重用”策略，就意味着在订单上下文中会复用商品上下文中的领域模型，即两个限界上下文之间采用遵奉者模式，商品上下文作为上游。而如果我们采用“分离”策略，就意味着需要在订单上下文中定义属于自己的、与商品相关的领域模型。

通过分析，可以发现“重用”策略和“分离”策略各有优劣势。表 4-3 对此做了总结。

表 4-3 “重用”策略和“分离”策略的优劣势

模式	优势	劣势
“重用”策略	需求发生变化只需要修改一处	如果两个上下文对商品的需求不相同，商品对象需要同时应对多种不同的需求，导致内聚度下降
“分离”策略	如果两个上下文对商品的需求不相同，分离的两个模型可以独自应对需求的变化	在不同上下文中分别创建商品对象，导致代码重复；商品有新属性则两边模型都需要修改

在 DDD 设计理念中，我们倾向于使用“分离”策略而非“重用”策略。正如在 4.1 节中图 4-3 所展示的那样，我们为两个不同限界上下文分别创建独立的领域对象，而非领域模型的重用。

3. 数据产生的依赖

数据产生的依赖主要分为两种情况。第一种情况是数据存放在一处，领域模型仅仅是内存对象。例如，在订单上下文的内存中完成对来自用户上下文的用户对象的转换，订单上下文本身不保存用户数据。第二种情况是数据在各个限界上下文中分散存储，用唯一 ID 进行关联。例如，用户信息在各个限界上下文中表现为不同的属性，且分别进行了存储。对于这两种数据依赖情况的处理，我们在前面的内容中实际上已经明确了解决方案，即推荐采用第二种情况下的处理方案，这里不再展开介绍。

关于数据依赖，需要特别讨论的点在于 OLTP 和 OLAP 这两个概念。联机事务处理

（Online Transaction Processing，OLTP）主要用于处理企业级的常规业务操作，强调数据的精确、事务的原子性和并发性；而联机分析处理（Online Analytical Processing，OLAP）则使用多维数据分析技术和聚合算法，可以将大量数据划分为各种不同的角度，方便开展数据分析。

在日常开发中，限界上下文的提炼和映射主要面向 OLTP 场景，这也是业务系统开发的主要场景。但有些时候，我们需要实现类似推荐上下文这样的面向 OLAP 场景的限界上下文，如图 4-37 所示。

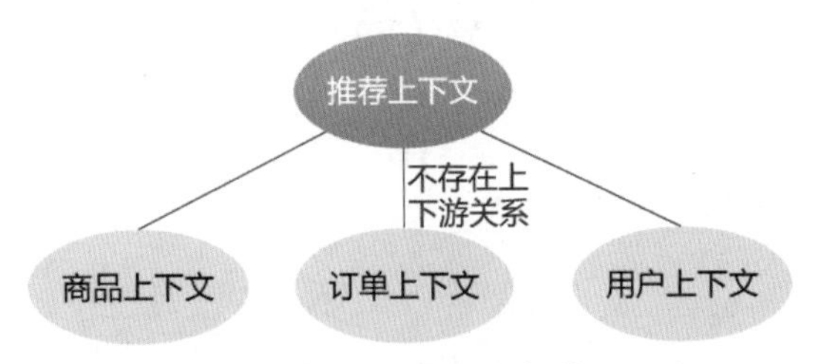

图 4-37　OLAP 场景下的推荐上下文

在图 4-37 中，推荐上下文综合应用商品上下文、订单上下文和用户上下文中的业务数据，并构建了独立的推荐能力。推荐上下文和其他 3 个上下文之间不存在上下游关系。也就是说，在 OLAP 场景下，上下文之间不应该存在上下游关系。这是 DDD 上下文映射的一条规则。

4.4　限界上下文案例讲解

在本节中，我们将基于电商系统给出限界上下文的案例分析。在电商系统中，常见的限界上下文如图 4-38 所示。

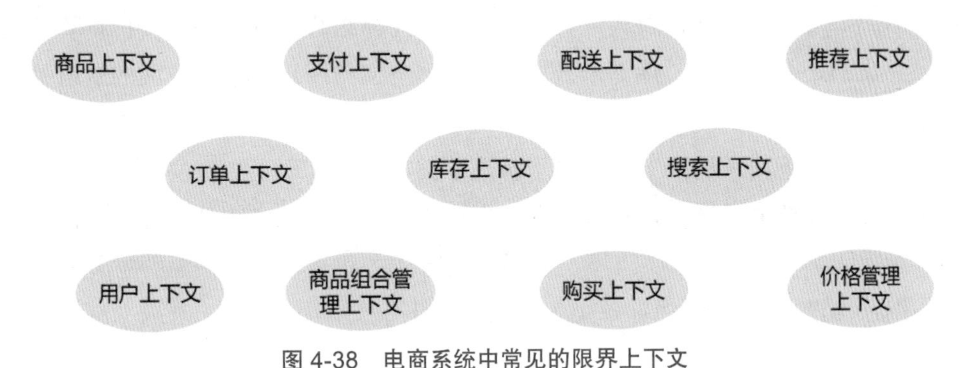

图 4-38　电商系统中常见的限界上下文

我们可以将图 4-38 中的限界上下文划分到不同的子域中。可以将商品、订单、支付等限界上下文划分为一个个独立的子域。可以将购买、价格管理、商品组合管理和推荐上下文合并在一起以形成一个销售子域。图 4-39 展示了电商系统子域的划分结果。

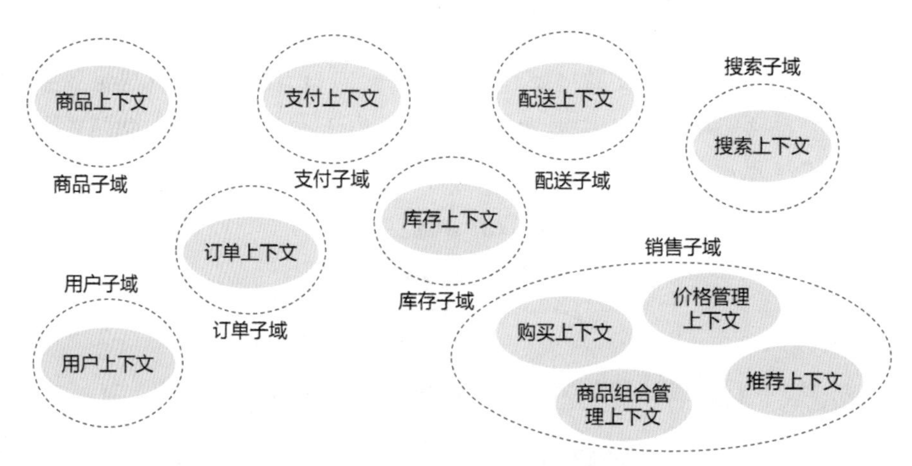

图 4-39 电商系统子域的划分结果

接下来分析上下文映射关系。首先设计销售子域中 4 个限界上下文的映射关系，如图 4-40 所示。

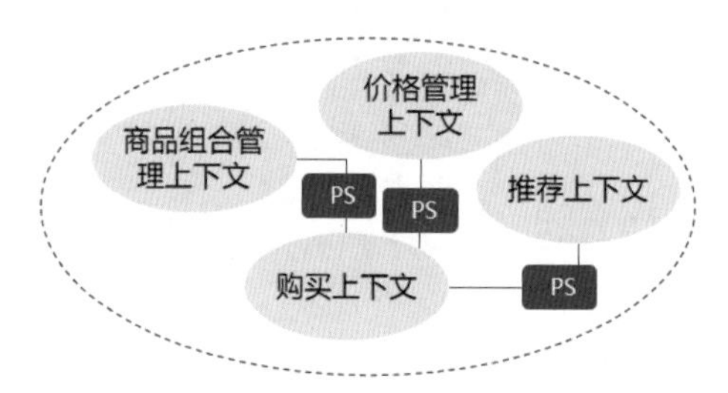

图 4-40 销售子域中限界上下文的映射关系

可以看到，对于团队协作模式，购买上下文与商品组合管理上下文、价格管理上下文及推荐上下文都是合作关系。接下来再看看购买上下文与用户上下文之间的映射关系，如图 4-41 所示。

显然，购买上下文是用户上下文的下游上下文，所以实现了防腐层模式。而用户上下文则同时实现了开放主机服务模式和发布语言模式，这两种模式都是通信模式，往往组合使用。对于团队协作模式，购买上下文和用户上下文之间是一种客户 – 供应商关系。

我们继续向图 4-41 中添加订单上下文和支付上下文，如图 4-42 所示。可以看到，这两个上下文映射关系和用户上下文非常类似。

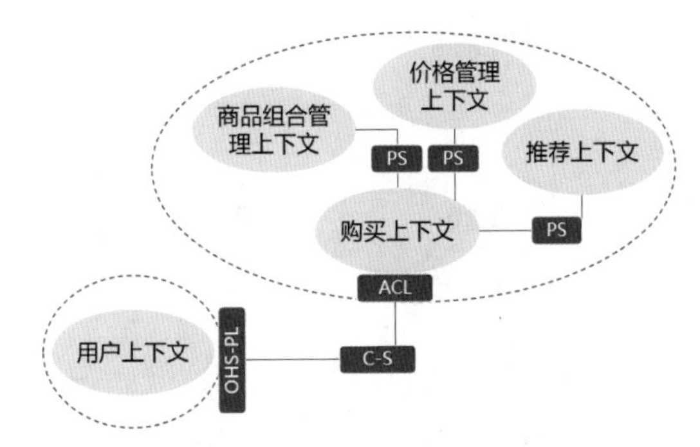

图 4-41　购买上下文和用户上下文之间的映射关系

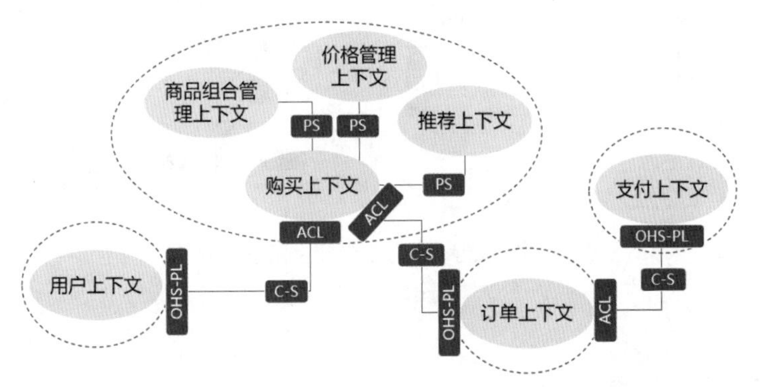

图 4-42　添加订单上下文和支付上下文后的映射关系

我们接着向图 4-42 中添加配送上下文和库存上下文，如图 4-43 所示。可以注意到配送上下文和库存上下文之间体现了一种遵奉者模式，这是因为在电商系统中，配送过程往往与库存系统整合在一起共同演进。

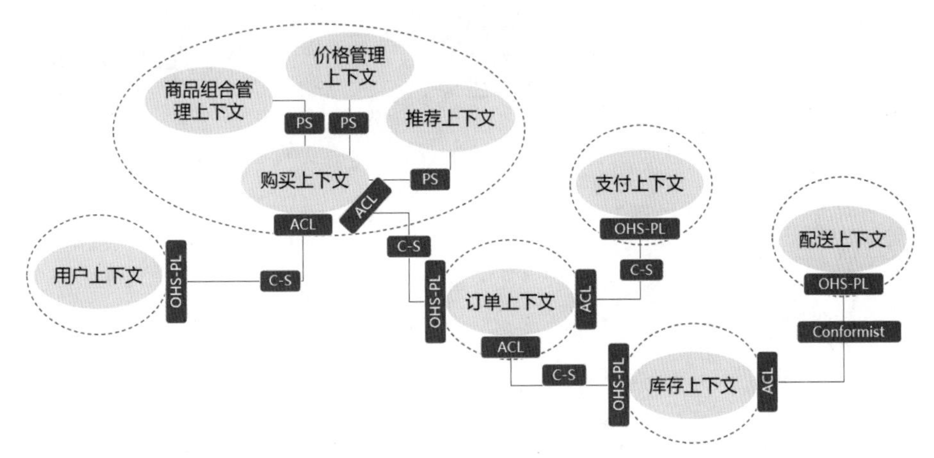

图 4-43　添加配送上下文和库存上下文后的映射关系

最后，在图 4-43 的基础上添加商品上下文，并完成包含电商系统的全部上下文的映射图，如图 4-44 所示。

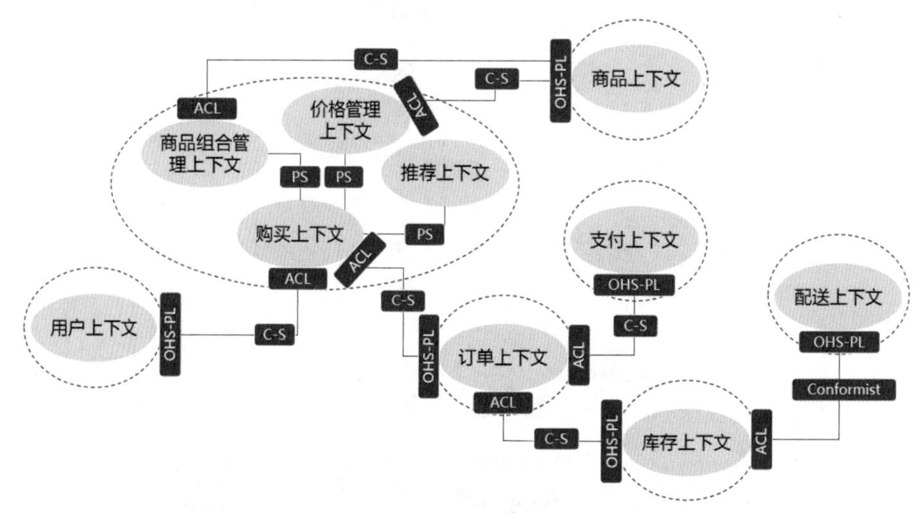

图 4-44　电商系统的全部上下文映射图

4.5　本章小结

本章介绍了 DDD 解空间中的一个核心概念——限界上下文。在 DDD 中，限界上下文用来充当业务整合的边界。图 4-45 对限界上下文的定位、价值和交互过程进行了总结。

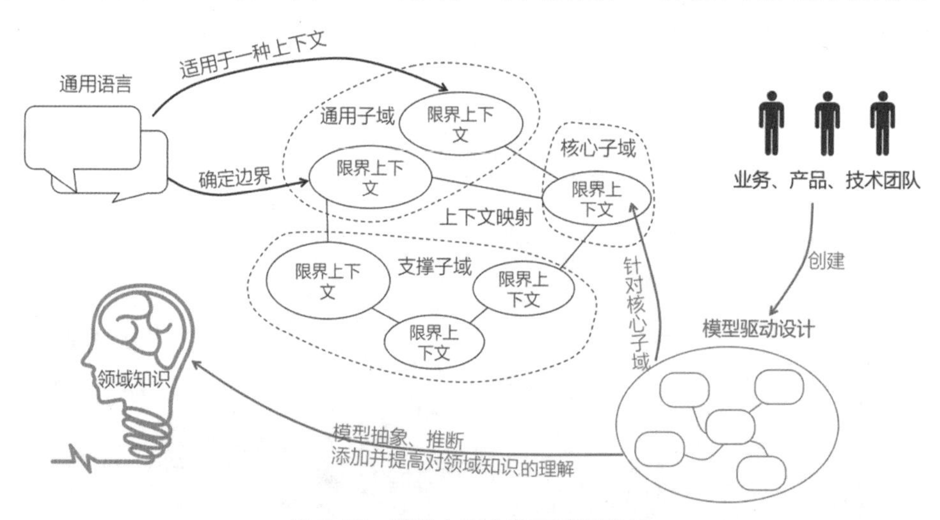

图 4-45　限界上下文整体蓝图总结

第5章 事件风暴

在第 3 章和第 4 章中，我们分别介绍了统一语言、子域及限界上下文，它们构成了领域驱动战略设计部分的主体内容。战略设计可以用来完成对业务领域问题空间和解空间的梳理和转换，而为了更好地实现这一目标，业界诞生了一组工程实践，其中最具代表性的就是本章将要介绍的事件风暴。

事件风暴是一种以工作坊形式开展的，用于协作探索和研究业务领域，特别是具有复杂流程的业务领域的系统分析方法。事件风暴也常用于开展领域驱动战略设计，可以快速分析和分解复杂的业务领域，完成领域建模。在本章中，我们将从事件的基本概念说起，详细分析它的实施方法和应用实践，从而为第 6 章开展领域驱动战略设计工作坊演练打好基础。

5.1 探索业务全景

在 DDD 中，统一语言、子域及限界上下文等概念的提出为人们把握系统业务复杂度提供了有效的方法论和指导思想。那么，这些概念应该如何落地呢？或者说，我们应该采用哪种实现路径来获取最终的限界上下文呢？这是现实中很多团队在实施 DDD 时所面临的一个挑战。究其原因，在于 DDD 工程实践大多侧重于战术层面，而战略层面可以即插即用的实践方法非常少。

现在回到战略设计的根本目标——完成对业务全景的探索，从而实现从问题空间到解空间的最终转化。这一目标可以通过传统的 UML 建模方法或敏捷方法实现。UML 建模方法的优势在于表达严谨、成熟度高，使用严格的 UML 图形符号，但有一定的学习成本和专业要求。而敏捷方法对技术人员要求很高，实践效果往往并不理想。

在产品开发和迭代快节奏的情况下，新加入团队的成员需要快速了解现有业务。过去技术人员往往只需了解局部业务，产品经理也无法对所有业务进行完整描述。业务需求无论是各种用例还是用户故事，抑或是厚厚一沓需求文档，都难以让新老成员快速产生完整认知。

针对以上种种困难，可以采用事件风暴来帮助人们在较短的时间内快速了解业务的全景，达到统一的认知。事件风暴是由 Alberto Brandolini 发明的一种轻量级的、基于 DDD 思想派生的建模方法。在使用事件风暴去探索业务全景的同时，产出对业务系统的建模设计结果，这是与用例、用户故事等工具的最大区别。

事件风暴表达简单且涉众广，便于业务人员和技术人员共同交流，非常适合系统不确定时期的思维碰撞。在本章接下来的内容中，我们将对事件风暴的实施方法进行详细介绍。

5.2 实施事件风暴

若用一句话来介绍事件风暴，我们可以引用官方的描述：事件风暴是一种以协作探索复杂业务领域为目标、灵活工作坊形式的活动。那么，我们应该如何正确理解这句话的真正含义？在本节中，我们将从事件风暴这一概念入手，讨论事件风暴的建模方法和流程。

5.2.1 事件风暴基本概念

实际上我们可以把事件风暴拆分为“事件”和“风暴”两个概念。

1. 事件

所谓事件即事实，在业务领域中，已经发生的事件就是事实，并可能需要保存下来或者传播出去让别人进行响应。现实中的很多场景都可以抽象为事件，但凡在业务统一语言中出现如“当……发生……时”“如果发生……”“当……时通知我”等描述，我们就应该考虑是否在这些场景中引入事件。事件的表现形式多样，如当某一个操作发生时发送一条消息，如果出现某种情况则执行某个既定业务操作等。本质上，这些事件代表的是一种业务状态的变化，如图 5-1 所示。

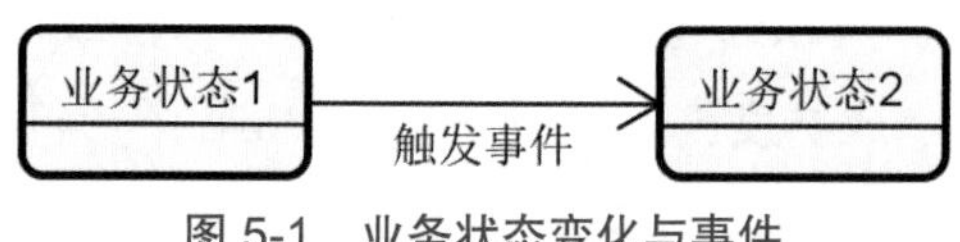

图 5-1 业务状态变化与事件

我们通过一个现实中的场景来分析事件的组成要素，如表 5-1 所示。

表 5-1 "公司组织年会"场景与事件

真实场景	事件要素	场景要素
公司组织年会	发布的事件内容	What
年会的时间	事件发布的时间	When
年会的地点	在哪个限界上下文中发布	Where
为什么组织年会	发布事件的原因和背后的重要性	Why
年会的牵涉部门和人员	谁发布和订阅事件	Who
年会的组织过程	事件如何沿着时间轴传播	How

根据表 5-1，我们基于"公司组织年会"这一场景进行分析，并对该场景下的各方面内容和事件本身进行一一映射。不难看出，一个事件应该包含以下组成要素。

- 事件内容：对应场景要素中的 What。
- 事件发布时间：对应场景要素中的 When。
- 事件发布的限界上下文：对应场景要素中的 Where。
- 事件的原因和背后的重要性：对应场景要素中的 Why。
- 事件的订阅者：对应场景要素中的 Who。
- 事件的传播方式：对应场景要素中的 How。

通过分析，我们发现事件这一概念满足 5W1H 模型，所以同样适合用来对业务复杂度进行描述。

事件同样需要建模，一般使用"业务对象名 + 动作过去式"对事件进行命名。表 5-2 展示了"乘坐飞机"这一业务场景下的常见事件及对应的描述。

表 5-2 "乘坐飞机"场景下的事件

事件	事件描述
飞机票已购买	我只关心票买了，并不关心怎么买的
安检已通过	我只关心安检窗口认可了我没有携带危险用品，至于怎么检测的我并不关心
飞机验票已结束	验票通过代表我的飞机票是有效的，至于飞机票是怎么下单购买的并不重要
飞机已进站	飞机进站意味着我要准备登机了，我并不关心飞机是怎么飞过来的
飞机门已打开	飞机门打开了意味着我可以登机了，至于飞机门是怎么打开的我并不关心

根据表 5-2，我们发现每一个事件都有其自身的关注点，代表的是一种业务状态的变化。而这些业务状态的变化过程实际上是存在一定顺序的。图 5-2 展示了"乘坐飞机"场

景下的常见事件及其演进时间线。

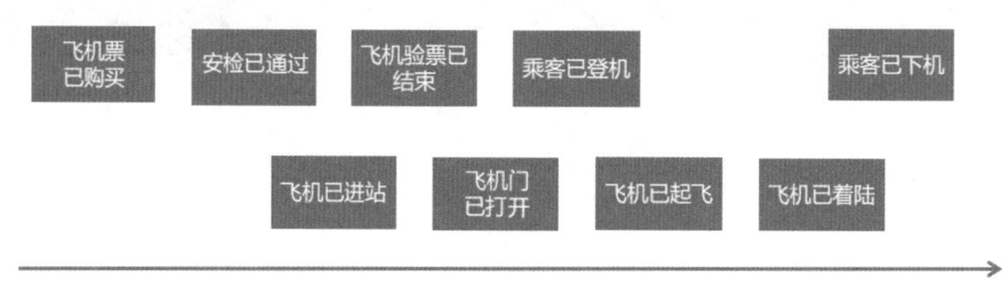

图 5-2 事件时间线

伴随着时间的演进，从“飞机票已购买”这个事件开始到“乘客已下机”这个事件结束，我们完成了对整个业务全景的探索。

2. 风暴

“风暴”就是团队中不同角色之间充分沟通、坦率交流、互相妥协的过程。团队中的常见角色如下。

- 业务人员。
- 产品经理。
- 架构师。
- 开发人员。
- 测试人员。

可以将上述角色统称为领域专家和技术人员，当然读者也可以将自己认为需要参与事件风暴的任何人员邀请到“风暴”过程中。

我们再通过一个具体的示例来讨论“风暴”的重要性和价值。例如，在一个通用的工单管理系统中，围绕工单处理过程通常存在以下步骤。

（1）选择交易记录，结果是用户选择某一条交易记录，这是触发工单流程的前提。

（2）提交工单，结果是生成一条有效的工单记录。

（3）分配客服，结果是工单被系统分配给一个客服人员。

（4）处理工单，结果是客服人员对用户的问题进行回复。

（5）完结工单，结果是客服完成工单处理，工单关闭。

（6）评价工单，结果是用户对工单处理过程的满意度打分。

基于上述步骤，我们不难梳理出一组事件。除了“选择交易记录”这个步骤不会改变系统状态以外，其他步骤都应该被提取成事件。

- 工单已提交，对应提交工单步骤。
- 客服已分配，对应分配客服步骤。
- 工单已处理，对应处理工单步骤。
- 工单已完结，对应完结工单步骤。
- 工单已评价，对应评价工单步骤。

显然，事件名称和操作步骤是一一对应的，我们只需要改变动宾结构的组成形式。

现在，我们通过初步沟通定义了一些事件，粗看好像没有任何问题，但细看后可以发现其缺失内容。架构师突然说道："如果针对某个工单分配的客服人员并不能处理这个工单内容，那么业务场景应该怎么办呢？"业务人员考虑了一下，回答道："系统应该存在一个工单转发功能，一旦客服人员无法处理某个工单请求，允许他将这个工单转发给其他客服人员。"于是我们在"客服已分配"和"工单已处理"之间添加了一个新事件，如下所示。

工单已转发，对应转发工单步骤。

接着又有人提出，一个工单可以一直被转发下去吗？是不是需要限制一下转发次数呢？答案是肯定的。假设限制工单转发的次数上限为2次，那么我们需要将原来的"工单已转发"事件重构为代表工单转发次数的如下两个事件。

- 工单已转发1次，意味着工单还可以被转发一次。
- 工单已转发2次，意味着工单不能被继续转发。

到了这里，我们的思路已经开阔，但马上又面临一个新的问题：客服人员应该根据什么规则来进行工单转发，从而避免出现不合理的转发情况呢？这引入了另一个领域——标签系统。我们需要为工单和客服人员打标签，从而帮助系统在匹配该工单标签的客服人员中选择合适的目标客服。

上述"风暴"过程可能持续多轮，直到所有的问题都被团队成员一一澄清并达成一致。

3. 事件风暴设计思想

在软件系统设计和开发中，我们使用统一语言的原因是希望团队中的所有人达成一致。事件风暴提供了一套管理复杂软件系统多人协作的步骤和方法，可以尽可能让所有人参与表达、专注和思考，促成有效沟通。事件风暴制定了一些表现媒介和活动规则，并基于"面对面沟通"和"可视化"协作，使具有不同背景的团队成员之间可以进行跨学科、跨部门的沟通交流。图 5-3 展示了“面对面沟通”和“可视化”在共识达成过程中的重要性。

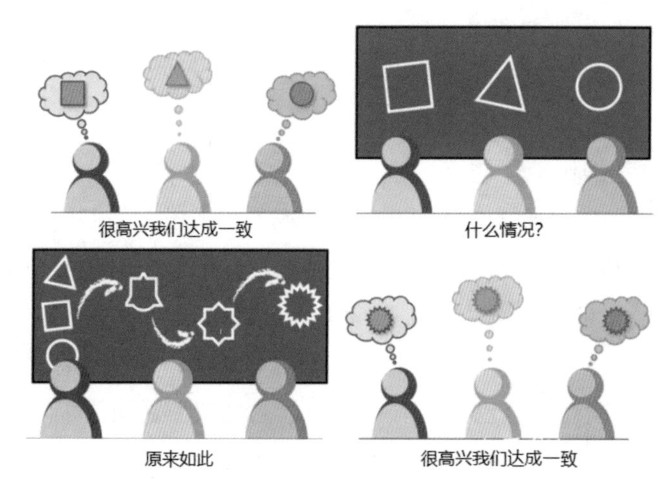

图 5-3 达成共识的过程和效果

显然，“面对面沟通”和“可视化”可以使团队成员更容易达成一致。

事件风暴充分利用了“面对面沟通”和“可视化”这两种协作方式。基于事件风暴的适应性，不同背景的项目干系人可以进行复杂的、跨学科的沟通交流——这是一种跨越信息孤岛和专业界限的新型协作方式。

事件风暴具有多种用法，适用于不同的场景。一方面，事件风暴非常适合新成立的项目，因为新项目一般都会存在需求不清晰、理解不统一的情况，而事件风暴可以通过协作的方式厘清业务，促进领域专家和技术人员达成一致。

另一方面，对于遗留系统，虽然普遍存在业务知识流失比较严重的现象，但事件风暴仍然是有意义的。事件风暴可以帮助实现如下目标。

- 发掘现有的健康业务线中最有改进价值的地方。
- 探索新业务模式的可行性。
- 挖掘和设计新的服务，为每个参与方带来最好的正向结果。
- 设计整洁可维护的事件驱动型（Event-Driven）软件，以支持快速发展的业务。

但是，这里需要提醒的是，如果一个系统的业务复杂度不高，或者说业务很清晰，只需要进行相关的架构改造，那么应用事件风暴的意义不大。

到此，我们已经全面介绍了事件风暴的基本概念和设计思想，下面来看一下应该如何实施事件风暴。

5.2.2　事件风暴实施方法

只使用纸和笔就可以完成事件风暴——它是一种与技术解耦的工作坊。也就是说，在事件风暴的实施过程中，不应该出现任何与技术实现相关的概念和描述。那么，事件风暴是如何做到这一点的呢？在现实的事件风暴中，实现的载体一般是一块白板外加一组便利贴。事件风暴规定了多种形态的便利贴，从而构成一套完整的、可供“面对面沟通”和“可视化”的展示方案，如图 5-4 所示。

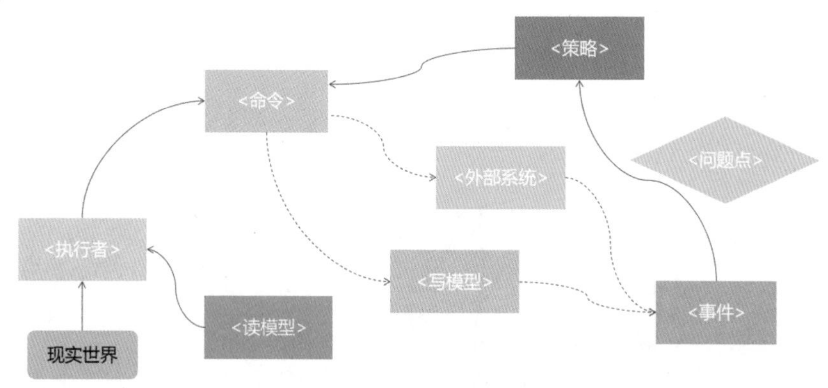

图 5-4　事件风暴中的展示媒介和载体

一方面，掌握图形化的表现形式是人们实施事件风暴的一个重要方面。在本章接下来的内容中，我们会对图 5-4 展示的所有表现载体进行讲解。另一方面，事件风暴的实施包含一组固定的流程，如图 5-5 所示。

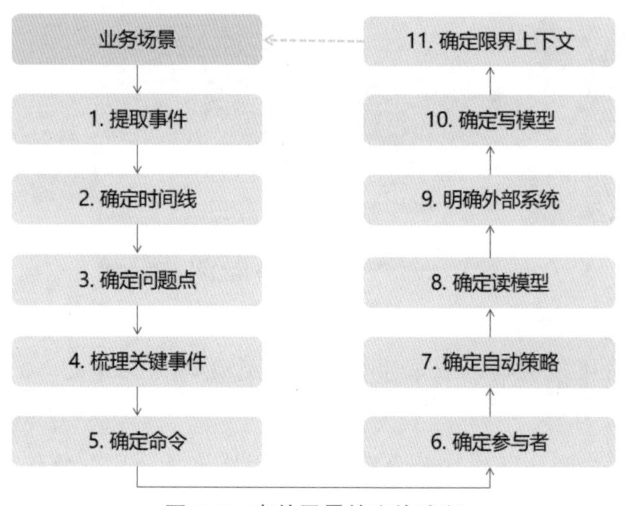

图 5-5　事件风暴的实施流程

在图 5-5 中，我们从业务场景出发提炼事件，并最终以限界上下文的形式回到业务场景，从而完成问题空间和解空间之间的映射。接下来，我们将介绍事件风暴的各个实施环节，并结合图 5-4 所展示的各种便利贴给出对应的交付产物。

1. 提取事件

事件风暴的第一步就是提炼业务场景下的事件，通常使用“主语 + 动作过去式”的方式来命名事件。典型的事件命名方式如下。

- TicketSubmitted。
- StaffAssigned。
- TicketFinished。

在事件风暴中，我们约定使用橙色便利贴来展示事件，其效果如图 5-6 所示。

图 5-6 事件展示效果

提炼事件是一种头脑风暴活动，领域专家和技术人员应尽可能地梳理和提炼业务场景下的各种事件。我们不需要对事件进行排序，也不必担心事件是否冗余，并最终得到所有团队成员认为合理的事件集合，如图 5-7 所示。

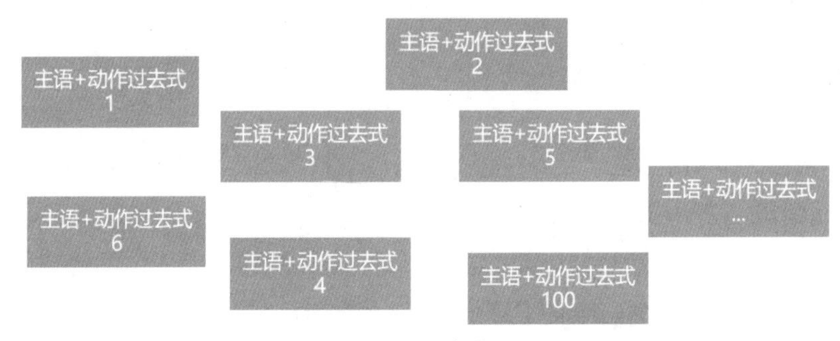

图 5-7 事件

说到这里，读者可能会问：提取事件的过程什么时候结束呢？一般有如下两种处理方式。

- 事件增加速度：当团队增加新事件的速度明显放慢，几乎没有新事件出现时，就意味着这一环节已经接近尾声。

● 固定时间：可以约定一个固定的时间范围，时间一到就意味着这一环节告一段落。

在实际操作过程中，我们往往会综合这两种处理方式，确保提炼事件过程的收敛性。

2. 确定时间线

事件风暴的第二个步骤是确定时间线，即将事件按照业务场景演进的顺序进行排序和组织。我们在前面介绍事件概念时引入了时间线的表现形式。在具体实操过程中，一个最佳实践是尽量先从成功的业务场景开始梳理事件流。图 5-8 展示了一种基础的时间线表现形式。

图 5-8　基础时间线表现形式示例

面对复杂的业务场景，事件流可以引入分支，表示应用在某个事件前后的多个事件流程，如图 5-9 所示。

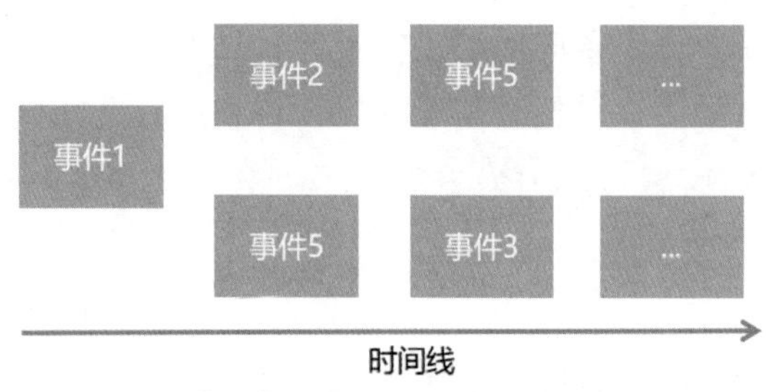

图 5-9　带有分支的时间线

确定时间线的过程伴随着修复不合理的事件、删除重复事件等活动，必要时也可以添加新的事件，从而完善业务场景下的事件体系。

3. 确定问题点

事件风暴中提出了 Hotspot 这一概念，用来表示以下含义。

● 不确定的点，业务领域中存在的疑问。

● 有风险的点，存在不确定性。

● 需要注意的一点，用来提醒业务人员和技术人员。

就字面意思而言，可以将这个词翻译为“热点”，但笔者认为“问题点”这个词可能更加符合人们的认知。因此，在本书中，我们统一使用“问题点”来表示这个概念。而在表现形式上，我们使用粉红色的菱形便利贴来代表问题点。

在实践过程中，问题点的表现形式非常多样，没有特定的约束，读者可以将自己认为有必要讨论的点都归为问题点。问题点对应的常用场景如下。

- 系统可能存在的瓶颈。
- 针对业务场景缺失的领域知识。
- 系统可能出现的各种异常场景。

请注意，问题点的讨论是围绕事件展开的，也就是说，事件是问题点的载体。因此，一般将问题点便利贴粘贴在事件旁边，表示该事件值得特别关注，如图 5-10 所示。

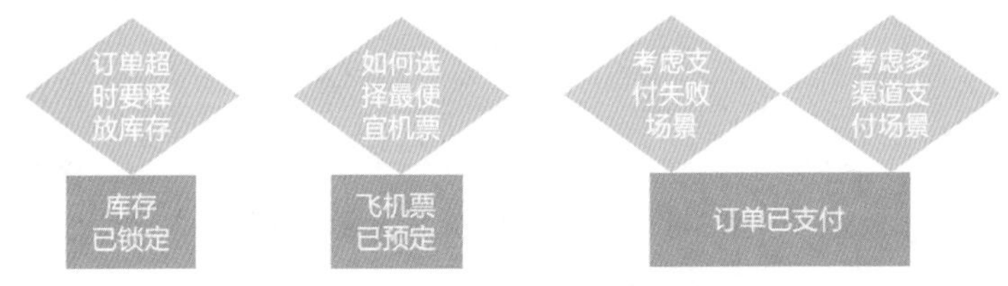

图 5-10　事件和问题点

显然，并不是每一个事件都会存在问题点，而一个事件也可能存在多个问题点。在梳理问题点的过程中，不需要过多考虑问题点本身的合理性。但请注意，问题点中不允许出现任何技术类的描述，诸如“订单超时需要确保订单和库存之间分布式事务的有效性”这样的描述不是一个合适的问题点，因为它引入了“分布式事务”这个技术词语，破坏了 DDD 中关于统一语言的定义规范。

4. 梳理关键事件

获取大量事件之后，下一步是对这些事件进行梳理，从而确定关键事件（Pivotal Event）。什么是关键事件？在事件风暴中，对业务场景具有重大业务价值的事件被称为关键事件。关键事件前后的事件以竖线的形式划分，如图 5-11 所示。

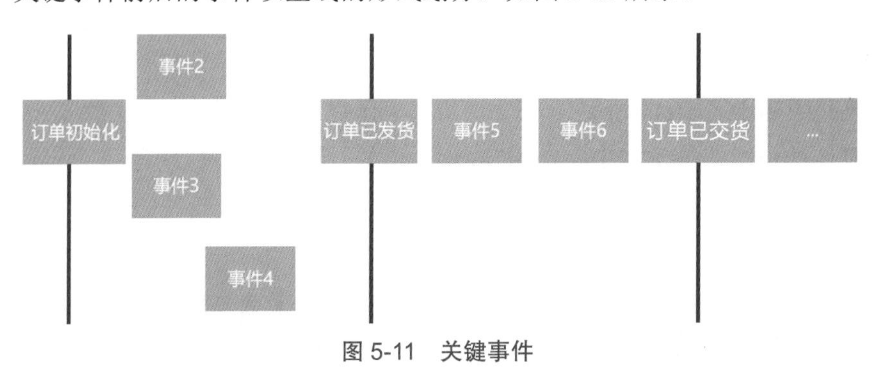

图 5-11　关键事件

图5-11展示了订单业务场景下的事件列表。我们认为，对于订单处理，“订单初始化”“订单已发货”“订单已交货”3个事件是关键事件。

请注意，关键事件的梳理并没有标准答案，而是需要根据实际情况进行讨论和斟酌。图5-11展示的只是订单业务场景下关键事件的一种表现形式。如果支付操作对人们非常重要，也可以将“订单已支付”事件作为一个关键事件进行管理。

5. 确定命令

现在我们已经有了一组包含关键事件在内的事件列表，下一步要讨论的问题是：这些事件如何触发？

事件代表的是业务状态的变化，因此我们需要找出那些触发业务状态变化的操作。事件描述的是已经发生的事实，而决策命令（Decision Command）则描述的是触发事件的因素。与事件一样，命令的命名也有一定的规范，我们需要使用祈使句来表达命令。同时，在事件风暴中，命令通过浅蓝色便利贴进行展示，如图5-12所示。

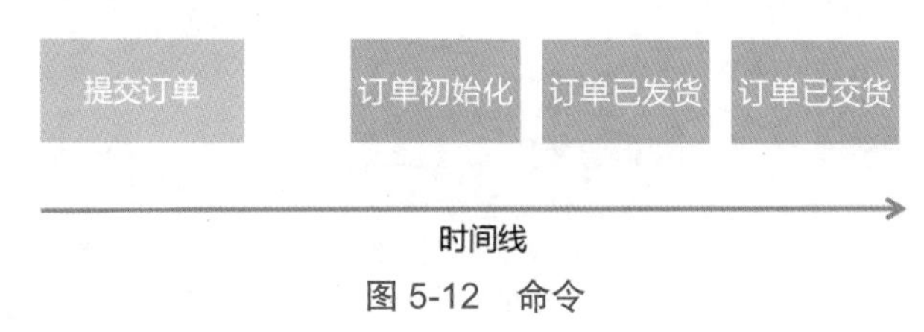

图5-12　命令

在图5-12中，可以通过“提交订单”命令触发“订单初始化”事件，进而触发“订单已发货”和“订单已交货”等后续事件，最终推动整个订单处理流程的演进。

6. 确定参与者

有了命令，我们自然会想到一个问题：该命令将由谁来触发？针对这个问题，我们抽象出参与者（Actor）这一概念。参与者代表业务领域中的一个用户角色（如客户、管理员等），是命令的触发者。在事件风暴中，我们使用亮黄色便利贴来展示参与者，如图5-13所示。

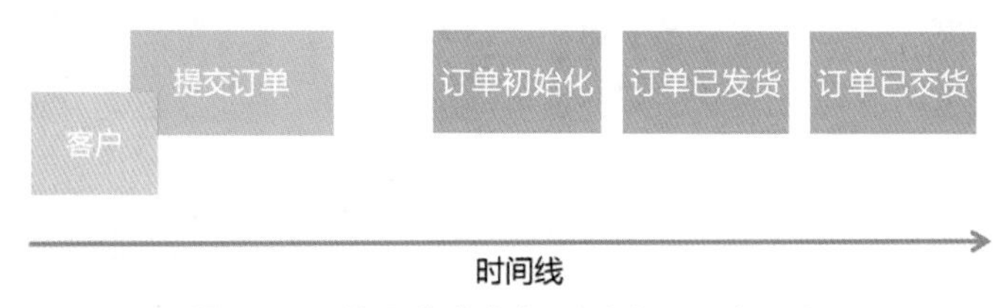

图5-13　使用亮黄色便利贴来展示参与者

请注意，并不是所有命令都会有一个相关联的参与者，因此只在明显存在参与者的地方才需要添加参与者信息。说到这里，读者可能会问：没有关联到参与者的命令又是由谁来触发的呢？答案就是接下来介绍的自动策略。

7. 确定自动策略

自动策略（Automation Policy）指的是事件触发命令执行的场景。换句话说，当某个特定事件发生时会自动执行与之相关联的命令。从这一点来说，与参与者一样，事件本身也是命令的一种触发者。

现实世界存在大量使用自动策略的业务场景。例如，在淘宝上购物时，若订单的支付时间超过 30 分钟，该订单就会被自动取消。显然，这个过程是系统的自动行为，无须人工干预。再如，一旦触发“发货已批准”事件，就意味着订单可以发货了，这时可能触发一个“订单已发货”事件，而这也是一个自动化过程。图 5-14 展示了订单超时和发货批准这两个场景下的自动策略效果。

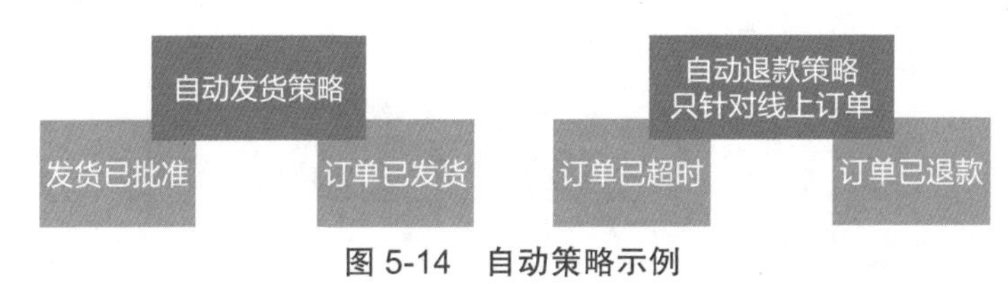

图 5-14 自动策略示例

可以看到，在事件风暴中，使用紫色便利贴来标识自动策略。请注意，策略的自动触发可以存在一定的规则，而不是无条件触发，可以在便利贴上注明具体的触发规则。例如，在图 5-14 中，我们指定“自动退款策略”的触发条件是“只针对线上订单”。

8. 确定读模型

我们接着来看事件风暴中的读模型（Read Model），这个概念比较简单。读模型是一种业务领域内的数据视图，参与者在其基础上做出执行命令的决策。换句话说，可以认为读模型就是命令的输入。在事件风暴的实施过程中，读模型被置于命令之前，我们使用绿色便利贴来标识该模型，如图 5-15 所示。

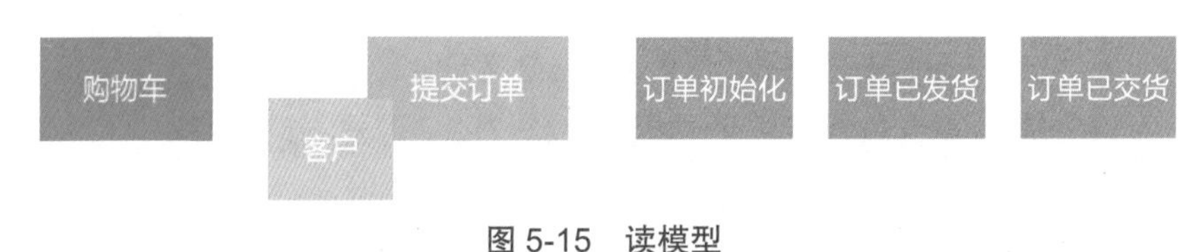

图 5-15 读模型

9. 明确外部系统

命令的输入都是读模型吗？显示不是。在现实业务场景下，我们不可避免地需要与各种外部系统进行交互和集成。因此，在事件风暴中，人们提出了外部系统（External System）这一概念。所谓外部系统，即那些不属于正在探索业务领域的任何系统。外部系统可以作为命令执行的输入源，这和读模型的作用一致。外部系统也可以获取事件的通知，此时它的作用是输出。外部系统如图 5-16 所示。

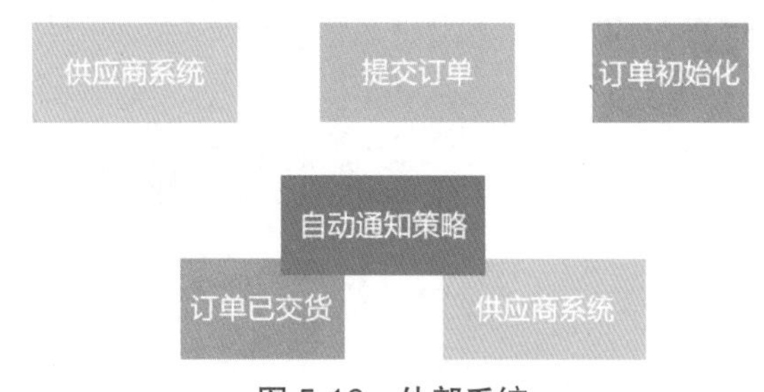

图 5-16　外部系统

在事件风暴中，外部系统通过粉色便利贴进行展示。图 5-16 展示了外部系统分别作为命令输入及事件输出的应用场景。

10. 确定写模型

一旦所有的事件和命令均被展示出来，就可以考虑通过写模型（Write Model）来组织相关概念了。在事件风暴中，通过黄色大便利贴来展示写模型，如图 5-17 所示。

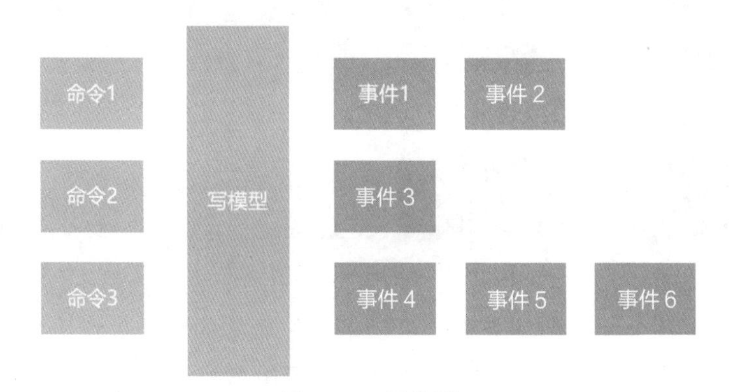

图 5-17　写模型

可以看到，写模型接收命令并生成事件，本质上就是领域驱动战术设计环节要介绍的聚合。关于聚合的相关概念，请参考第 8 章。

11. 确定限界上下文

在事件风暴的尾声，对业务场景下的所有写模型进行梳理，就能得到系统的限界上下文，如图 5-18 所示。

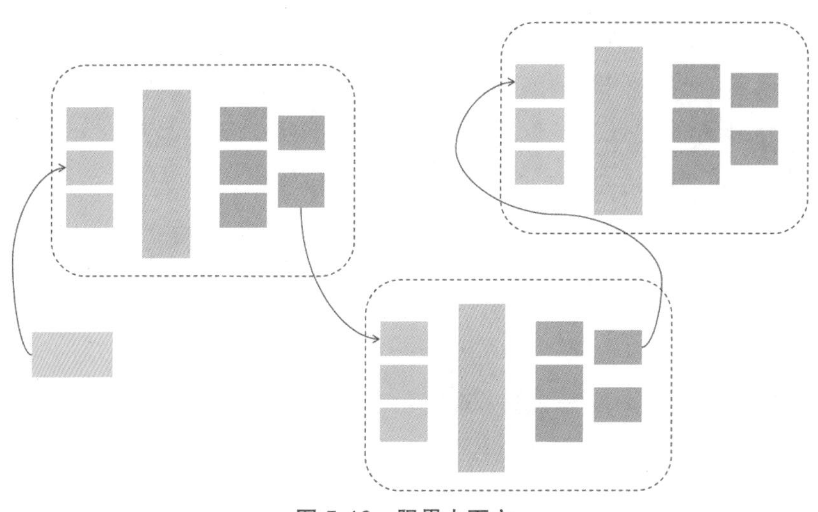

图 5-18　限界上下文

可以看到，某一个限界上下文中的事件可以触发另一个限界上下文中的命令。不同限界上下文之间的这种交互正是事件风暴想要达到的效果。最后，对事件风暴中用到的图例进行总结，如图 5-19 所示。

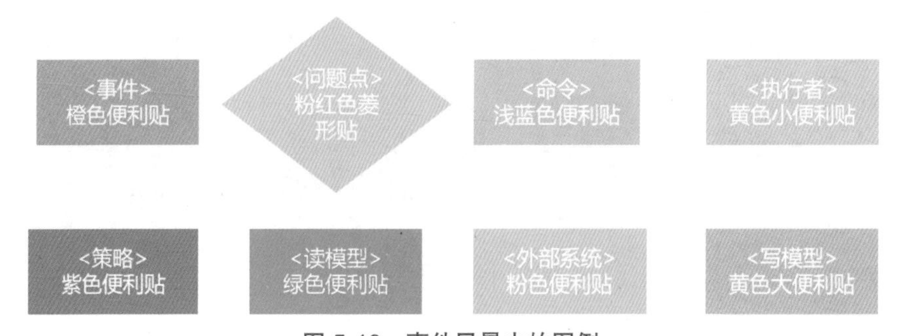

图 5-19　事件风暴中的图例

根据图 5-19 中各个便利贴的名称，可以将事件风暴的整个工作流程串接起来：一个参与者根据看到的读模型，决定对外部系统或者写模型执行一个命令，进而产生某种事件。该事件可能触发某种策略，此策略可能又对外部系统或者写模型执行一个命令。同时，该事件也可能会导致读模型发生变化，从而给参与者提供更多信息以进行其他操作。

到此，事件风暴的实施方法介绍完毕。请注意，DDD 中的统一语言为人们提供了指导思想，而事件风暴则是一种对应的实践方法。领域专家和技术人员通过事件风暴建立业务流程模型、探索新的业务需求并重拾领域知识。

5.3 事件风暴应用实践

事件风暴的创始人 Alberto Brandolini 认为事件风暴流程实际上是一种“指导性”流程，而不是一种“硬性规定”。各个团队可以根据自身的需求进行适当的裁剪，从而形成适合自身团队的工作流程。在本节中，我们将探讨这一话题，并给出实施事件风暴的指导意见。

5.3.1 事件风暴流程裁剪

常见的事件风暴裁剪方法包括步骤裁剪和粒度裁剪两种类型，裁剪之后，我们将得到不同版本的事件风暴变体。

1. 步骤裁剪

5.2 节给出的开展事件风暴的详细工作流程一共包括 11 个步骤。在具体实施过程中，并非所有步骤都需要严格执行。如果想以最简单的步骤完成对业务全景的探索，那么可以采用的最简模式如下。

- 识别领域事件。
- 识别决策命令。
- 识别写模型。
- 确定限界上下文。

通过以上 4 个步骤，可以完成事件、命令和领域名词的提炼，并最终形成可用于解空间的限界上下文，从而让领域专家和技术人员对业务场景产生整体认知，完成从问题空间到解空间的转化。这是实施事件风暴的第一阶段。

如果想在这个阶段添加更多内容，那么可以在第二阶段中包含以下步骤。

- 确定自动策略。
- 确定读模型。
- 确定外部系统。

为什么将这 3 个步骤放到第二阶段实施呢？核心点在于它们影响了命令的触发机制和条件。这对于确定事件的状态变化至关重要。

事件风暴的“确定时间线”“确定问题点”“确定参与者”等步骤通常可以作为补充步骤来实施，条件不允许的情况下可以省略，因为这些步骤更多的是对业务场景细节的补充，而不是决定业务场景的最终交付产物。

最后剩下的一个步骤是“梳理关键事件”，该步骤是否实施的决策来自事件的数量和维度。如果业务场景比较简单，且事件的类型并不复杂，则无须区分核心事件和普通事件；而如果事件数量很多，且具备较为复杂的分类维度，则建议区分核心事件和普通事件，以便更好地把握业务场景下的核心事件。

2. 粒度裁剪

关于事件风暴裁剪，另一个值得探讨的话题是如何合理设计产物的粒度。也就是说，开展事件建模时，我们应该如何把控细节。此时同样可以有两种实施策略——蓝图型事件风暴和设计型事件风暴。

从命名上看，蓝图型事件风暴用于探索业务场景的全貌，侧重于业务方，通常由领域专家作为主导者。这种类型的事件风暴需要和所有的利益相关人一起探索，发现业务全景，并搭建一个平台，让所有人都能贡献自己的专业知识，了解业务全景、风险点，以及探讨产品中的逻辑漏洞。

设计型事件风暴的主导者往往是架构师，侧重于研发团队。这种类型的事件风暴是一种用于更细粒度的软件设计的事件风暴形式。团队所有人都需要了解某个上下文的业务全景，学习更多的业务知识，以便启动研发工作。其中，研发团队需要进行业务建模、统一业务语言并了解业务优先级，而业务人员则应补充更多关于实现落地的细节。

从粒度的角度，可以认为设计型事件风暴是蓝图型事件风暴的细化和补充。因此，这两种类型的事件风暴既可以单独使用，也可以组合使用。但是请注意，无论选择哪种事件风暴的实施粒度，都不适合用作底层技术，这是开展事件风暴最基本的原则。

可以基于以下原则选择合适的实施粒度。

- 当更多关注业务场景下跨部门的协作与对齐时，应该选择蓝图型事件风暴。
- 当软件的业务领域已经比较清晰，软件系统即将进入研发时，应该选择设计型事件风暴。
- 当从零开始构建一个复杂的业务系统时，建议同时实施蓝图型事件风暴和设计型事件风暴。

在本书中，我们结合 DDD 的战略设计和战术设计，综合使用这两种事件风暴类型来实施事件风暴。

5.3.2 事件风暴最佳实践

事件风暴的开展方式和流程可以因场景而异，但业界也存在一组最佳实践。接下来将对此展开详细介绍。

1. 参与人员

决定事件风暴成功的最核心实践是召集合适的参与人员。合适的含义是一定要有业务人员，条件允许的话最好客户也参与其中。技术人员应该直接跟客户沟通，这就允许技术人员直接探索问题空间，而不是猜测问题，进而解决问题。这样做的目的是实现统一语言的初衷：交流沟通使用的术语一致，对术语的含义达成一致。

2. 主持人

参与人员职责越齐备，事件风暴的效果就越好。业务人员和客户不清楚的内容，可以直接在会上进行讨论和解决。但是，参与人员越多，产生分歧的可能性也就越大，这就需要主持人具备强大的控场能力。如果团队内部没有合适的主持人，也可以引入外部咨询团队，这也是目前很多公司选择的方式。

3. 时间盒子

事件风暴需要把控的另一种表现形式是时间。对于工作坊之类的活动，无法合理把握节奏是导致活动效果差甚至活动失败的一大原因。事件风暴同样是一个发散性很强的工作坊形式，应严格控制推进节奏，确保过程收敛。针对 5.2.2 节介绍的事件风暴实施步骤，我们需要确保每一个环节都具有明确的时间盒子（Time Box），并严格按照时间盒子完成既定的任务和目标。

4. 协作形式

想要事件风暴产生良好的效果，应关注团队的协作形式。基于笔者个人的实践经验，确保参与人员全程站立完成事件风暴的确能增加每个人的参与感，但对体力要求很高。所以，在事件风暴的推进过程中，最好每隔 1 小时休息 15 分钟，休息期间提供食物和饮料。

关于协作方式，另一个需要考虑的点是线上环境。如果有条件，原则上事件风暴应该在线下举行，所有参与人员封闭在同一个环境中。但有时候，可能不得不采用线上协作的方式，此时选择合适的线上协作工具至关重要。这里笔者推荐 Miro 这款在线协作工具。关于 Miro 这款工具的详细使用方法，随着内容的演进将在后续章节中专门解说。

5. 业务命名

关于事件风暴，最后值得介绍的一项最佳实践是使用英文命名。事件风暴的作用是让团队成员能就业务达成一致，对业务领域人员和客户来说，如果全部使用英文可能存在挑战，但效果最好。事件风暴中出现的业务名词，包括事件、命令、自动策略、读模型和写模型建议均使用英文来命名，以确保构建统一语言。统一语言不仅仅是统一中文的语言，还要统一英文的语言，特别是技术人员在编码实现过程中所使用的类或者变量的命名可以直接使用事件风暴中所有人达成一致的名称，从而避免业务和技术之间出现不必要的命名上的不一致性。

5.4 事件风暴案例讲解

在本节中，我们将通过一个案例对常见电商业务的事件风暴进行讲解。电商业务的常见事件如图 5-20 所示。

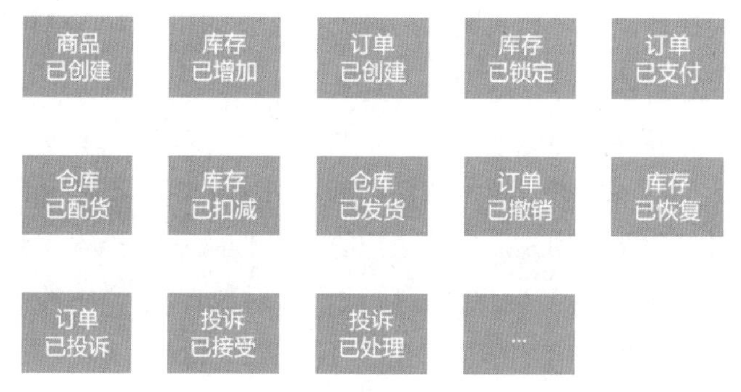

图 5-20 电商业务的常见事件

在图 5-20 中，我们先选择商品、库存和订单领域中的核心事件并添加命令、参与者及策略，之后可以得到图 5-21 所示的展示效果。

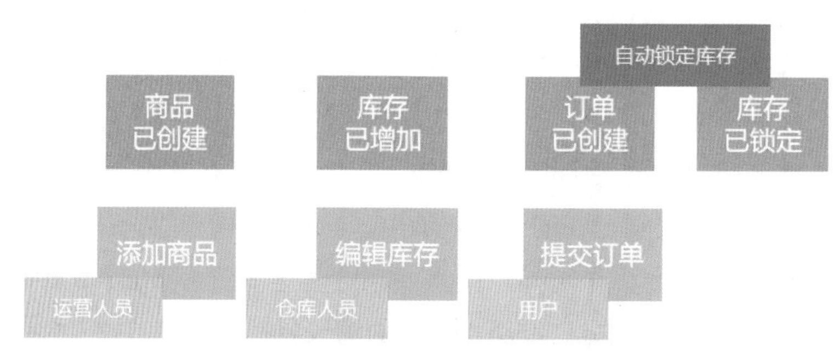

图 5-21 添加命令、参与者及策略的事件

接下来提取电商业务场景下的写模型，并围绕写模型合理组织命令和事件，得到图 5-22 所示的展示效果。

基于图 5-22，得出电商系统中的限界上下文，如图 5-23 所示。

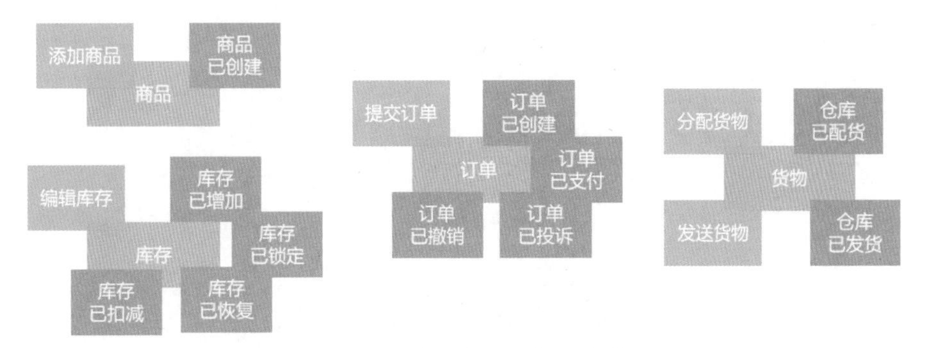

图 5-22　电商业务中的写模型

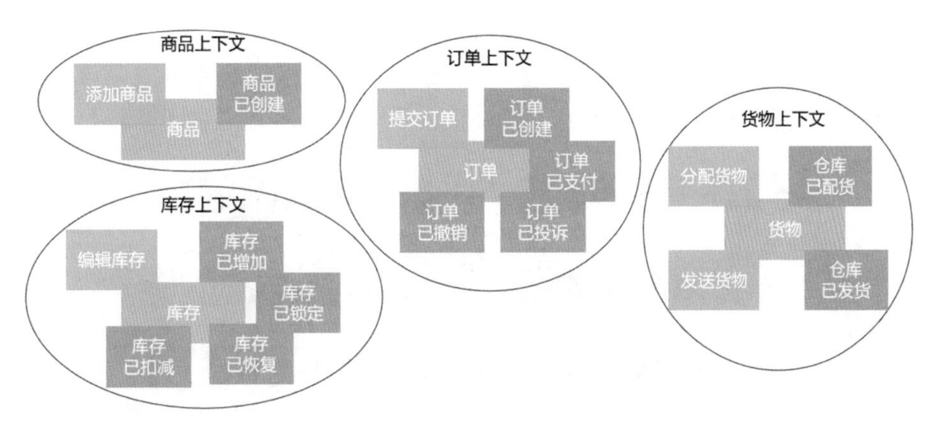

图 5-23　电商业务中的限界上下文

上述描述展示了事件风暴的核心产物，而从零开始构建整个事件风暴的流程涉及工作坊的场地、人员、物料等细节，我们将在第 6 章中基于“论坛系统”这个完整的工作坊案例进行系统介绍。

5.5　本章小结

在本章中，我们重点关注了事件风暴这项在 DDD 中应用非常广泛的工程实践，并介绍了事件风暴的基本概念和背后的设计思想。事件风暴围绕事件来探索业务全景。而针对如何实施事件风暴，业界也存在相对固化的实施方法。我们结合案例对这套实施方法中的每一个步骤及对应的交付产物进行了详细讨论。

事件风暴也是一种比较灵活的系统建模方法。一方面，我们可以根据业务场景的需要对其进行裁剪并构建适合团队自身的变体；另一方面，在实施事件风暴的过程中也存在一组最佳实践，我们详细讨论了这些最佳实践，以方便读者在日常应用中参考。

第 6 章
战略设计工作坊演练

在第 3 章 ~ 第 5 章中，我们介绍了 DDD 战略设计的核心内容，包括统一语言、子域和限界上下文，并引入了目前业界主流的事件风暴方法。事件风暴是一种以工作坊形式开展的用于探索业务全景的系统分析方法，可以与 DDD 战略设计结合使用。

本章将进入 DDD 工作坊的第二阶段——战略设计工作坊演练阶段。该阶段在整个 DDD 工作坊中所处的位置及产出如图 6-1 所示。

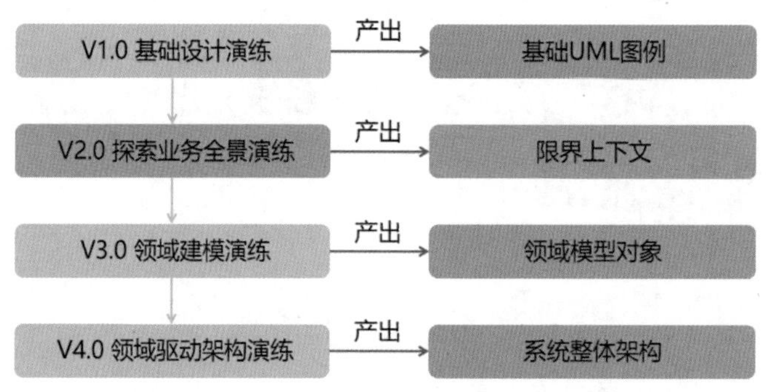

图 6-1　DDD 工作坊中的战略设计工作坊

在 DDD 战略设计工作坊中，我们将针对论坛系统开展事件建模，探索业务全景并尝试划分限界上下文。

6.1　案例系统战略设计

在本节中，我们将展示如何围绕论坛系统开展 DDD 战略设计工作坊。首先明确这一阶段的目标和流程。

6.1.1　战略设计目标

DDD 工作坊第二阶段的设计思路是让读者能够基于案例系统完成粗粒度的系统设计，实现系统边界的有效划分。在第一阶段的基础上，我们将引入目前主流的事件风暴方法和实践来设计一版方案。本阶段的主要目标如下。

- 基于事件风暴流程和模式，小组充分沟通，形成战略设计模型。
- 梳理系统核心的领域事件，直接用于第三阶段，即战术设计工作坊演练阶段。
- 完成限界上下文和子域的划分，作为第四阶段，即架构设计工作坊演练阶段的输入。

如果成功实施了战略设计工作坊演练阶段，就可以总领整个 DDD 工作坊，并且这一阶段的产物会一直沿用到整个工作坊结束。

6.1.2　战略设计流程

在开展 DDD 工作坊时，无论是哪一个阶段，我们都需要把控该阶段的工作流程、时间安排，以及对应的交付物。同时，在实施过程中，势必会遇到一些注意点，我们需要在该阶段结束时总结和复盘。

1. 工作流程

到了这一阶段，我们已经完整掌握了统一语言、子域和限界上下文的概念，并能够应用事件风暴方法完成系统建模。针对论坛系统，这一阶段的工作流程如图 6-2 所示。

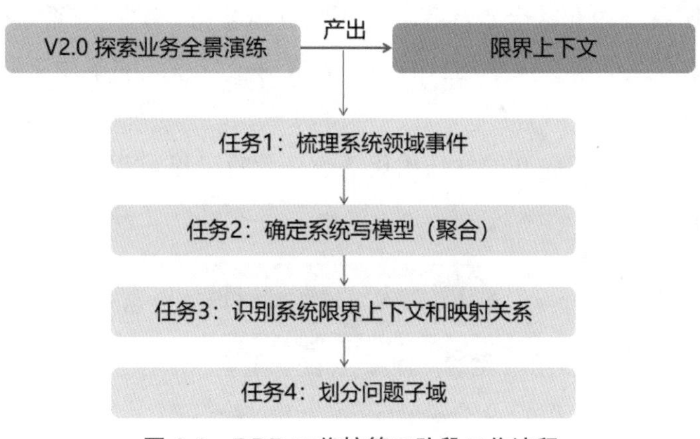

图 6-2　DDD 工作坊第二阶段工作流程

可以看到，在该阶段，每个小组需要完成 4 个任务，这些任务的交付物如下。

- 一组领域事件。
- 聚合。
- 子域映射图。
- 限界上下文映射图。

2. 时间安排

对于论坛系统这种规模的案例系统，我们可以按照如下方案来安排时间。

- 任务时间：60 分钟完成事件风暴建模。
- 展示时间：每组上台展示和点评 8~10 分钟。

如果整个工作坊的参与人员为 60 人，每组按 10 人进行划分，那么整个战略设计工作坊演练阶段学员参与的时间、讲师最后的总结和点评时间应控制在 2 小时左右。

在战略设计阶段，DDD 工作坊演练过程中不仅用到大白纸和水笔，还会用到一系列事件风暴所要求的专用便利贴。

6.2 战略设计工作坊演练环节

通过战略设计工作坊，我们将完成对论坛系统业务全景的探索。在这个阶段需要完成事件建模、问题子域划分、限界上下文识别和映射等演练环节。

6.2.1 事件建模

为了探索论坛系统的业务全景，我们使用事件风暴方法来完成系统建模。在本节中，我们将遵循第 5 章介绍的事件风暴的核心步骤完成对论坛系统的事件建模。

1. 事件风暴基本示例

针对论坛系统，我们首先开展非结构化探索，此时可以得到部分领域事件。论坛系统领域事件如图 6-3 所示。

图 6-3 论坛系统领域事件

可以看到，这里展示了与帖子管理相关的 4 个核心事件，分别如下。

- 首帖已发布（TopicPostCreated）。
- 回帖已发布（ReplyPostCreated）。

- 帖子已修改（PostRevised）。
- 帖子已删除（PostRemoved）。

得到领域事件之后，我们就可以为对应的事件添加问题点。论坛系统问题点如图6-4所示。

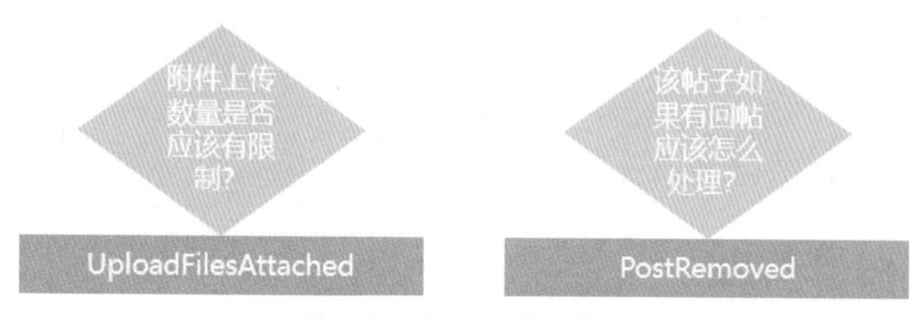

图6-4 论坛系统问题点

这里为上传附件成功（UploadFilesAttached）及帖子被删除（PostRemoved）这两个事件添加了问题点。

接下来，我们进一步引入命令和执行者。论坛系统命令和执行者如图6-5所示。

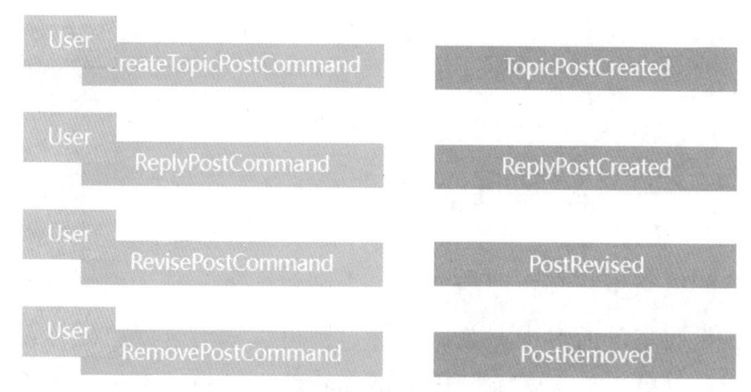

图6-5 论坛系统命令和执行者

在图6-5中，命令和执行者分别用于指定触发领域事件的角色和动作。而有些领域事件是系统自动触发的，如当回帖已发布（ReplyPostCreated）这一事件被触发时，就需要自动触发帖子的订阅通知（ThreadSubscriptionNotified）事件，如图6-6所示。

图6-6 论坛系统中的外部系统

图6-6进一步引入了两个外部系统——短信息系统和微博系统。当帖子的订阅通知被自动触发时，我们会使用这两个外部系统发送具体的通知信息。

那么，我们如何执行回复帖子这一命令呢？此时需要引入读模型。显然，针对回复帖子这一场景，首先选中一个特定的帖子，这个帖子就是读模型，如图 6-7 所示。

图 6-7 论坛系统读模型

最后，梳理命令和领域事件的关联关系就可以提炼出写模型，也就是聚合对象。图 6-8 展示了帖子（Post）这一聚合对象。

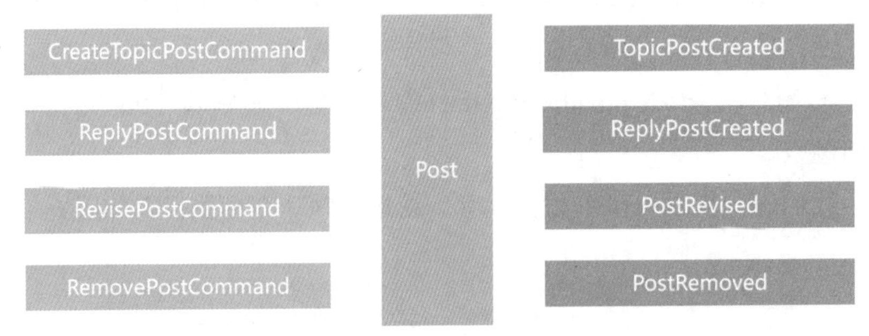

图 6-8 论坛系统写模型示例

请注意，我们在实施事件风暴时可以根据需要对实施步骤进行裁剪，例如，本节省略了“确定时间线”“梳理关键事件”等步骤。根据笔者的经验，在有限的时间内，我们需要确保事件风暴的核心步骤有合理的产出，否则将会影响整个战略设计甚至后续战术设计、架构设计的交付质量。而对于非关键步骤，则可以适当舍弃。既可以在工作坊设计阶段考虑这个问题，也可以在现场实施过程中进行控场，以把控工作坊演练的时间节奏。

2. 领域事件交付物

接下来，我们将使用 Miro 平台来实现战略设计工作坊的交付物。基于 Miro 平台，可以通过不同颜色的便利贴来区分事件风暴中的不同媒介，如图 6-9 所示。

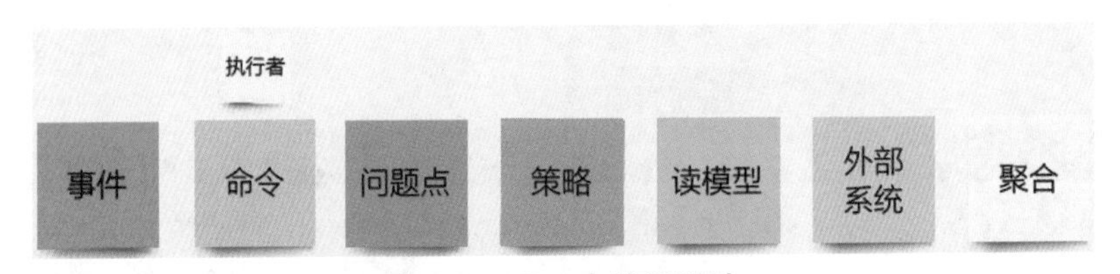

图 6-9 Miro 中的便利贴

针对论坛系统，可以借助 Miro 平台来梳理与帖子相关的领域事件，如图 6-10 所示。

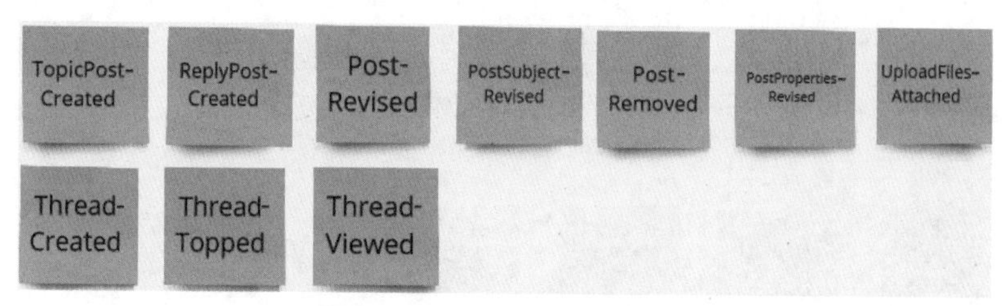

图 6-10　Miro 中的领域事件

可以看到，除了前面已经给出的首帖已发布（TopicPostCreated）、回帖已发布（ReplyPostCreated）、帖子已修改（PostRevised）和帖子已删除（PostRemoved）等领域事件以外，这里还出现了如下一组非常有用的领域事件。

- 帖子标题已修改（PostSubjectRevised）。
- 帖子属性已修改（PostPropertiesRevised）。
- 帖子附件已上传（UploadFilesAttached）。
- 帖子已创建（ThreadCreated）。
- 帖子已置顶（ThreadTopped）。
- 帖子已查看（ThreadViewed）。

提炼事件时需要考虑业务的粒度，我们将在 6.3 节中介绍战略设计工作坊演练注意点时详细讨论这一点。对于这里出现的帖子已创建、帖子已置顶和帖子已查看 3 个领域事件为何使用 Thread 而不是 Post，我们在第 2 章介绍论坛系统基础设计阶段时分析过，这里不再赘述。

类似地，针对论坛系统中的其他业务场景，我们可以得到图 6-11 所示的领域事件列表。

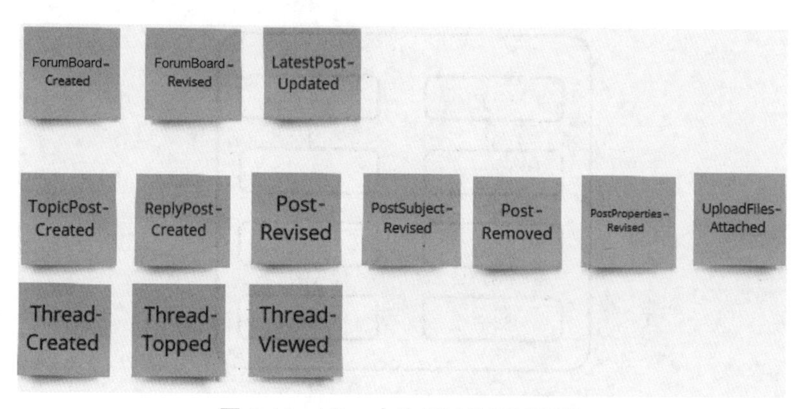

图 6-11　Miro 中论坛系统领域事件

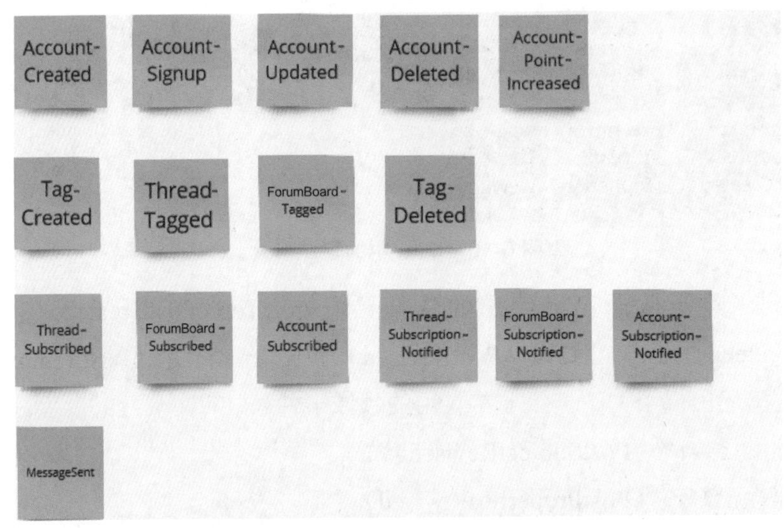

图 6-11　Miro 中论坛系统领域事件（续）

在图 6-11 中，可以将领域事件初步按照业务场景进行排列。接下来，我们将围绕这些领域事件来完成详细的事件风暴建模。

6.2.2　聚合分析

基于图 6-11，我们已经初步得到论坛系统中的聚合，包括版块（ForumBoard）、帖子（Post）、账户（Account）、标签（Tag）和订阅（Subscription）等。接下来对这些概念进行分析。

1. 版块

在论坛系统中，版块是一组帖子的集合，如图 6-12 所示。

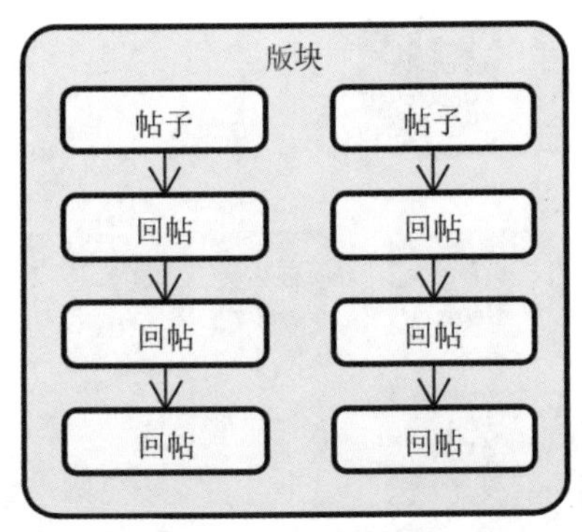

图 6-12　论坛系统中版块与帖子的关系

对于版块，管理员既可以创建新的版块，也可以修改现有版块的信息。而用户则可以订阅自己感兴趣的版块，这样当该版块被修改时就可以第一时间接收到订阅消息。图 6-13 展示了围绕版块这一概念的事件建模结果。

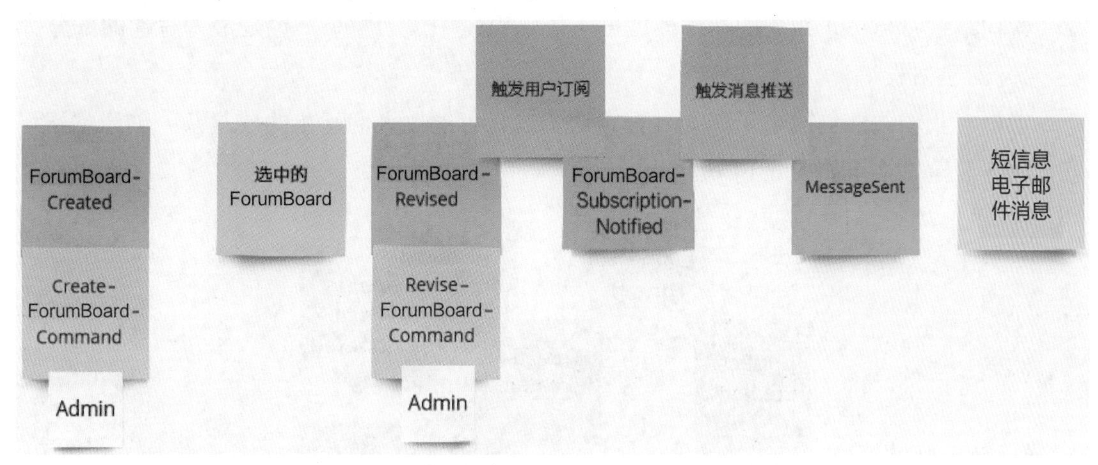

图 6-13　版块管理场景下的事件建模结果

创建版块的过程非常简单。管理员执行“CreateForumBoardCommand”命令即可触发“版块已创建”（ForumBoardCreated）这一领域事件。

而对于修改版块，事件就变得有点复杂了。可以看到，管理员通过“选中的ForumBoard”这个读模型来修改版块，从而触发“版块已修改”（ForumBoardRevised）这一领域事件。我们考虑论坛系统的原始需求中存在如下业务需求：

通过订阅功能，可以订阅不同的论坛版块和帖子，从而确保能够及时收到这些论坛版块和帖子更新时推送的消息（如短信息、电子邮件等）。

为了满足这条需求，一旦触发 ForumBoardRevised 事件，则通过“触发用户订阅”自动策略来自动触发“版块订阅被通知”（ForumBoardSubscriptionNotified）事件。而 ForumBoardSubscriptionNotified 事件会引发消息的发送，从而生成“消息已发送”（MessageSent）事件。因为这个过程同样是自动进行的，所以我们在 ForumBoardSubscriptionNotified 和 MessageSent 事件之间添加“触发消息推送”这条自动策略。最后，消息的发送方式可以是短信息、电子邮件或消息，这些渠道对论坛系统来说显然都是外部系统。

看上去是不是有点复杂？这个过程只是看上去复杂，实际上非常容易理解。基于事件风暴方法，我们可以通过可视化的表现形式很自然地梳理各个领域事件之间的触发关系，从而明确系统的交互流程。

2. 帖子

我们继续看与帖子相关的事件模型——论坛系统中最为复杂，也是最为有趣的部分。

1）创建帖子

首先，我们关注创建帖子这一过程。这个过程可能比人们想象的要复杂。创建帖子场景下的事件建模结果如图 6-14 所示。

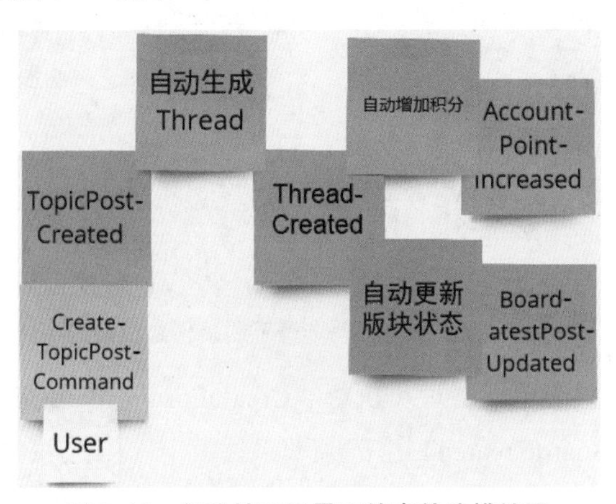

图 6-14 创建帖子场景下的事件建模结果

在图 6-14 中，用户通过执行“CreateTopicPostCommand”命令触发“首帖已发布”（TopicPostCreated）这一领域事件。请注意，这个领域事件会触发一系列的业务逻辑，包括生成 Thread、增加用户积分和更新版块状态。

当用户成功创建了一个帖子的首帖时，意味着围绕该首帖的 Thread 会被自动创建，后续围绕该首帖的所有回帖都会被纳入 Thread 的管理范畴。图 6-14 中展示了“自动生成 Thread”这条自动策略所触发的“帖子已创建”（ThreadCreated）事件。

回顾第 2 章给出的论坛系统需求描述，我们可以发现如下一条需求描述：

具备帖子发布功能，可以在某个论坛版块下创建新的帖子并对其进行修改和删除，用户发帖时会有对应的积分。

这条需求意味着系统需要为发帖成功的用户自动增加积分。图 6-14 展示了“自动增加积分”这条自动策略所触发的“用户账户积分已增加”（AccountPointIncreased）事件。

对于论坛版块，常见的一条需求是在界面上展示该版块最新一条帖子的信息。因此，当在该版块发布一个新帖子后，系统需要自动更新当前版块最新帖子的信息。图 6-14 展示了“自动更新版块状态”这条自动策略所触发的“版块最新发帖已更新”（BoardLatestPostUpdated）事件。

2）回复帖子

帖子已创建成功，接下来看看回复帖子的过程，对应的事件建模结果如图 6-15 所示。

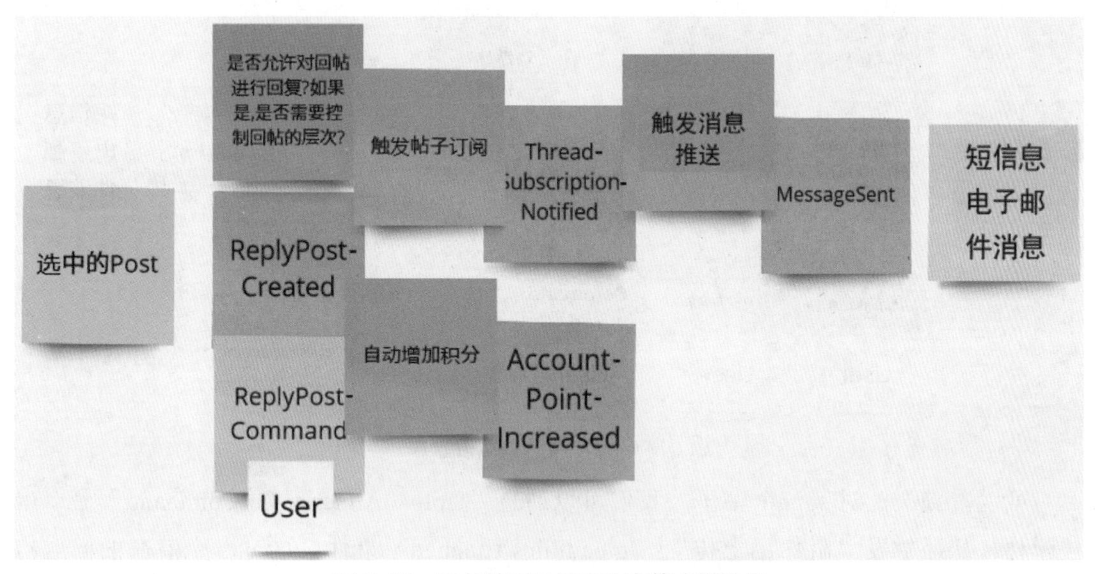

图 6-15　回复帖子场景下的事件建模结果

在图 6-15 中，用户通过执行“ReplyPostCommand”命令触发“回帖已发布”（ReplyPostCreated）这一领域事件。这个领域事件同样会进一步触发两个业务逻辑——增加用户积分和触发帖子订阅。

关于用户积分逻辑，我们在前面介绍发帖过程时已经讲解过。图 6-15 同样展示了“自动增加积分”这条自动策略所触发的 AccountPointIncreased 事件。

而对于“触发帖子订阅”这条自动策略，图 6-15 中用粉红色便利贴展示的一个问题点是“是否允许对回帖进行回复？如果是，是否需要控制回帖的层次？”。对于论坛系统的设计，这是一个常见的问题。很多论坛系统允许帖子的嵌套回复。在我们的案例中，为了简单起见，我们控制回帖的层级为一层——只允许对回帖做一次回复。

另外，用户可以订阅自己感兴趣的帖子，从而在其他用户对帖子进行回复时获取对应的通知。这一过程与前面介绍的版块订阅逻辑类似。在图 6-15 中，同样可以看到，我们通过自动策略触发了“帖子订阅被通知”（ThreadSubscriptionNotified）事件，并进而触发外部系统的消息通知机制。

3）修改帖子

对于帖子管理，修改帖子是一个相对灵活的操作，对应的事件模型结果如图 6-16 所示。

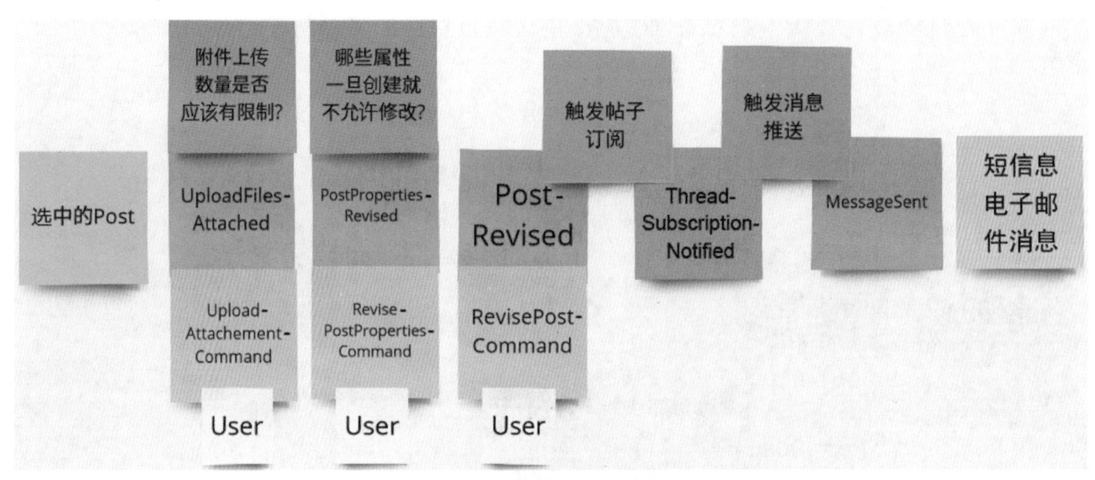

图 6-16 修改帖子场景下的事件建模结果

可以看到，针对某一个帖子，我们可以通过“UploadAttachementCommand”命令上传附件，从而触发“附件已上传”（UploadFilesAttached）事件。这时一个潜在的问题点是“附件上传数量是否应该有限制？”。这是日常开发中常见的一个问题。

同时，我们也可以通过“RevisePostPropertiesCommand”命令来修改帖子的属性，从而触发“属性已修改”（PostPropertiesRevised）事件。这时从业务逻辑上也经常需要考虑“哪些属性一旦创建就不允许修改？”这一问题点。

当然，通常的做法是设计一个更为通用的“RevisePostCommand”命令，以便修改帖子。该命令会触发一个“帖子已修改”（PostRevised）事件，而该事件会进一步触发帖子订阅及消息推送机制，正如图 6-16 所展示的那样。

4）删除帖子

我们接着来看删除帖子的事件模型，对应的事件建模结果如图 6-17 所示。

我们可以通过“RemovePostCommand”命令触发“帖子已删除”（PostRemoved）事件，进而触发帖子订阅和消息推送机制。但是，这里有一个问题：如果要删除的帖子有回帖那又应该怎么处理呢？这个问题的答案取决于具体的场景需求。例如，可以在删除操作中加一层限制，指明存在回帖的帖子不允许被删除。

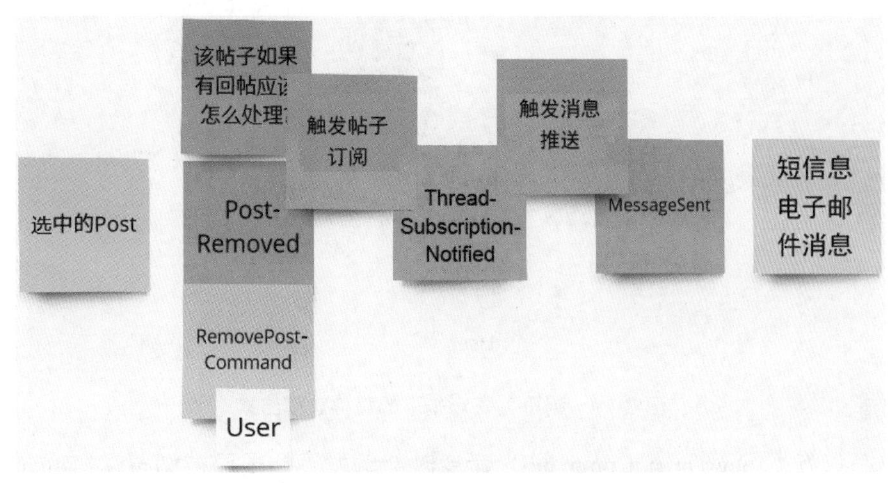

图 6-17　删除帖子场景下的事件建模结果

5）置顶帖子

置顶帖子是帖子管理中最简单的一个事件模型，对应的事件建模结果如图 6-18 所示。

图 6-18　置顶帖子场景下的事件建模结果

在论坛系统中，管理员可以对某个帖子执行置顶操作，而原始需求中并没有对置顶操作的结果做过多说明，因此可以采用图 6-18 中的建模效果。当然，如果将置顶帖子操作看作一种更新帖子操作，那么也可以触发帖子订阅和消息推送机制。

6）浏览帖子

最后，考虑浏览帖子操作。正常情况下，针对只读的浏览帖子操作，不应该生成领域事件。但由于需求明确要求“用户浏览帖子会有对应的积分”，浏览帖子操作本身也应该考虑事件模型，对应的事件建模结果如图 6-19 所示。

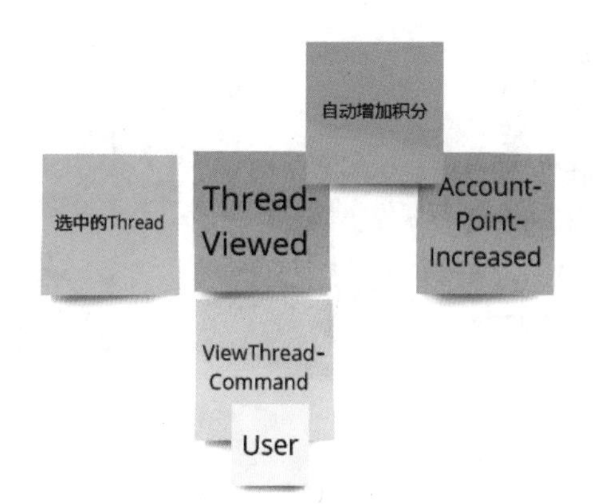

图 6-19 浏览帖子场景下的事件建模结果

用户在执行“ViewThreadCommand”命令时会触发“帖子已被浏览”（ThreadViewed）事件。而该事件通过“自动增加积分”这一自动策略触发“用户积分已增加”（AccountPointIncreased）事件，从而实现增加用户积分的效果。

3. 账户

在论坛系统中，账户（Account）管理并不是核心业务。关于账户操作的事件建模也比较简单，基本只包含用户注册、修改、删除账户，以及登录与退出账户操作。我们先来看用户登录账户时的事件模型，对应的事件建模结果如图 6-20 所示。

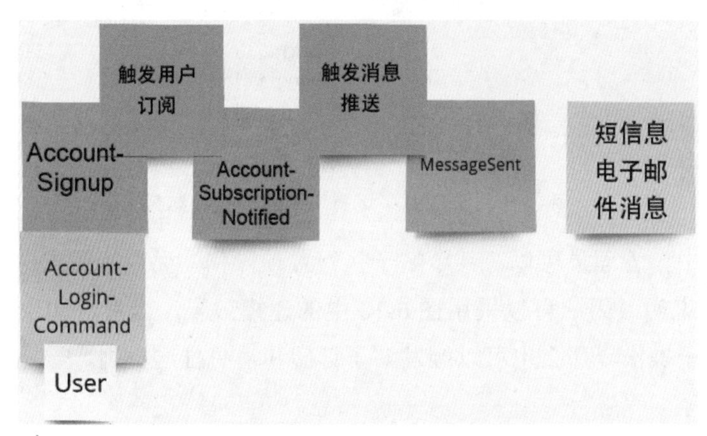

图 6-20 登录账户场景下的事件建模结果

可以看到，用户执行“AccountLoginCommand”命令并触发“账户已登录”（AccountSignup）事件。同样，其他用户也可以订阅该用户，一旦该用户登录就会触发用户订阅和消息推送机制。

类似地，当执行修改账户操作时，可以梳理出图 6-21 所示的事件模型。

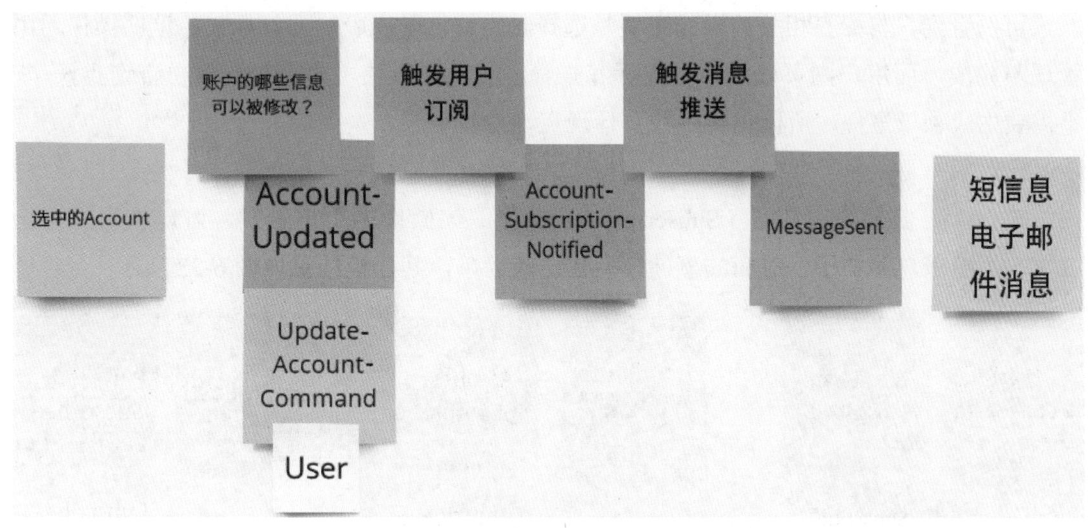

图 6-21　修改账户场景下的事件建模结果

在设计用户账户更新机制时，一个比较常见的问题点是“账户的哪些信息可以被修改？”。而当账户信息被修改之后，通常也会通知订阅该账户的用户。图 6-21 展示了这些设计上的细节。

4. 标签

在论坛系统的需求中，还包括对标签（Tag）进行管理，为论坛版块和帖子打标签，并根据标签进行筛选。图 6-22 展示了围绕标签所展开的事件模型。

图 6-22　管理标签场景下的事件建模结果

可以看到，与标签相关的操作主要是选择对应的帖子或版块并打标签。这些操作均由管理员完成，而用户则可以根据特定标签来筛选帖子和版块。因为筛选属于查询类操作，不需要生成领域事件，所以也就不需要体现在事件模型中。

5. 订阅

最后，我们来关注订阅（Subscription）操作。该操作由用户触发，可以作用于论坛版块、用户账户和帖子，对应的事件模型也比较简单，其建模结果如图 6-23 所示。

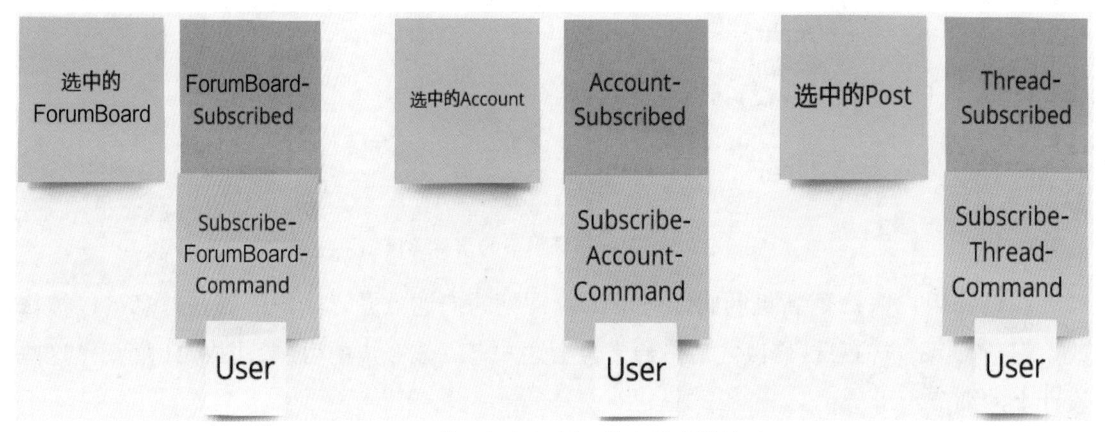

图 6-23 管理订阅场景下的事件建模结果

在论坛系统的原始需求中，还存在关于搜索功能的相关描述。搜索功能属于查询类操作，一般不单独进行事件建模。但是在接下来的问题子域划分过程中，应单独考虑搜索功能。

6.2.3 子域划分

在完成事件建模之后，DDD 战略设计工作坊的下一步工作是实现问题子域的划分。

1. 子域划分

在论坛系统中，基于对业务描述的理解，很容易就能识别出如下子域。

- Post 子域：代表论坛帖子处理相关领域。
- ForumBoard 子域：代表论坛版块管理相关领域。
- Account 子域：代表用户账户管理相关领域。

我们接下来讨论订阅这个概念。对于帖子、论坛版块和用户账户，我们都可以执行订阅操作，因此可以将订阅单独提炼为一个子域。那么，由订阅触发的消息是否也要提炼为一个独立的子域呢？这取决于系统的复杂度和业务的规划。通常，用于发送消息的模块具备比较高的技术复用性，建议单独提炼为一个子域。现在，我们往论坛系统中继续添加如下两个子域。

- Subscription 子域：代表订阅操作相关领域。
- Message 子域：代表消息发送相关领域。

我们继续讨论标签的处理方法。关于标签有两种处理策略：一种是单独形成一个子域，另一种则是将这部分功能分散到各个子域中，每个子域单独维护一套标签体系。对于论坛系统，由于标签能够同时作用于 Post 子域、ForumBoard 子域或 Account 子域，因此它也具备通用性，可以考虑将其单独提炼为如下一个子域。

- Tag 子域：代表标签管理相关领域。

到此，关于业务领域中所具备的子域提取过程告一段落。但是，不要忘了论坛系统的原始需求包含如下需求描述：

> 具备全局搜索功能，能够基于关键词对帖子内容进行搜索。

结合第 3 章介绍的子域划分方法，对于那些由技术驱动的业务场景，我们建议单独提炼如下一个独立子域。

- Search 子域：代表搜索操作相关领域。

2. 子域映射图

在完成子域映射图之前，先来回顾一下子域的 3 种类型。

- 核心子域：代表系统中核心业务的一类子域。
- 支撑子域：代表专注于某一方面业务的一类子域。
- 通用子域：代表具有公用功能或基础设施能力的一类子域。

通过前面针对子域划分过程的分析，不难梳理出这些子域的如下分类。

- 核心子域：Post 子域。
- 支撑子域：ForumBoard 子域、Subscription 子域和 Search 子域。
- 通用子域：Account 子域、Tag 子域和 Message 子域。

论坛系统完整的子域映射图如图 6-24 所示。

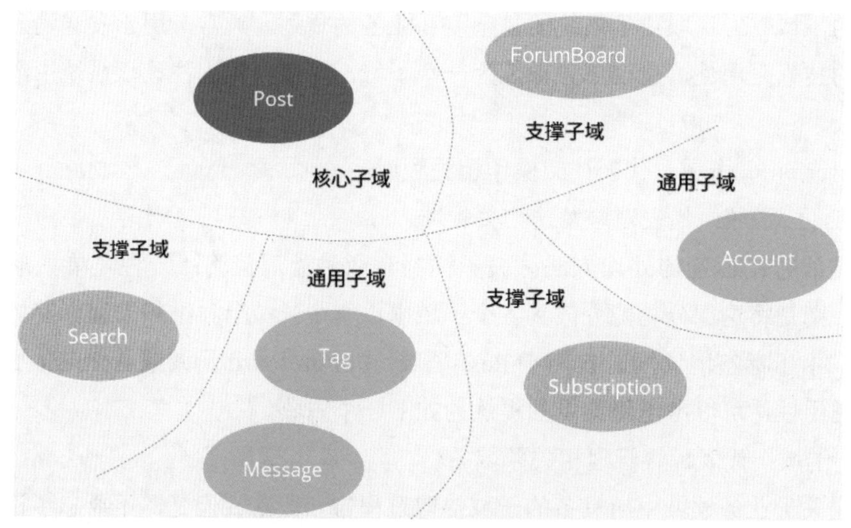

图 6-24 论坛系统子域映射图

6.2.4 限界上下文映射

在论坛系统中，为了简单起见，我们将每一个子域都提取为一个限界上下文，即 Post 上下文、ForumBoard 上下文、Subscription 上下文、Search 上下文、Account 上下文、Tag 上下文和 Message 上下文。对于这些限界上下文，我们无意全部展开讨论，而是选择 Post 上下文和 Subscription 上下文这两个具有代表性的上下文进行分析。

1. Post 上下文

在 Post 上下文中，我们梳理它与其他上下文之间的交互关系。由于用户发布帖子时需要校验用户账户的有效性，因此 Post 上下文依赖 Account 上下文。Post 上下文通过防腐层调用 Account 上下文所提供的开放主机服务，这两个上下文之间的协作模式应该是客户 – 供应商模式。

在论坛系统中，所有的帖子都从属于某一个论坛版块，所以 Post 上下文依赖 ForumBoard 上下文。Post 上下文和 ForumBoard 上下文之间的这种依赖关系与其和 Account 上下文之间的依赖关系类似。

对于每一个帖子，管理员可以为其打标签，而用户则可以基于标签进行过滤，因此 Post 上下文同样依赖 Tag 上下文。Post 上下文和 Tag 上下文之间的这种依赖关系与其和 Account 上下文之间的依赖关系类似。

在 Post 上下文中，当用户修改和删除一个帖子时，会发送一条通知给订阅了该帖子的用户，所以 Post 上下文与 Subscription 上下文会发生交互关系。此时采用的通信集成模式应该是发布者 – 订阅者模式。

由于需要对帖子执行多元化的搜索功能，因此 Post 上下文和 Search 上下文之间也存在交互关系。但 Search 上下文面向的是 OLAP 类的搜索场景，因此不存在上下游关系，也就是说不需要指定团队协作和通信集成模式。

基于上述分析，我们可以发现 Post 上下文分别与 Account 上下文、ForumBoard 上下文、Tag 上下文、Subscription 上下文和 Search 上下文存在交互，它们之间的上下文映射关系如图 6-25 所示。

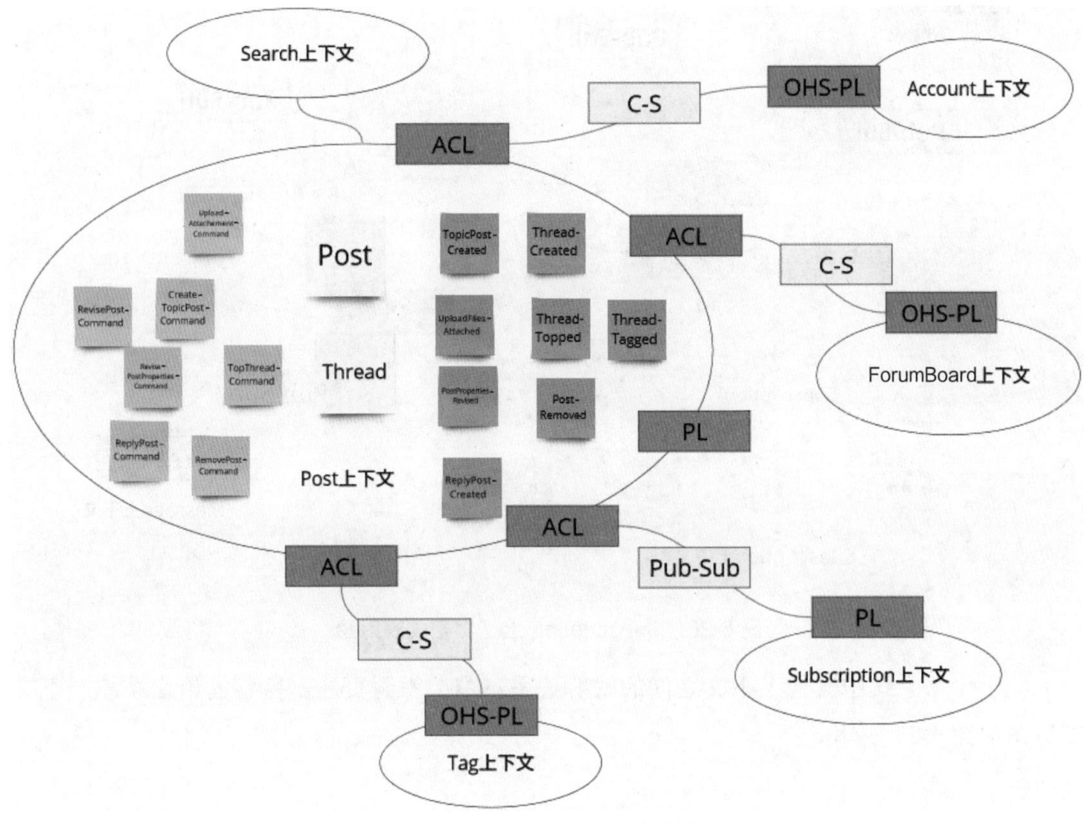

图 6-25 Post 上下文相关映射图

2. Subscription 上下文

对于 Subscription 上下文，我们可以充分发挥领域事件的优势来梳理它与其他上下文之间的映射关系。在 Post 上下文、ForumBoard 上下文和 Account 上下文中，原则上都可以触发用户订阅事件，并将这些事件推送给 Subscription 上下文。而 Subscription 上下文接收这些订阅事件之后，可以进一步通过 Message 上下文发送电子邮件、短信息等消息。这两个步骤是高度解耦的，即 Post 上下文、ForumBoard 上下文和 Account 上下文与 Subscription 上下文是一种发布者 – 订阅者模式，而 Subscription 上下文与 Message 上下文之间也应该是一种发布者 – 订阅者模式。图 6-26 展示了与 Subscription 上下文相关的上下文映射图。

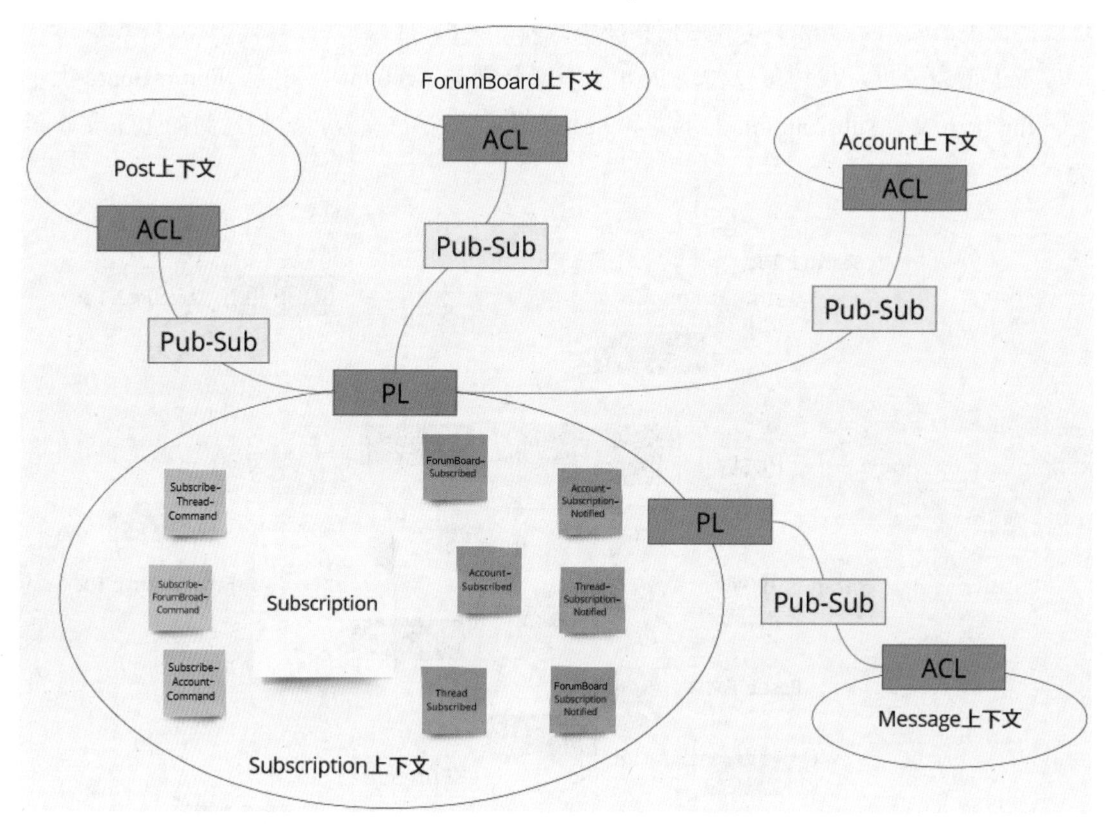

图 6-26　Subscription 上下文相关映射图

关于论坛系统中其他上下文之间的映射关系，本节不再赘述。完整的论坛系统上下文映射图如图 6-27 所示。

6.3　战略设计工作坊演练最佳实践

当使用事件风暴开展 DDD 战略设计工作坊时，开展事件建模、处理核心领域概念，以及识别限界上下文都存在一定的方法和技巧。在本节中，针对战略设计工作坊演练阶段，笔者将结合论坛系统的业务场景以及实训经验梳理了一些最佳实践。

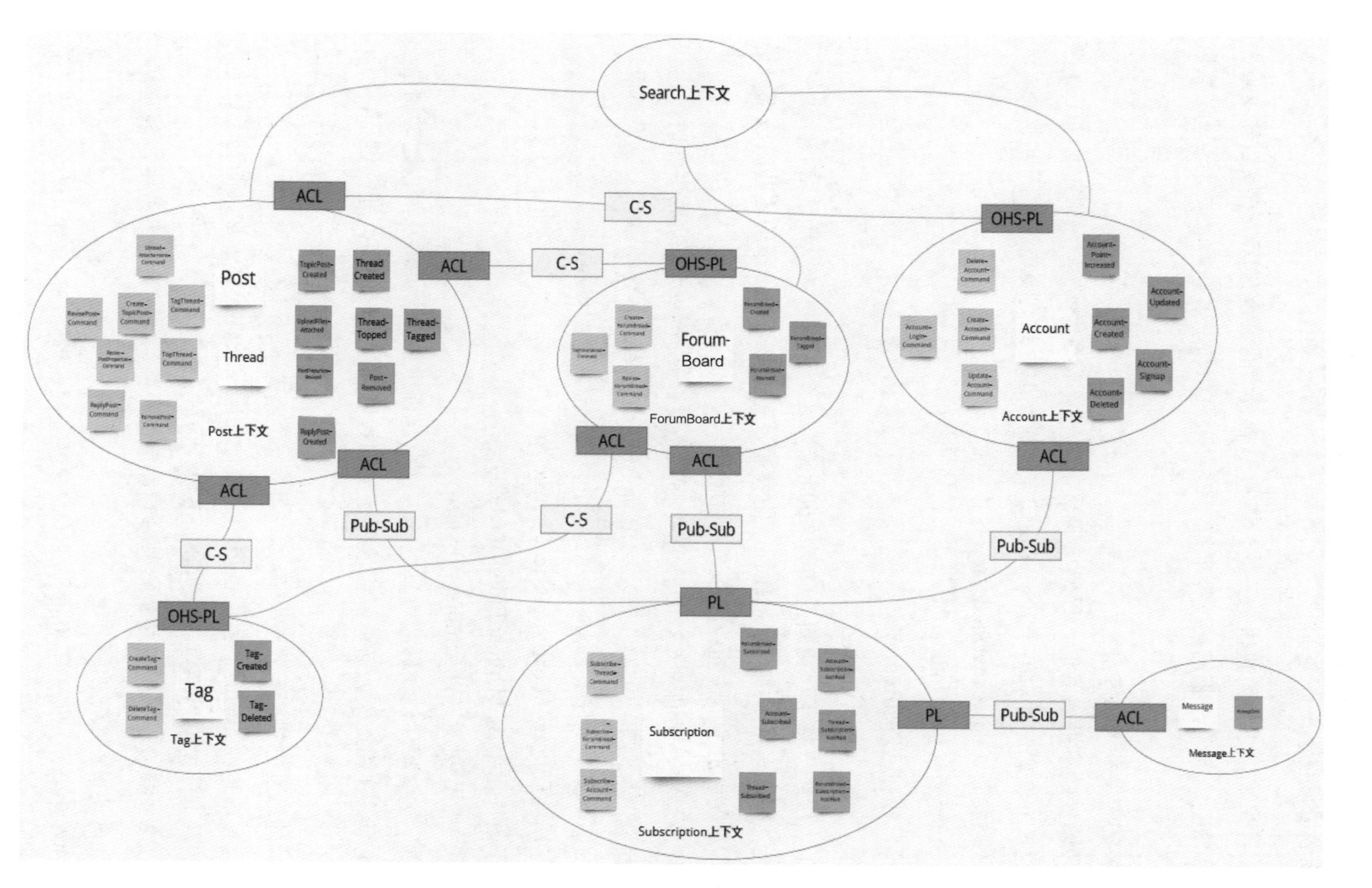

图 6-27　论坛系统完整上下文映射图

6.3.1 事件的建模

对于事件风暴，事件的建模是关键，直接影响后续的聚合分析、子域划分及限界上下文的识别和映射。通常，我们通过梳理统一语言来提炼领域事件，而关于这一过程也存在一些注意点。

1. 事件的粒度和通用性

当刚开始接触事件风暴时，经常会见到的一种不良现象是基于传统的 CRUD 操作对事件进行建模。例如，针对帖子管理，我们自然而然地会想到要提炼如下 4 个领域事件。

- 帖子已发布（PostCreated）。
- 帖子已更新（PostUpdated）。
- 帖子已删除（PostRemoved）。
- 帖子已查看（PostViewed）。

这里重点围绕“帖子已更新”（PostUpdated）这个领域事件展开讨论。一个帖子包含不同的组成部分，包括主题、基本属性、附件等，那么是否对帖子的这些组成部分进行细化建模呢？这就引出了事件的粒度和通用性问题。

在事件风暴中，我们对 CRUD 操作持怀疑态度。在开始提炼领域事件时，建议按照细粒度拆分事件。例如，针对“帖子已更新”（PostUpdated）这一事件，我们可以进一步把它拆分为如下 3 个事件。

- 帖子属性已更新（PostPropertiesRevised）。
- 帖子附件已上传（UploadFilesAttached）。
- 帖子主题已更新（PostSubjectRevised）。

一旦有了这些事件，我们就可以进一步考虑是否将它们合并，从而创建通用型的领域事件。无论最终建模结果如何，都应该遵循从细粒度到粗粒度的事件建模过程，而不是反其道而行之。

2. 事件的触发方式

在梳理领域事件的同时，我们需要明确事件的触发条件。除了常见的基于命令的触发方式以外，在事件建模过程中还会遇到如下触发方式。

- 自动策略触发：通过自动策略触发领域事件，例如，在论坛系统中，创建帖子的同时会自动增加账户的积分。
- 查询操作触发：原则上查询操作不应该触发领域事件，但这不是一条定律。在特定场景下，查询操作也可以触发领域事件，例如，用户查询帖子时也可以增加该用户账户的积分。

- 外部系统触发：在论坛系统中，由外部系统触发领域事件的场景并不多。但对于那些涉及系统集成类的业务场景，来自外部的一些操作往往会影响系统的内部行为。例如，在电商系统中，当第三方物料系统发货时就会触发系统生成“物流已发货”领域事件。
- 定时任务触发：定时任务触发领域事件的场景本质上与自动策略类似，只不过它是通过调度机制有规律触发的。在论坛系统中，我们也可以引入定时任务机制，如定时生成用户的积分报告等。

3. 事件与可变性

事件本身是不可变的，但随着需求的变化，可以基于事件导出领域对象不同的可变状态，这是事件风暴的核心价值之一。图 6-28 展示了一个事件与可变性示例。

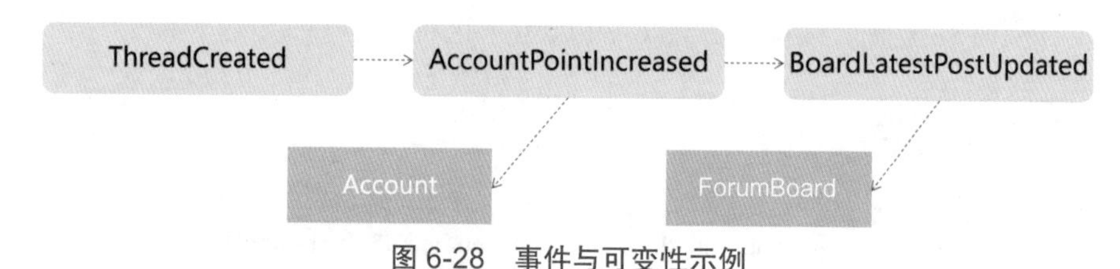

图 6-28　事件与可变性示例

在图 6-28 中可以看到，当用户创建一个帖子时，会触发一个“用户账户积分已增加”（AccountPointIncreased）事件，从而改变用户账户的业务状态。同时创建帖子操作还会触发一个“版块最新发帖已更新”（BoardLatestPostUpdated）事件，该事件也会改变论坛版块的业务状态。围绕事件轴，我们可以梳理出完整的业务交互流程，从而为系统架构设计提供基础。

6.3.2　核心领域概念的处理

在事件风暴实施过程中，针对某些特定领域概念的处理是一大挑战。在论坛系统中，我们同样面临着类似的问题和注意点。

1. Post 聚合的处理方式

在论坛系统中，争议最大的一个领域概念可能是帖子。关于帖子，我们提炼了两个命名：一个是 Post，一个是 Thread。显然，Post 是一个名副其实的写模型对象，也就是一个聚合。那么，Thread 是不是一个写模型对象呢？

就写模型对象的定义而言，Thread 也应该是一个聚合对象，因为我们在 6.2 节中讨论聚合分析时就明确指出可以对 Thread 进行置顶和浏览，也就是说 Thread 同样具有写模型的特性。因此，针对帖子这一领域概念，相较其他概念所采用的单聚合，我们应该引入双聚合来完成事件建模。

关于聚合的概念及其使用方式，我们将在第 8 章中详细讨论，但事件风暴的开展也为合理设计聚合对象提供了一种先验信息。

2. Subscription 的处理方式

在论坛系统中，订阅是一个相对复杂的领域概念，很多时候比较难处理，因为需要同时考虑它的触发条件及后续操作。

首先，当用户订阅论坛版块时，我们需要根据这个订阅操作触发一个“版块已订阅”（ForumBoardSubscribed）事件，这是一个一次性操作。当完成这个操作后，每当所订阅的版块有数据变更时，就需要进一步触发订阅的后续操作，这个操作可以是发送电子邮件，也可以是发送短信息。显然订阅这个领域概念本身和后续操作之间是解耦的，我们不应该在触发订阅时就执行后续操作。图 6-29 展示了这种处理方式。

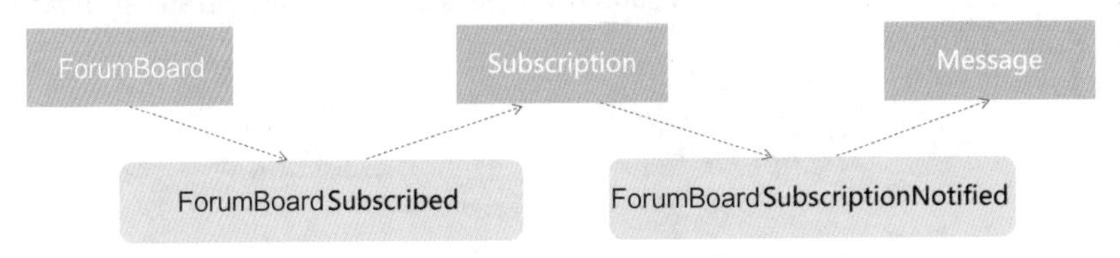

图 6-29　围绕 Subscription 的事件处理过程

在图 6-29 中，我们看到系统会通过 Subscription 对象触发一个“版块订阅被通知”（ForumBoardSubscriptionNotified）事件，这个事件被 Message 上下文捕获并进一步触发消息推送机制。

6.4　本章小结

本章围绕 DDD 战略设计工作坊展开介绍。在战略设计工作坊演练阶段，首先明确工作坊开展的目标和流程。而针对战略设计工作坊，我们重点分析了事件建模、聚合分析、子域划分和限界上下文映射等核心过程。借助论坛案例系统，本章还分别给出了上述过程所对应的交付结果。

当基于事件风暴方法来开展战略设计时，我们需要关注事件的建模方式，包括事件的粒度、触发方式及可变性控制。而对于论坛系统中核心领域概念的处理机制，本章也给出了最佳实践方案。

战术设计篇

在 DDD 中，战术设计方面的内容非常多，包括提炼用于表示领域模型对象的聚合、实体和值对象，以及用于表示业务状态并实现交互解耦的领域事件。为了实现各种对象的交互和存储，DDD 战术设计中还包括用于抽象多个对象级别业务逻辑的领域服务、用于专门构建聚合对象的工厂、用于抽象数据持久化的资源库，以及用于提取业务外观的应用服务。本篇将围绕上述概念展开讨论。

同样，在战略设计篇的基础上，本篇继续讨论案例系统，并形成案例系统的战术设计，即产出案例系统 V3.0。

第 7 章 实体和值对象

在面向对象开发中，任何事物都是对象。而在 DDD 中，核心业务逻辑同样由一组领域模型对象承载。在 DDD 中，领域模型对象指的是 3 类对象——聚合、实体和值对象。其中实体和值对象是聚合的组成部分，而值对象同时也是实体的组成部分。DDD 针对这些概念的抽象和提取并不是随意的，而是基于对事物的真实描述需求。图 7-1 展示了这些对象与现实事物之间的对应关系。

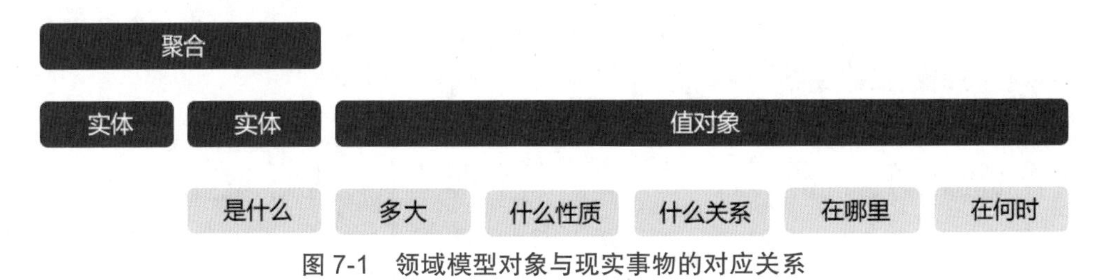

图 7-1　领域模型对象与现实事物的对应关系

就职责而言，实体和值对象控制类的组成结构，而聚合则控制类之间的协作关系。第 8 章将重点讨论聚合，而本章先从实体和值对象说起。理解实体和值对象是构建聚合的基础。

7.1　控制类的组成

在面向对象开发中开发应用程序时，基本的操作对象是一组具有不同角色的类。因此，我们经常会遇到如下问题。

- 应该如何正确识别这些类？
- 这些类的结构应该是什么样的？
- 当面对复杂业务逻辑时，应该如何合理组织类的内容？

在 DDD 中，我们通过实体和值对象来控制类的组成。在介绍实体和值对象的概念和实现方式之前，先来讨论一个关于类的组成结构的经典话题：是采用贫血模型还是充血模型？

我们先来看贫血模型。贫血模型是一种数据驱动的架构模型。这是一种常见的开发模型，其结构如图 7-2 所示。

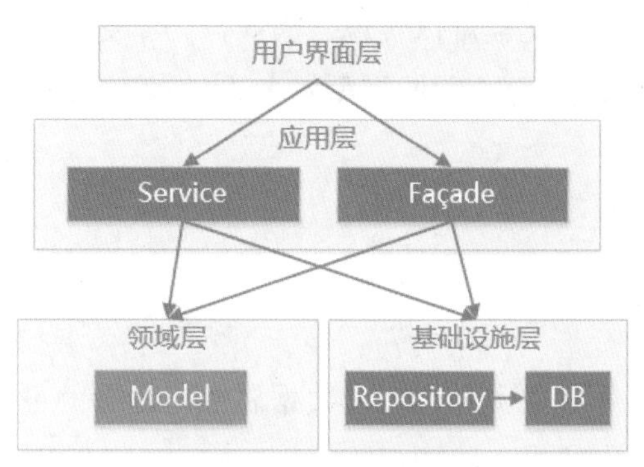

图 7-2　贫血模型结构

在贫血模型中，领域对象仅被用来保存状态或者传递状态，并不包含任何业务逻辑。相对应地，我们会在应用层处理所有的业务逻辑。对于细粒度的逻辑处理，通常通过增加一层外观（Facade）来达到门面包装的效果，因此应用层比较庞大。

以上这些特性都与 DDD 中子域和界限上下文的划分及集成思想相违背，只有数据没有行为的对象不是真正的领域对象。所以，在现实开发中，推荐使用充血模型。充血模型结构如图 7-3 所示。

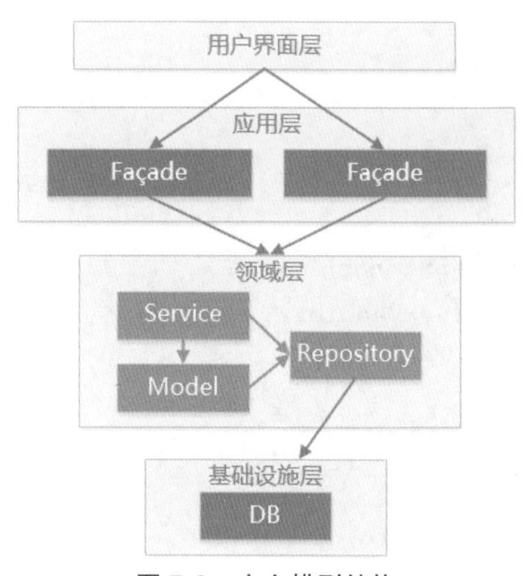

图 7-3　充血模型结构

充血模型的优点在于应用层符合单一职责原则，不会像贫血模型那样因为包含所有的业务逻辑而显得过于臃肿。同时，每一个领域模型对象一般都会具备自己的基础业务方法，满足充血模型的特征。

充血模型更加适合复杂业务逻辑的设计开发。但划分业务逻辑，也就是说将业务逻辑正确放在领域层和应用层中比较难以实现。因此，为了更好地梳理业务逻辑的存放位置和处理方法，我们需要构建专门的领域模型对象，这就引入了接下来要介绍的实体和值对象。

7.2 实体

与数据对象一样，实体对象本身也包含数据属性。两者的主要区别在于实体包含业务状态及围绕这些状态所产生的生命周期。

实体 = 不变性（唯一标识）+ 可变性（属性和领域行为）。

本节将介绍实体的唯一标识、属性及其领域行为。

7.2.1 实体的唯一标识和属性

唯一标识（Identity）是实体对象必须具备的一种属性，也是实体与值对象之间的核心区别之一。例如，如下 Order 对象就是一个典型的实体对象，其中包含了代表该对象唯一性的 orderNumber 属性。

```
//实体对象
public class Order {
    //唯一标识
    private String orderNumber;
    private String deliveryAddress;
    private List<Goods> goodsList;
    //省略 getter 和 setter 方法
}
```

唯一标识的概念比较好理解，实现方法也很多。唯一标识的类型既可以是简单类型，如上述代码中的 String 类型，也可以是复杂类型，如自定义一个 OrderNumber 对象来存储一个订单编号。

创建唯一标识的通用策略有如下几种。

- 用户提供初始唯一值。
- 系统内部自动生成唯一标识。
- 系统依赖持久化存储生成唯一标识。
- 来自另一个上下文。

例如，如果采用“系统内部自动生成唯一标识”这一策略，那么既可以简单使用 JDK 自带的 UUID，也可以借助第三方框架，如支持雪花（SnowFlake）算法的 Leaf 生成唯一标识，但更为常见的做法是根据时间、IP、对象标识、随机数、加密等多种手段混合生成一个唯一标识。示例代码如下。

```
public String generatePersonId(String subtype) {
    // 调用雪花算法生成 18 位唯一 ID
    SnowFlakeUtil snowFlake = new SnowFlakeUtil(2, 3);
    //18 位唯一 ID
    long randomNumber18 = snowFlake.nextId();
    // 生成随机数
    Random rand = new Random();
    String cardNumber = "";
    for (int i = 0; i < 23; i++) {
    // 生成 23 位随机数
        cardNumber += rand.nextInt(10);
    }

    String randomNumberString = "";
    for (int a = 0; a < 5; a++) {
    // 生成 5 位数字
        randomNumberString += rand.nextInt(10);
    }
    String personId = randomNumber18 + cardNumber + subtype +
randomNumberString;
    return personId;
}
```

如果采用“系统依赖持久化存储生成唯一标识”策略，那么可以采用图7-4所示的实现方式。

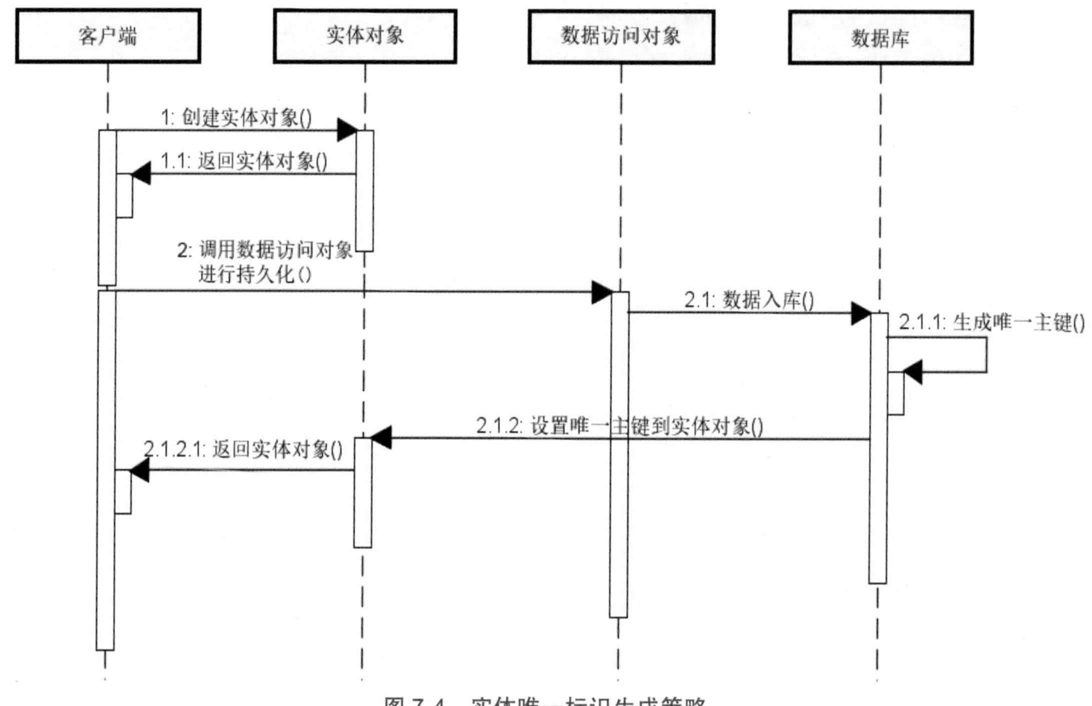

图7-4 实体唯一标识生成策略

由于“系统依赖持久化存储生成唯一标识”策略实现简单，因此经常被用于具备持久化条件的系统。常见的做法包括使用Oracle的Sequence、MySQL的自增列、MongoDB的_id等。而在生成唯一标识的时机上存在两种做法：一种是在持久化对象之前生成唯一ID，另一种是延迟生成，即唯一标识生成在对象保存到数据库之后。图7-4展示了基于后者的时序图。显然，我们可以使用数据库中自增主键的功能来获取唯一标识。

介绍完实体的唯一标识，我们继续来看它的属性。实体的属性用来说明其主体的静态特征。实体的属性包含两大类——包含基础数据结构的基本属性，以及包含自定义数据类型的组合属性。例如，下面示例代码中的健康检测单对象HealthTestOrder同时具备这两类属性。

```
public class HealthTestOrder {
    //基本属性
    private String orderNumber;//检测单编号
```

```
    private String account;// 用户账户

    // 组合属性
    private Anamnesis anamnesis;// 既往病史
    private Symptom symptom;// 症状
    private OrderStatus orderStatus;// 检测单状态
}
```

实体属性的划分包含表现约束性和不可再分性两条基本原则。这里仍以上述 HealthTestOrder 对象为例进行说明。

- 表现约束性：既往病史 Anamnesis 对象具备复杂的层次结构，单单通过一个字符串无法表达丰富的约束条件和层次结构。
- 不可再分性：对于就医行为，既往病史 Anamnesis 和症状 Symptom 都是问诊的必要环节，需要组合匹配。

在 DDD 实施过程中，我们可以基于以上两条基本原则设计包含丰富属性的实体对象。

7.2.2　实体的领域行为

实体的领域行为体现了业务的状态，以及围绕这些状态所产生的生命周期，而这些行为可以分为以下 4 类。

- 自给自足的领域行为：对实体已有属性进行计算。
- 变更状态的领域行为：实体对象允许调用者更新其状态。
- 互为协作的领域行为：调用别的对象形成一种协作关系。
- 生命周期管理行为：对实体本身的增删改查操作。

在上述分类中，“自给自足的领域行为”比较容易识别，示例代码如下。

```
// 实体对象
public class HealthTask {
    // 唯一标识
    private TaskId taskId;
    ...

    // 实体对象的初始化：自给自足的领域行为
```

```
    public HealthTask(CreateTaskCommand createTaskCommand) {
        this.taskId = new TaskId(createTaskCommand.getTaskId());
        this.taskName = createTaskCommand.getTaskName();
        this.description = createTaskCommand.getDescription();
        this.taskScore = createTaskCommand.getTaskScore();
        ...
    }
}
```

可以看到，这里通过 HealthTask 类的构造函数对该实体对象执行了初始化操作，从而对实体已有属性进行计算。

另外，我们也可以在上述 HealthTask 类中添加“变更状态的领域行为”和“互为协作的领域行为”，示例代码如下。

```
//实体对象
public class HealthTask {
    //实体对象的状态更新：变更状态的领域行为
    public void updateTask(UpdateTaskCommand updateTaskCommand) {
        this.description = updateTaskCommand.getDescription();
        this.taskScore = updateTaskCommand.getTaskScore();
        ...
    }

    //实体对象的状态更新：互为协作的领域行为
    public void calculateTaskScore(CalculateTaskScoreCommandcalculate
TaskScoreCommand ) {
            CustomerType customerType = calculateTaskScoreCommand.
getCustomerType();
        if(customerType.isVip()) {
            //调用 VIP 等其他对象完成领域操作
        }
    }
}
```

可以看到，上述代码中的 updateTask 方法更新了 HealthTask 自身的属性，而 calculateTaskScore 方法则调用了实体外的对象。

关于“生命周期管理行为”的管理，我们可以通过引入聚合来对实体本身执行增删改查操作。关于聚合及其使用方式，请参考第 8 章。

7.3 值对象

值对象是 DDD 领域模型对象的重要组成部分。简单来说，值对象 = 值 + 对象，用来描述实体某个属性的不变值。在本节中，我们将讨论值对象的识别方法及其特征。

7.3.1 值对象的识别

在 DDD 实施过程中，如何有效识别值对象是一大难点。在接下来的内容中，我们将通过几个示例来帮助读者掌握识别值对象的方法和技巧。先来看第一个应用场景：

一个用户有多个联系人，用户和联系人分别是实体还是值对象？

当无法分辨一个领域概念是实体还是值对象时，可以这样来判断：我们是使用对象的属性类判断相等性，还是使用对象的身份标识？在示例场景中，当两个 User 的属性值相等时，不能判断他们是同一个人。从业务逻辑看，我们往往更关注不同用户的身份标识。而当两个联系人的电话号码相同时，可以判断他们是同一个人。因为在一个用户内部，正常情况下不大可能存在多个电话号码相同的联系人。因此，对于上述应用场景，用户是实体，而联系人是值对象。

对实体进行拆分是获取值对象的有效途径。再来看第二个应用场景。该场景来自电商系统，如图 7-5 所示。

在图 7-5 中，我们首先设计了一个订单对象 Order，显然该对象具有唯一标识符 orderNumber，所以是一个实体对象。然后，我们发现 Order 对象中包含该账户对应的地址信息对象 DeliveryAddress，而 DeliveryAddress 就是一个值对象，因为 DeliveryAddress 将 street、city、state 等相关属性组合为一个概念整体。DeliveryAddress 对象没有唯一标识，因此也可以作为不变量，当该 DeliveryAddress 改变时，可以用另一个 DeliveryAddress 值对象予以替换。图 7-5 展示了拆分值对象前后的对比效果。

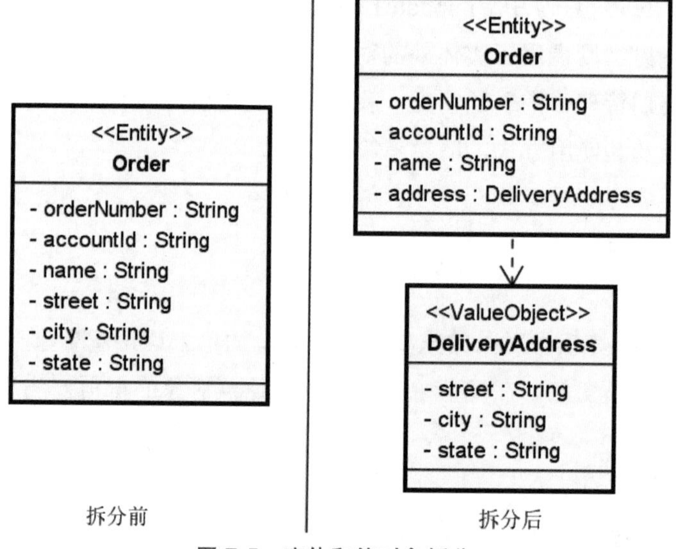

图 7-5　实体和值对象拆分

7.3.2　值对象的特征

一方面，值对象的特征决定了应该采用哪种方法分离值对象。与实体对象相比，值对象没有唯一标识，所以值对象之间既可以进行相等性比较，也可以相互替换。另一方面，值对象自身没有状态，所以是一种不可变对象。

保证值对象的不变性就可以减少并发控制的成本，因为一个不变的类是线程安全的。在 Java 世界中，实现不变性的方法如下。

- 对象创建以后其状态就不能修改。
- 对象的所有字段都是 final 类型。
- 对象创建过程没有 this 引用溢出。

在如下示例代码中，我们构建了一个具有不变性的 Money 对象——一个值对象。

```
public class Money {
    public static Money apply(Long totalFee, String feeType){
        return new Money(totalFee, feeType);
    }

    public Money add(Money money){
```

```
            return Money.apply(this.getTotalFee() + money.getTotalFee(),
getFeeType());
        }

        public Money substract(Money money){
            if (getTotalFee() < money.getTotalFee()){
                throw new IllegalArgumentException("money can not be minus");
            }
            return Money.apply(this.getTotalFee() - money.getTotalFee(),
this.getFeeType());
        }
        ...
    }
```

可以看到，每当调用 add 方法和 substract 方法时都会创建一个新的 Money 对象，从而确保对象创建以后其状态不能修改。

如下示例代码中 Order 的 Address 对象同样具备不变性。

```
    public class Order {
        private Address address;

        public void changeAddressDetail(String addressDetail){
            if(this.status == OrderStatus.PAID) {
                throw...
            }
            this.address = address.changeDetail(addressDetail);
        }
    }

    public class Address {
        public Address changeDetail(String addressDetail) {
            //创建一个新的 Address 对象
            return new Address(...);
        }
    }
```

请注意，值对象的不变性并不意味着它不应该具备领域行为。值对象往往具有自给自足的领域行为，这些领域行为能让值对象的表现能力变得丰富。值对象主要包含如下领域行为。

- 自我验证行为：如邮政编码 ZipCode 值对象中对编码格式的自我验证。
- 自我组合行为：如表示长度、体积等值对象中对计量单位的换算组合。
- 自我运算行为：如距离 Distance 值对象中对不同经纬度数据的自我运算。

在日常使用过程中，值对象可以简化数据库设计，减少实体表的数量，这是它的优点。值对象的缺点也很明显，其缺乏概念完整性，通常无法满足基于值对象的快速查询。

7.4 实体和值对象建模案例讲解

对实体和值对象进行建模是 DDD 战术设计中非常基础，也是非常重要的一步。其基本思路同样是充分利用统一语言中的信息，并采用图 7-6 所示的 4 个步骤。

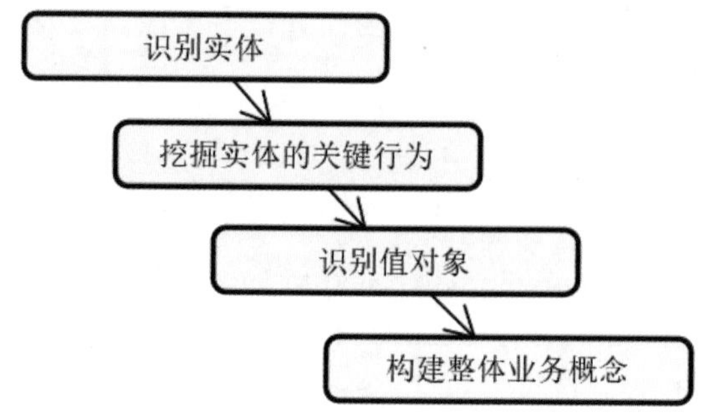

图 7-6 实体和值对象建模步骤

这里通过一个简单的示例来演示如何识别实体和值对象。围绕用户（User）这个概念的常见业务需求包括：对系统中的 User 进行认证；User 可以处理自己的个人信息，包含姓名、联系方式等；User 的安全密码等个人信息能被本人修改。这些描述构成了针对用户的统一语言。在接下来的内容中，我们将围绕 User 这个业务概念来演示识别实体和值对象的具体步骤。

1. 识别实体

通过"认证""修改"等关键词，我们判断 User 应该是一个实体对象而不是值对象，所以 User 应该包含一个唯一标识及其他相关属性。考虑到 User 实体的唯一标识 UserId 可能是一个数据库主键值，也可能是一个复杂的数据结构，所以将其提炼为一个值对象，这也是 DDD 中经常采用的一种实体唯一标识实现方法。这样基础的 User 实体就识别出来了，如图 7-7 所示。

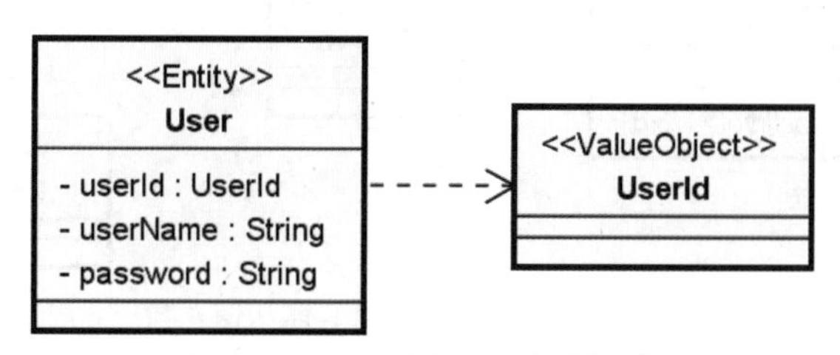

图 7-7　User 实体对象及其属性

2. 挖掘实体的关键行为

通过对 User 概念的统一语言分析，进一步细化它的关键行为。一般来说，用户都应具备登录、退出账户及修改密码的行为，包含这些行为的 User 实体如图 7-8 所示。

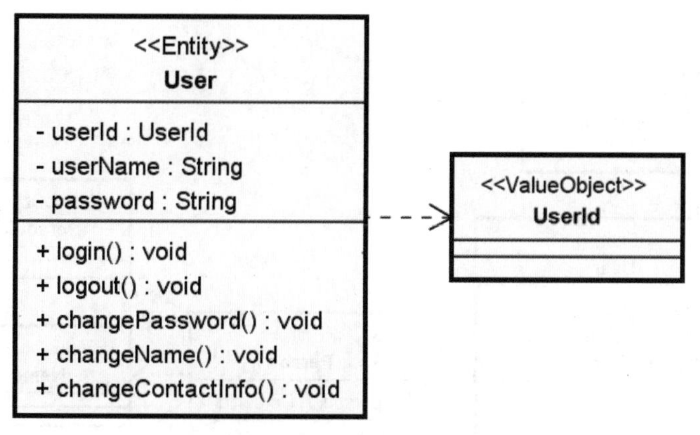

图 7-8　User 实体对象的属性与行为

3. 识别值对象

考虑到激活状态的 User 可以修改姓名、联系方式等个人信息，我们需要从 User 实体中提取姓名、联系方式等信息，这些信息实际上构成了一个完整的人（Person）的概念，但显然 Person 不等于 User，而是 User 的一部分。User 作为一个抽象的概念，包含 Person 相关信息，也包含用户名、密码等账户相关信息，所以此时需要从 User 中进一步分离 Person 对象。Person 也是一个实体，但与 Person 紧密相关的联系方式等信息倾向于分离为值对象。我们对 User 实体进行进一步细化，得到图 7-9 所示的结果。

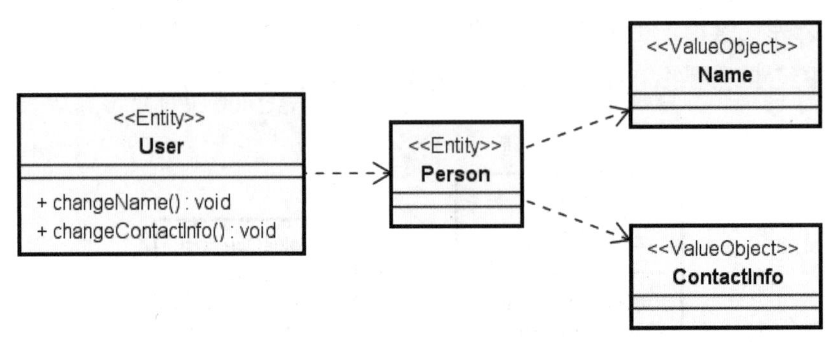

图 7-9　User 属性分离实体和值对象

4. 构建整体业务概念

通过以上分析，我们发现从统一语言出发，围绕 User 概念所提炼的实体和值对象有多个，其中 User 和 Person 代表两个实体，User 中包含 Person 实体和 UserId 值对象，而 Person 中则包含 PersonId、Name 和 ContactInfo 值对象。对应的完整的实体和值对象提炼结果如图 7-10 所示。

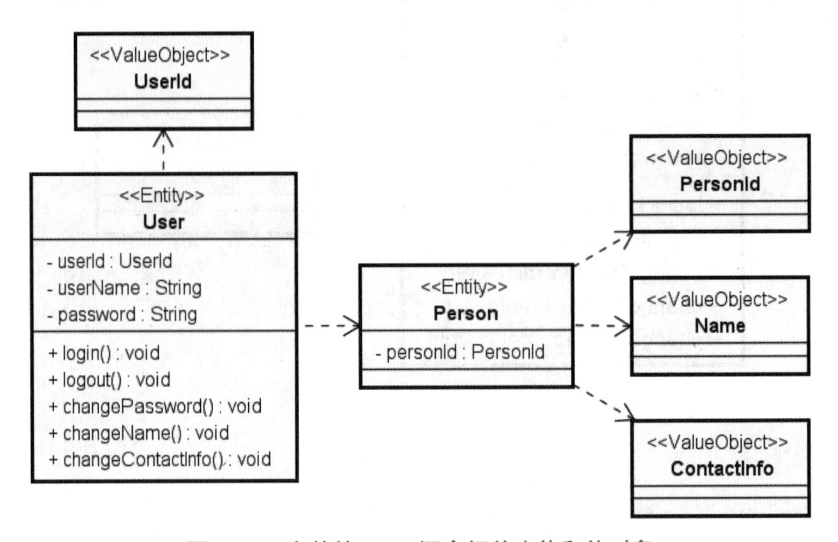

图 7-10　完整的 User 概念相关实体和值对象

7.5　本章小结

本章主要讨论了 DDD 战术设计中的实体和值对象这两个领域模型对象，它们可以用来控制类的组成结构。需要明确实体和值对象之间的区别，表 7-1 总结了不同角度下实体和值对象之间的区别。

表 7-1　实体和值对象对比表

对比角度	对比描述
唯一性	实体有唯一标识，值对象则没有，不存在这个值对象或那个值对象的说法
是否可变	实体是可变的，值对象是只读的
生命周期	实体具有生命周期，而值对象则无生命周期，因为值对象代表的只是一个值，需要依附于某个具体实体

第8章 聚合

在 DDD 中，聚合是最核心的领域模型对象。和子域之间的业务边界用限界上下文来划分一样，在领域模型对象中，同样需要从软件复杂度的角度出发，明确对象之间的边界。一旦明确了对象之间的边界，就可以合理设计对象之间的交互关系，从而在实体和值对象的基础之上构建完整的领域模型。

本质上，聚合体现的是一种对象之间的协作关系，具有完整的生命周期。本章关注聚合的生成、交互、存储及设计原则，并基于聚合的生命周期管理过程引入工厂、资源库等 DDD 概念。

8.1 控制类的关系

当一个软性系统处于设计初期时，我们习惯于提炼领域中的实体和值对象，以及它们之间的组成结构，而忽略领域对象之间的逻辑界限，从而导致模型边界的蔓延。图 8-1 展示了这一效果。

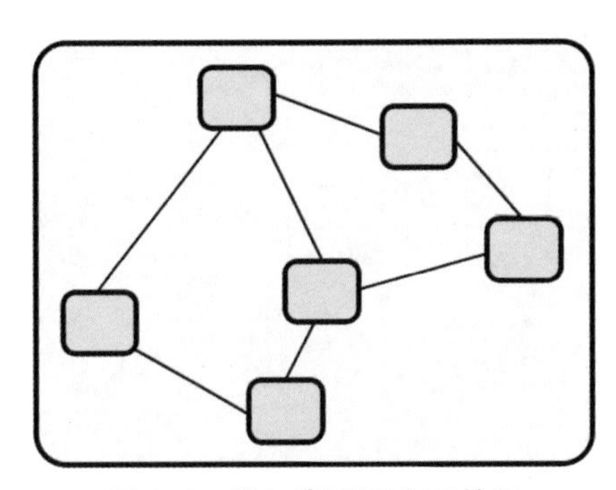

图 8-1 类与类两两交互效果

在图 8-1 中，我们看到存在 6 个类，这些类两两进行交互，交互次数最多可以达到 2^6-1 次。显然，这样的类交互为系统实现带来了不必要的复杂度。

那么，如何有效控制类之间的交互关系，避免交互次数呈指数级增长呢？主要有如下

3 种实现策略。

- 去除不必要的关系：如在电商系统中，配送对象与订单对象之间实际上不存在任何关系，因为配送信息中已经存储了订单与配送相关的信息。
- 降低耦合的强度：如在物流系统中，本来司机和车型有关系，通过对车这一概念的泛化操作可实现司机和车型数据之间的一致性。
- 消除循环依赖：如在学校系统中，学生和课程之间很容易形成循环依赖，可以通过上移、下移和回调等方法消除循环依赖。

以上 3 种实现策略体现了一种基本的设计思想——引入边界。如果可以控制类与类之间交互的边界，也就意味着并不是每一个类都应该与系统中的其他类存在依赖关系，那么系统可能演变为图 8-2 所示的效果。

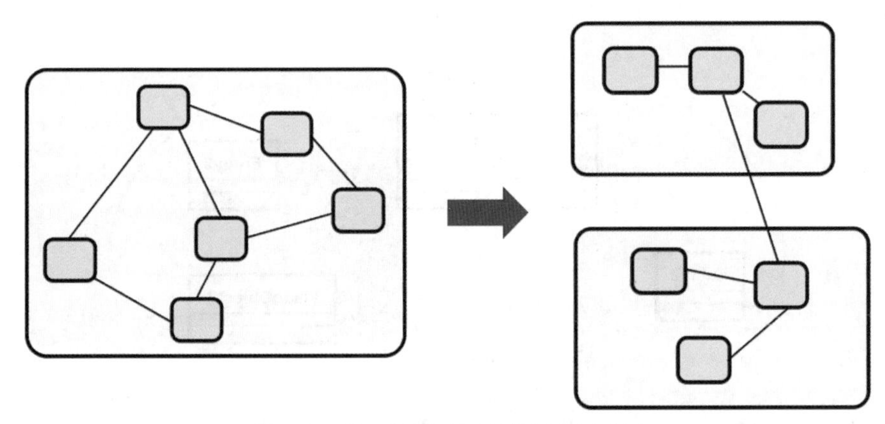

图 8-2 类与类基于边界进行交互效果

显然，图 8-2 中类之间的最多交互次数就变成了 2^2-1 次，而不是原本的 2^6-1 次，系统的复杂度得到了显著的降低。现在，问题就演变为如何找到类与类之间的合理边界，这就需要引入 DDD 中的聚合概念。

8.2 引入聚合

在 DDD 中，聚合是一个相对抽象且复杂的概念。在现实中很多读者跟笔者反馈无法很好地把握聚合的使用方式。事实上，聚合具备明显的特征，而关于聚合的设计也存在通用原则。在本节中，我们将从聚合的定义说起，分析聚合的特征和设计原则。

8.2.1 聚合的定义和特征

在 DDD 应用程序中，我们将实体和值对象划分到聚合中并围绕聚合定义边界。在聚合中，我们选择一个实体作为该聚合的根，并仅允许外部对象持有对这个根对象的引用。基于这种策略，我们需要将聚合看作一个整体来定义它的属性和不变量，并将其执行责任赋予聚合的根。

聚合由聚合根（Aggregate Root）和边界两部分组成，分别介绍如下。

- 聚合根：本质上是聚合中的一个实体对象，这个实体对象有一个专门的名称——根实体（Root Entity）。
- 边界：描述一个范围，定义聚合内部有什么。

图 8-3 展示了一个聚合的组成结构。

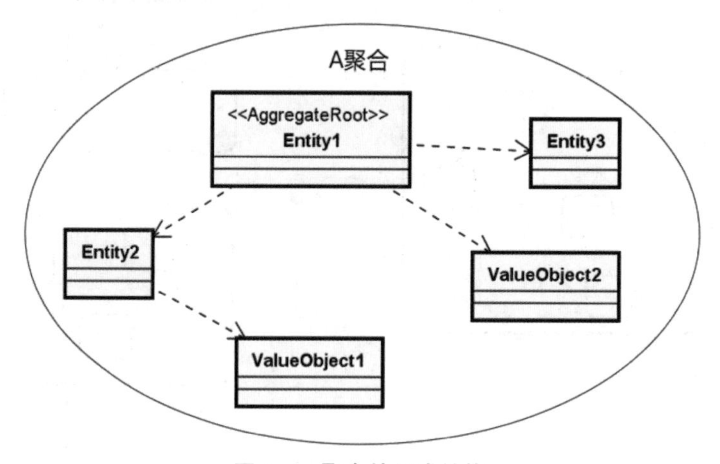

图 8-3 聚合的组成结构

针对图 8-3，我们要明确两点。首先，聚合是一个边界，而不是对象，图 8-3 中所展示的 5 个对象共同组成了一个聚合。其次，聚合根是一个逻辑概念，而根实体是一个物理概念。也就是说，图 8-3 中的“A 聚合”代表的是这个聚合的逻辑概念，而作为根实体的“Entity1”则是一个物理上真实存在的实体对象。

聚合具有如下显著特征。

- 聚合是包含了实体和值对象的一个边界。
- 聚合中的对象形成一棵树，树的根就是聚合根。
- 外部对象只能持有对聚合根的引用，由聚合根统一对外提供领域行为方法，实现内部实体和值对象的协作。

● 聚合是一个完整的领域概念，其内部会维护这个领域概念的完整性。

基于聚合的这些特征，我们可以实现类似图 8-4 所示的效果。

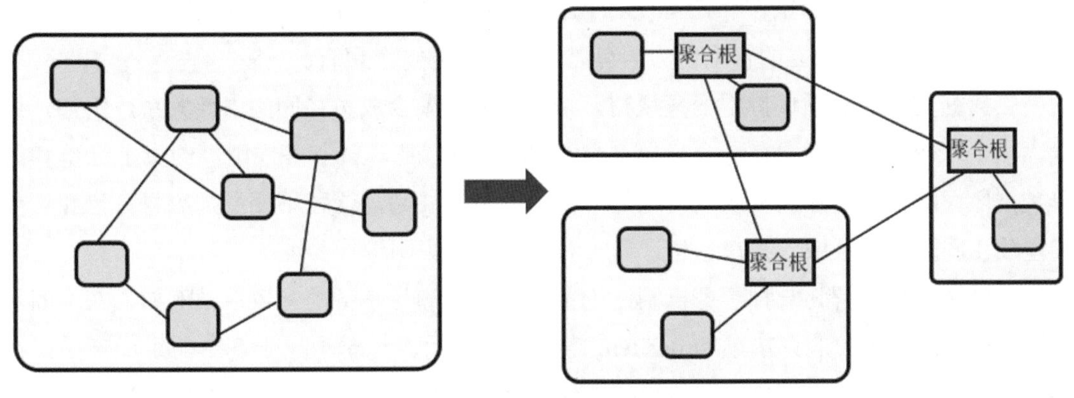

图 8-4　基于聚合根的交互效果

在图 8-4 中，我们将 8 个对象拆分为 3 个聚合，每个聚合都只有一个聚合根，对内确保实体和值对象的协作，对外则暴露可供其他聚合访问的入口。

8.2.2　聚合的设计原则

聚合的设计遵循一定的原则，如图 8-5 所示。针对图中所展示的设计原则，我们将通过一些现实中的真实场景来进行分析讨论。

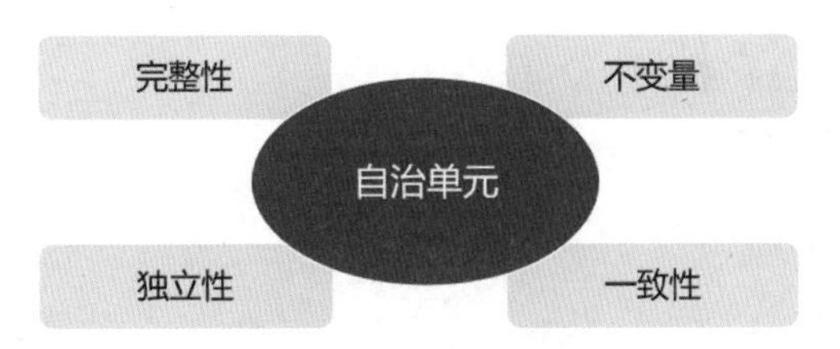

图 8-5　聚合的设计原则

我们先来看完整性。聚合对外体现为一个统一的概念，对内则管理和维护着高内聚的对象关系。例如，对于在线教育领域，问题 Question 和答案 Answer 是一个完整的领域概念。Question 如果缺少 Answer 就无法提供完整的问答体系，我们也不会不看 Question 而只关注 Answer。如果删除 Question，也要删除与之匹配的 Answer，因为 Answer 脱离 Question 没有意义。再如，在电商领域中，在创建订单 Order 时，订单项 OrderItem 和配送地址 DeliveryAddress 等是一并创建的，否则这个订单对象就不完整。同样，删除订单时，也要删除与之相关的订单项和配送地址。

相较于完整性，应该首先考虑独立性。为了实现独立性，应该考虑设计“小”聚合。例如，Question 和 Answer 之间的独立性是相对的，如果某些场景下针对 Answer 可以执行评论、分享、收藏等操作，还可以将 Answer 单独作为学习资料进行推荐和管理，那么此时的 Answer 具备独立的行为能力，可以单独构建为一个聚合。

在数据变化时必须保持不变量规则，因为这涉及聚合成员之间的内部关系。例如，假设“一个订单 Order 必须有一个订单类型 OrderType”是一条业务规则，约束了订单和订单类型之间的关系，那么可以认为这是一种不变量。要满足这种不变量，应将订单和订单类型放在同一个聚合中，并在创建订单时对这条业务规则进行验证。

一致性可以理解为一种事务机制，一个聚合必须满足事务的一致性。例如，在电商系统中，订单 Order 中的订单项 OrderItem 需要保持一致。订单项属于订单的组成部分，在创建订单时，由于要求订单和订单项数据保证强一致性，需要将它们放在同一聚合中。再如，在电商系统中，订单项 OrderItem 和订单总价 TotalPrice 需要保持一致，因为订单项的变化会直接导致订单总价发生变化，所以应将它们放在同一聚合中。

实际上，关于聚合还有一条非常重要的设计原则，或者说实现标准，那就是唯一入口。聚合代表一组相关对象的组合，是数据修改的最小单元，也就意味着对领域模型对象的修改只能通过聚合中的根实体进行。换句话说，只有根实体暴露了对外操作的入口，其他对象必须通过聚合内部的遍历关系才能找到。例如，在电商系统中，外部系统只能访问订单限界上下文中的 Order 聚合对象，而不能直接访问该聚合对象下的订单项 OrderItem 和配送地址 DeliveryAddress 等属性。

8.3　聚合的协作方式

理解并掌握聚合与聚合之间的协作方式是实现系统建模的关键要点之一。聚合之间有两种协作方式——关联关系和依赖关系，如图 8-6 所示。

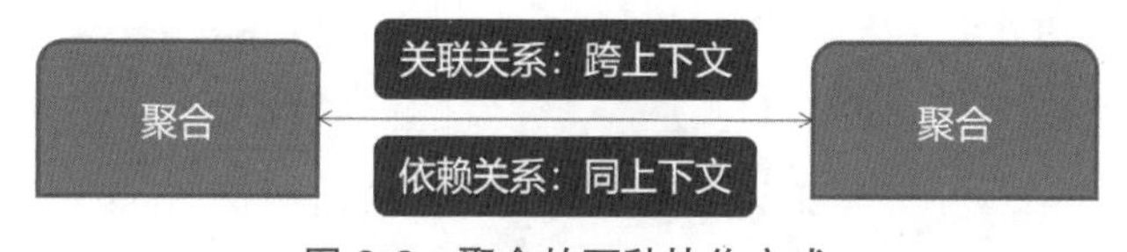

图 8-6　聚合的两种协作方式

可以看到，位于同一限界上下文中的两个聚合，它们之间体现的是一种依赖关系。而位于不同限界上下文中的两个聚合，则体现出关联关系。我们先从更为常见，也是更为重要的关联关系说起。

8.3.1　聚合的关联关系

需要结合具体的应用场景来理解聚合的关联关系。这里仍然从电商系统中的订单管理模块切入，考虑如下典型场景。

场景 1：电商系统中 Order 和 Customer 应该如何交互？

结合第 4 章介绍的电商系统限界上下文案例，可知 Order 和 Customer 均为订单和用户这两个限界上下文中的聚合。上述场景涉及两个限界上下文之间的交互，也就是需要考虑聚合的关联关系。

我们先来考虑场景 1 的一种实现方式，示例代码如下。

```
public class Customer {
    private List<Order> orders;

    public List<Order> getOrders() {
        return this.orders;
    }
}
```

上面这段代码展示了一种设计上的反模式，其中存在如下两个问题。

问题 1：Customer 聚合和 Order 聚合不在同一个限界上下文中，会导致两个限界上下文之间的领域模型对象复用。

问题 2：Customer 聚合不应该履行 Order 查询的职责，订单的查询应该在 Order 聚合中进行。

那么，正确的设计应该是什么样的呢？图 8-7 展示了 DDD 中的主流实践方法。

可以看到，在 DDD 中，关于聚合之间关联关系的主流设计方法是聚合之间通过根实体的身份标识进行引用，正如在 Order 聚合中通过 CustomerId 完成对 Customer 聚合的引用那样。而从图 8-7 中，我们也引申出聚合之间的主次关系，如图 8-8 所示。

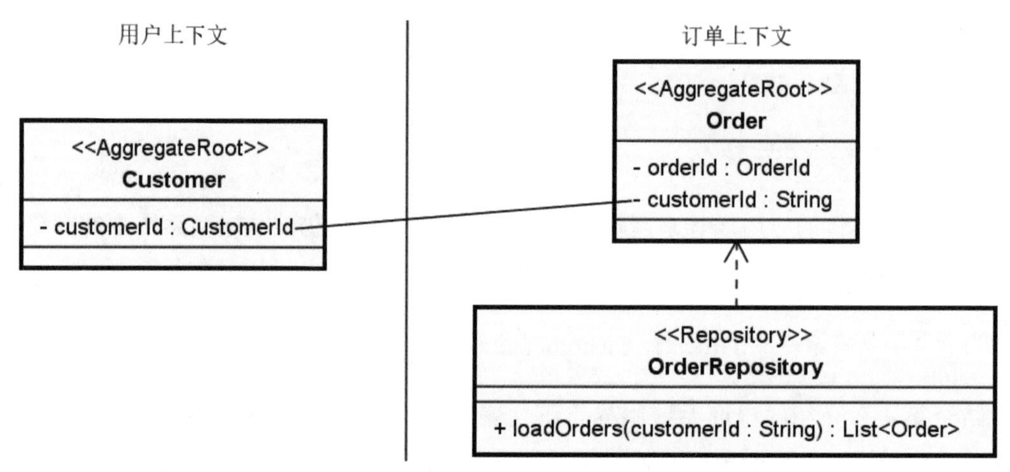

图 8-7 Customer 和 Order 聚合的关联关系

图 8-8 Customer 和 Order 聚合的主次关系

在这个场景下，Customer 是主聚合，Order 是从聚合。主聚合不需要考虑从聚合的生命周期，可以完全不知道还有从聚合。而从聚合通过主聚合根实体的 ID 建立与主聚合的隐含关联。

我们再来考虑电商系统的另一个典型场景。

场景 2：电商系统中 OrderItem 和 Product 应该如何交互？

很多读者看到这一场景，自然会采用图 8-9 所示的设计方法。

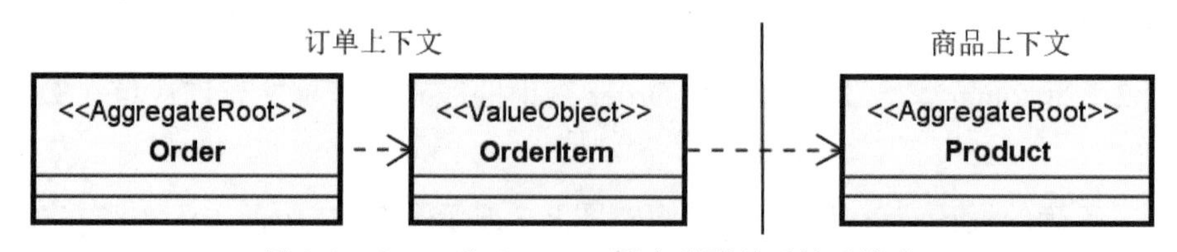

图 8-9 Order 和 Product 聚合关联关系的反模式

可以看到，在订单上下文的 OrderItem 这个值对象中，我们直接对商品上下文的 Product 聚合进行了关联。这种设计方法比较符合面向对象的设计思想，体现了对象复用的价值，但同样也是一种反模式。正确的设计方法是在订单上下文中定义一个属于该上下文的 Product 类，该类具有身份标识，其值来自商品上下文中 Product 聚合根的身份标识，确保身份标识的唯一性。通过这种方式，订单上下文中的 Product 类本质上是一个值对象，和 Order 一起持久化到数据库，避免了数据冗余。原本跨聚合的关联关系就变成了聚合内部的关联，设计效果如图 8-10 所示，此处将订单上下文中的 Product 值对象专门命名为 OrderProduct。

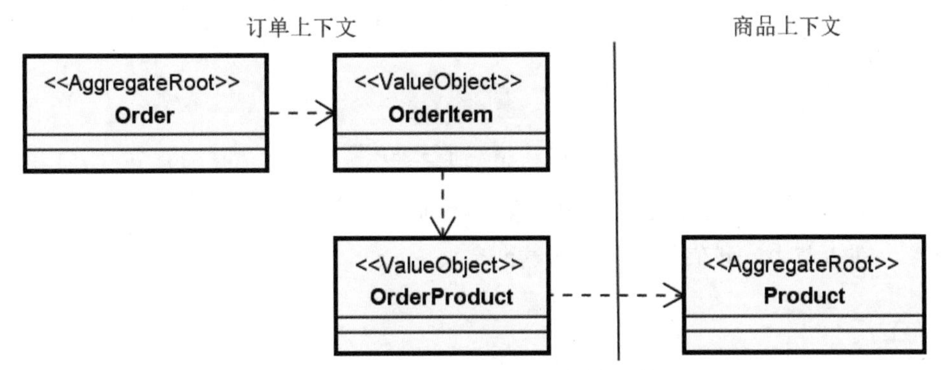

图 8-10　Order 和 Product 聚合的关联关系

说到这里，我们明确了在聚合关联关系的处理中，对聚合根的对象引用符合面向对象设计思想，但不符合 DDD 思想。在 DDD 中，我们推崇使用聚合根的身份标识引用。请注意，在实施 DDD 的过程中，技术人员需要突破原有面向对象的设计思想。

8.3.2　聚合的依赖关系

了解了聚合的关联关系，理解聚合的依赖关系就比较简单了。聚合的依赖关系发生在单个限界上下文内部。在同一个限界上下文中，应该允许一个聚合的根实体直接引用另一个聚合的根实体，这个过程涉及如下两部分工作。

- 职责的委派：对象的直接交互。
- 聚合的创建：聚合生命周期管理。

聚合职责的委派比较简单，让聚合对象直接进行交互即可。而围绕聚合的创建，需要实现对聚合生命周期的管理，这就是 8.4 节将要讨论的内容。

8.4　聚合生命周期管理

聚合具有完整而严谨的生命周期，如图 8-11 所示。

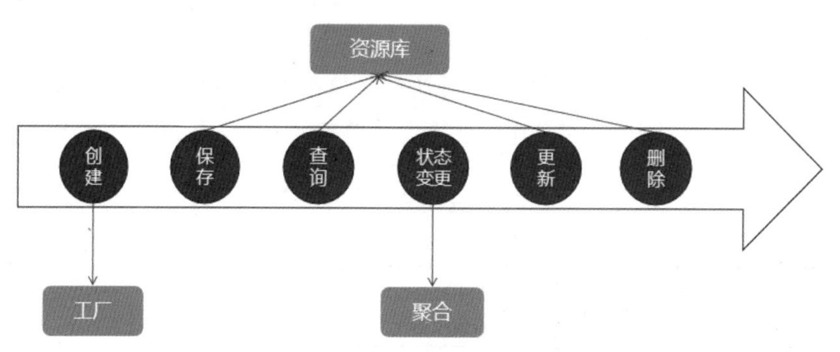

图 8-11　聚合的生命周期

在图 8-11 中，聚合的创建需要用到工厂，而聚合的保存、查询、更新和删除需要用到资源库。在本节中，我们将详细介绍这两个概念。

8.4.1　工厂

在设计模式中，工厂模式（Factory Pattern）是一种创建型设计模式，旨在通过一个共同的接口来创建对象，而无须使用具体的实现类。它提供了一种封装对象创建过程的方式，使得客户端代码与具体的对象实现过程分离，并且能够轻松扩展和替换不同的实现方案。

在 DDD 中，引入工厂的目的就是创建聚合。聚合工厂的实现有很多种策略，可以根据实际情况选择合适的策略。

1. 由被依赖的聚合充当工厂

这是一种常见的聚合工厂，它的实现示例代码如下。

```
public class HealthMonitor extends AggregateRoot {
    //HealthPlan 也是一个聚合根
    public HealthPlan createPlan(String monitorId,List<HealthTaskProfile>
tasks) {
        // 执行数据校验
        return new HealthPlan (monitorId, tasks);
    }
}
```

可以看到，HealthPlan 聚合被 HealthMonitor 聚合所依赖，由这个被依赖的聚合来充当工厂并创建自身。

2. 聚合自身充当工厂

聚合也可以用来创建自己，此时充当工厂的就是聚合自身，示例代码如下。

```
public class Order extends AggregateRoot {
    private Order(CustomerId customerId, Address address, Contact
contact) {...}

    public static Order createOrder(CustomerId customerId, Address
address, Contact contact) {
        //执行数据校验
        return new Order(customerId, address, contact);
    }
}
```

在上述代码中，使用静态方法来创建一个 Order 对象，而 Order 对象自身就是一个聚合。

3. 使用专门的聚合工厂

这种策略最符合工厂模式的定义和结构，即使用独立的工厂来创建目标聚合对象，示例代码如下。

```
public class FlightFactory {
    public static Flight createFlight(String flightId,  String airport,
String from, String to) {
        //执行数据校验
        return new Flight(flightId, airport, from, to);
    }
}
```

在上述代码中，构建了一个工厂类 FlightFactory，并通过静态工厂方法 createFlight 获取了一个 Flight 聚合对象。

8.4.2 资源库

在 DDD 中，资源库的作用是对聚合对象进行持久化，并为应用程序提供统一的数据访问入口。关于如何更好地设计资源库，业界给出了一些主流的设计方法。这些设计方法解决的核心问题有如下两个。

- 如何实现应用程序内存数据和具体持久化数据之间的转换关系？
- 如何在应用程序中抽离独立的数据持久化访问入口？

第一个问题的解决思路比较简单，一般的方法是实现一个数据映射层。第二个问题是第一个问题的延伸，可以通过资源库来提供统一的数据访问入口。图 8-12 展示了资源库的基本结构。在图 8-12 中，可以看到内存数据与持久化数据的映射关系，以及资源库与持久化媒介之间的交互过程。

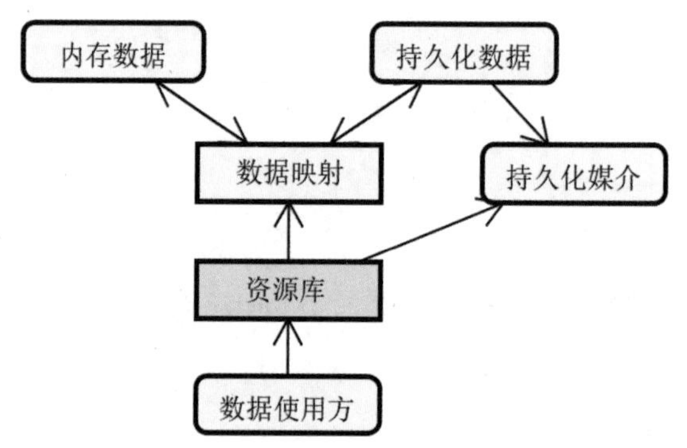

图 8-12 围绕资源库的交互过程

正如前面所提及的，在 DDD 中引入资源库模式的目的是为客户端提供一个简单模型以获取聚合对象，并内置一组数据访问技术和数据访问策略，如图 8-13 所示。

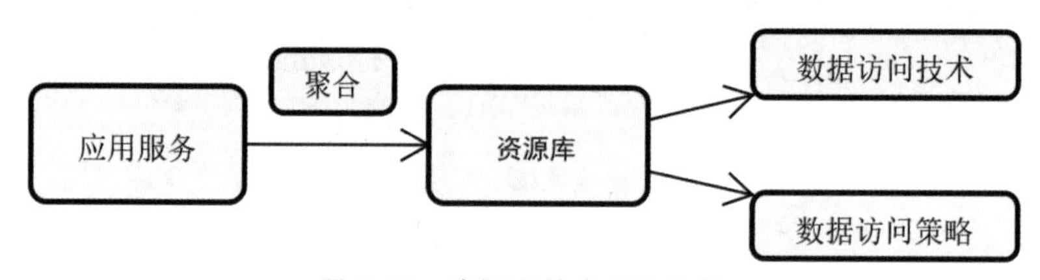

图 8-13 资源库的定位和作用

作为一种持久化对象，资源库又可分为定义和实现两个部分。资源库的定义表现为一个抽象接口，而实现则依赖具体的持久化媒介。开发人员通过资源库就可以实现对各种类型数据库的访问操作，资源库屏蔽了技术复杂性和差异性。图 8-14 展示的是针对不同数据库媒介所实现的资源库。

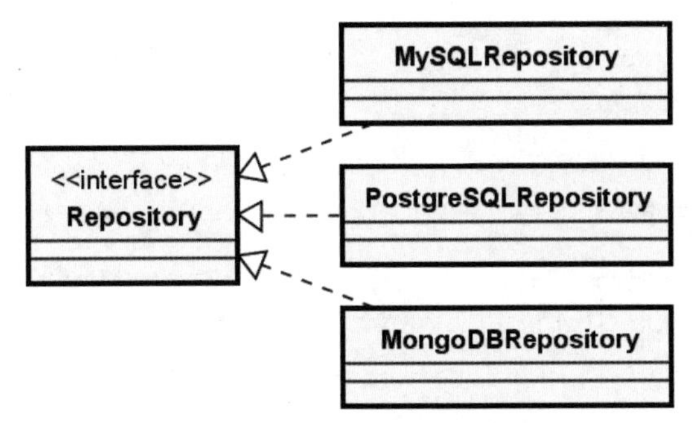

图 8-14 资源库的定义和实现

关于如何合理设计资源库，业界也存在一条核心设计原则：一个聚合一个资源库。如下示例代码展示了聚合的正确实现方法和错误实现方法。

```
//正确实现方法：通过 OrderRepository 保存 OrderItem
OrderRepository orderRepository;
Order order = orderRepository.getOrder(orderId);
order.addItem(orderItem);
orderRepository.save(order);

//错误实现方法：通过专门的 OrderItemRepository 保存 OrderItem
OrderitemRepository orderItemRepository;
orderItemRepository.add(orderId, orderItem);
```

可以看到，因为聚合是 Order 对象，所以必须通过 Order 对象来操作资源库，而不能使用专门的资源库来保存 OrderItem 对象。这是因为 OrderItem 并不是一个聚合对象，它只是 Order 聚合对象的一部分。

那么，资源库在物理上应该如何设计呢？资源库的实现依赖具体的开发框架和存储媒介，下面以 Spring Data 中的 CrudRepository 为例给出它的定义，示例代码如下。

```
public interface CrudRepository<T, ID> extends Repository<T, ID> {
    //保存单个实体对象
    <S extends T> S save(S entity);
    //保存一组实体对象
    <S extends T> Iterable<S> saveAll(Iterable<S> entities);
    //根据 ID 查询单个实体对象
```

```
    Optional<T> findById(ID id);
    //判断指定 ID 的对象是否存在
    boolean existsById(ID id);
    //获取所有实体对象
    Iterable<T> findAll();
    //根据一组 ID 获取对应的一组实体对象
    Iterable<T> findAllById(Iterable<ID> ids);
    //获取对象总数
    long count();
    //根据 ID 删除实体对象
    void deleteById(ID id);
    //根据实体对象执行删除操作
    void delete(T entity);
    //删除一组实体对象
    void deleteAll(Iterable<? extends T> entities);
    //删除所有实体对象
    void deleteAll();
}
```

Spring Data 内置了很多语法糖来简化资源库的使用方式，如@Query 注解、@NamedQuery 注解及方法名衍生查询，示例代码如下。

```
//@Query 注解
public interface OrderRepository extends JpaRepository<Order, Long>{
    @Query("select o from Order o where o.orderNumber = ?1")
    Order getOrderByOrderNumberWithQuery(String orderNumber);
}

//@NamedQuery 注解
@Entity
@Table(name = "`order`")
@NamedQueries({ @NamedQuery(name = "getOrderByOrderNumberWithQuery",
query = "select o from Order o where o.orderNumber = ?1") })
public class Order implements Serializable {
}
```

```
//方法名衍生查询
public interface AccouuntRepository extends JpaRepository<Account,
Long>{
    Order findByFirstNameAndLastname(String firstName, String lastName);
}
```

Spring Data 等具体资源库实现工具不是本书的讨论重点，读者可以自行查阅相关技术资料。

8.5 聚合设计案例讲解

在本节中，我们将通过一个典型案例来讲解聚合建模的实现过程。当制订一个研发计划时，需要对项目（Project）进行评审，然后通过拆分任务（Task）的方式完成排期（Plan）。在这个业务场景下，一个项目可以创建多个任务，同时需要评估出一个排期。通过分析，识别出 Project、Task 和 Plan3 个业务对象。关于如何设计这些对象之间的关联，我们有以下几种思路。

版本 1：Project 作为聚合，Task、Plan 作为实体

该版本的效果如图 8-15 所示。

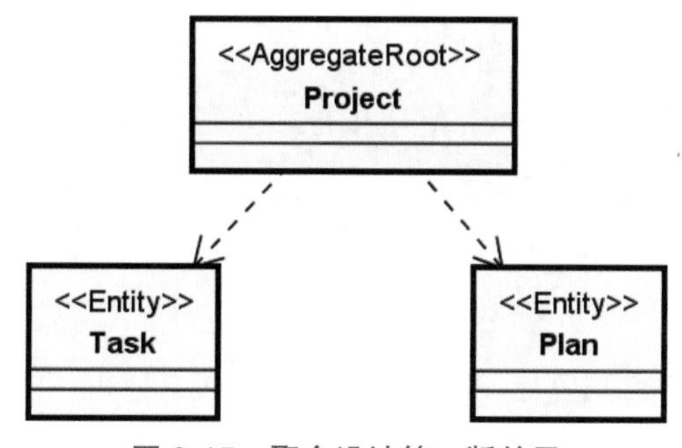

图 8-15 聚合设计第一版效果

在图 8-15 中，我们将 Project、Task、Plan 归为实体对象，并将 Project 上升为聚合的根对象。这样外部系统只能通过 Project 对象访问 Task 和 Plan 对象，而 Project 则包含对 Task 和 Plan 的直接引用。

版本 2：都设计为聚合，通过唯一标识引用其他聚合，从聚合引用主聚合

该版本将 Task 和 Plan 同时上升为聚合级别，这意味着重新划分系统边界，3 个对象构成 3 个不同的聚合。显然，在这种情况下，Project 对象包含对 Task 和 Plan 的直接引用就不合适了。在不破坏现有实体关系的前提下，我们可以引入值对象来解决这一问题，将唯一标识提炼为一个值对象 ProjectId，Project 再通过 ProjectId 与 Task 和 Plan 对象进行关联。效果如图 8-16 所示。

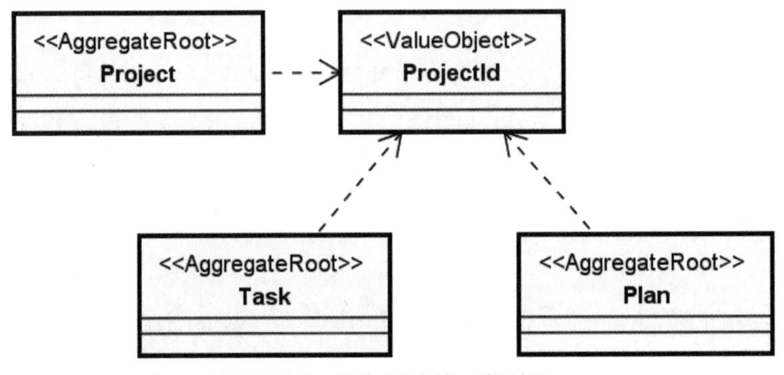

图 8-16　聚合设计第二版效果

“通过唯一标识引用其他聚合”这条原则对聚合设计产生的影响在于通过标识而非对象引用使多个聚合协同工作。这符合 8.3 节介绍的聚合关联关系的设计思想。

上述两个版本代表着两种极端，其中，版本 1 只包含一个聚合，其他都是实体对象，而版本 2 则将这些对象都设计为聚合。不过这两个版本都不是最合理的。应该考虑聚合内部真正的不变条件，这就引出了案例建模的第 3 个版本。

版本 3：聚合内部真正的不变条件

“聚合内部真正的不变条件”这一条建模原则关注聚合内部建模的不变条件，即在一个事务中只修改一个聚合实例。如果一个事务内需要修改的所有内容处于不同聚合中，就应重新考虑聚合划分的边界和有效性。另外，聚合内部保持强一致性的同时，聚合之间需要保持最终一致性。

因为案例中的 Plan 对象是基于 Project 制定的，所以不能将 Project 和 Plan 分别管理，也就是说，更新 Project 的同时应该同步更新 Plan，应该将它们放在同一个聚合中。而 Task 则考虑单独创建一个聚合，因为 Task 可以脱离 Project 单独演进。版本 3 的聚合设计方案如图 8-17 所示，这也是案例建模的最终设计方案。

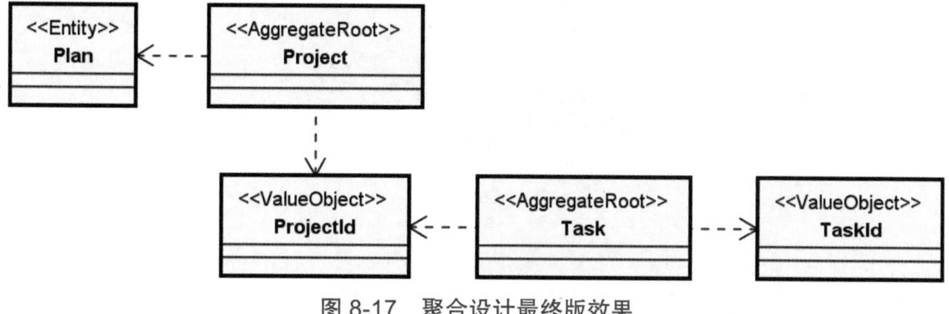

图 8-17　聚合设计最终版效果

8.6　本章小结

在 DDD 中，聚合可以说是最核心的一种领域模型对象。聚合概念的提出与软件复杂度直接相关，因为聚合控制着类与类之间的交互关系。本章围绕聚合的定义、特征及设计原则展开介绍，并详细分析了聚合之间的协作方式。同时，聚合具有完整而严谨的生命周期，我们需要通过工厂来创建聚合，并通过资源库来保存聚合的状态。此外，本章还介绍了 DDD 中工厂和资源库这两个技术组件的使用方式。

第9章
服务、事件与基础设施

前面两章介绍了实体、值对象、聚合、工厂及资源库的概念与使用方式，并回答了“类是如何组成及如何交互的？”这一核心问题。但是，光靠这些领域对象还不足以构建完整的DDD应用，因为它们无法独立存在。本章将继续介绍DDD战术设计中的如下技术组件。

- 领域服务：承载业务规则的独立接口。
- 应用服务：领域模型对象的外观层。
- 领域事件：代表业务状态变更的一种领域对象。
- 基础设施：面向技术实现的基础功能组件。

结合这些技术组件，我们就可以构建完整的DDD战术设计方案，从而为第10章开展战术设计工作坊演练做好准备。

9.1 领域服务

在聚合的基础上，我们要介绍的下一个DDD核心概念是领域服务（Domain Service）。现实中的很多业务操作需要多个聚合相互协作才能完成，而领域服务为实现这种协作提供了入口。本节将带领读者了解领域服务的示例及其应用场景。

9.1.1 领域服务的示例

所谓领域服务，实际上就是执行跨聚合的交互过程，领域服务的输入对象即各个聚合的根实体对象，而其输出往往是一个无状态的值对象。在领域服务中，由于涉及多个领域模型对象，领域对象之间的转换也是常见的实现需求。

针对领域服务，本节将通过一个简单的案例来进行讲解。我们首先考虑如下场景。

在执行银行资金转账时，用户在支付宝或微信上输入银行账户和转账金额等转账相关基本信息，银行执行转账操作并发送短信息。

在上述场景下，建模的关键在于领域层需要执行资金转账操作，而这个操作势必涉及用户银行账户 Account、转账所生成的订单 Order 等领域模型对象。通过这些对象之间的交互，系统完成相应的借入和贷出操作，并提供结果的确认操作。显然，Account 和 Order 这两个领域模型对象都应该被抽象为聚合对象，它们之间的交互过程如图 9-1 所示。

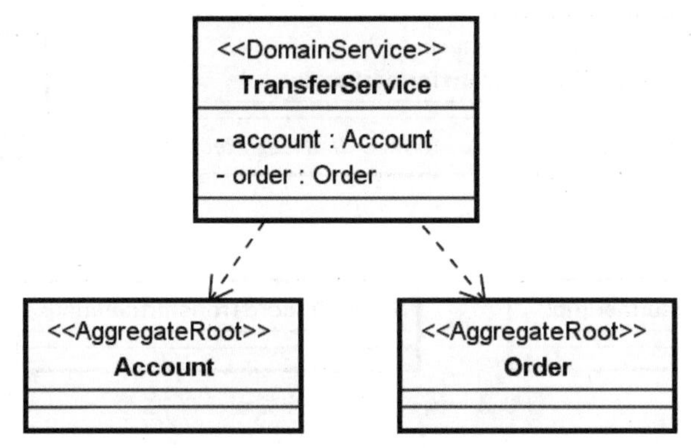

图 9-1　资金转账场景下的领域服务协调聚合交互过程

可以看到，图 9-1 中出现了一个新的 TransferService，专门用来对 Account 和 Order 这两个聚合进行协调并完成资金转账操作。TransferService 就是一种典型的领域服务。

9.1.2　领域服务的应用场景

在 DDD 中，领域服务有一定的应用场景，主要体现在协作性、扩展性和集成性三方面。

1. 协作性

协作性是领域服务的基本应用场景，解决“两个聚合之间的协作该由谁来发起？”这一问题。图 9-2 展示了通过领域服务实现两个聚合对象之间有效协作的示例。

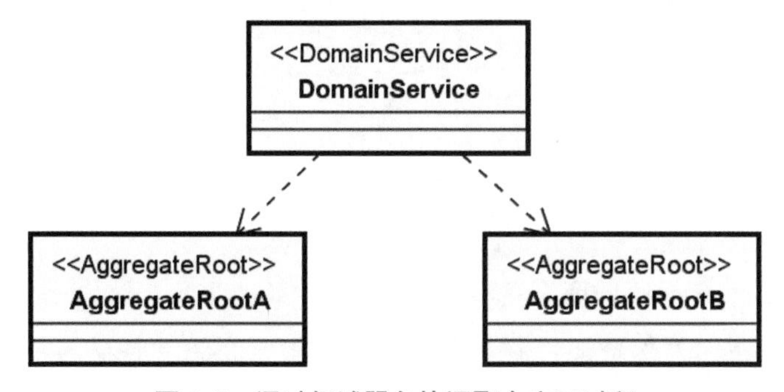

图 9-2　通过领域服务协调聚合交互过程

2. 扩展性

关于扩展性前面已经讨论了很多，扩展性解决的问题是“当聚合逻辑经常变化时，如何实现领域行为的可扩展性？”合理设计领域服务可以满足这方面的需求。图 9-3 展示了一个基于领域服务实现扩展性的示例。

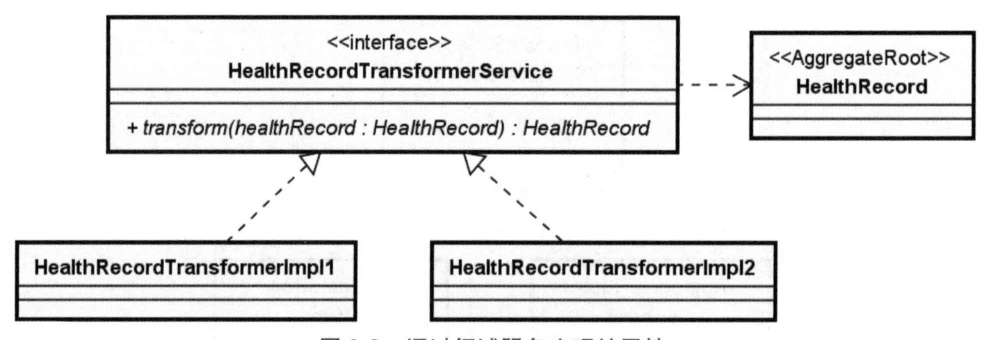

图 9-3 通过领域服务实现扩展性

在图 9-3 中，我们看到构建了一个领域服务 HealthRecordTransformerService，这个领域服务针对聚合对象 HealthRecord 执行了一个转换（Transform）操作。原则上，这种转换操作可以因场景而异，所以在 HealthRecord 中自己实现这部分转换逻辑会导致聚合结构过于臃肿。此时一种比较好的做法就是提取一个独立的领域服务，并根据不同的场景实现不同的转换逻辑。

3. 集成性

我们考虑这样一个场景：User 聚合的一条需求是必须对用户密码进行加密，并且不能使用明文密码。这条需求非常普遍，我们可以用两个基本方案进行实现：第一个方案是在应用服务中处理密码的加密，然后将加密后的密码传给 User；第二个方案是在 User 内部使用加密算法进行加密。这两个方案都有一定代表性，但从 DDD 的角度，两者均不推荐。第一个方案的问题在于应用服务层承载了太多细节；第二个方案看似合理，但忽略了单一职责原则，User 对象只是代表一个用户信息，并不需要也不应该知道太多加密信息。更好的方案是将加密操作提炼为领域服务，通过独立接口的方式暴露给领域对象使用。例如，可以提炼一个 EncrytionService 领域服务，然后采用 MD5 或其他加密算法实现该接口。

以上场景体现的就是领域服务的集成性，解决了“业务行为与外部资源的集成由谁来实现？”这一问题。外部资源往往指的是 9.4 节将要介绍的基础设施类组件，如图 9-4 所示。

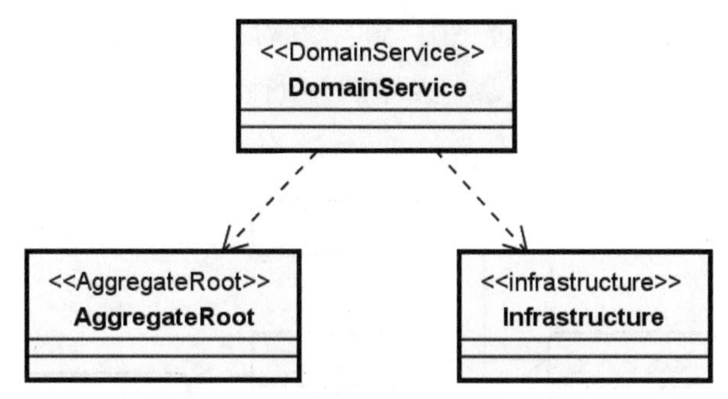

图 9-4　通过领域服务实现组件集成

虽然领域服务有以上应用场景，但我们不得不承认：在所有领域模型设计组件中，领域服务最为自由和灵活，也最难把控。也正因为如此，领域服务本质上也是一种反模式，是领域设计建模的最后选择。

使用领域服务的痛点在于越灵活的组件越难设计，开发人员需要考虑领域服务的定位、分离、识别和交互等诸多问题。幸好，微服务架构的出现极大程度上改变了领域服务的建模方式，当一个个聚合变为独立的微服务时，更多使用应用服务来完成跨聚合的交互。9.2 节将对其展开介绍。

9.2　应用服务

在 DDD 的整体架构中，应用服务对外面向用户界面、上下文集成和基础设施，对内则封装领域模型。本节将从应用服务的这种定位开始讨论，并介绍应用服务的分类、应用场景和设计原则。

9.2.1　应用服务的定位

本质上，应用服务充当一种“编排协调”的角色，相当于只包含调用顺序、没有业务逻辑的事务脚本（Transaction Script）。事务脚本的核心思想就是名称中的两个词——事务与脚本。事务可以理解为实际需要执行的一段原子业务，而脚本则指一组原子业务的编排方式。通常来说，脚本的编排会直接映射到用户的某一个行为动作上。事务脚本可以理解为用户动作的一次任务编排，而触发的方式一般直接与用户的行为相关联。

我们也可以换个角度来理解应用服务。如果我们使用第 2 章介绍的用例来对系统进行建模，那么应用服务中的内容对应的是用例。

应用服务为系统中的一组接口提供了一个一致的界面，目的是更好地组织一个限界上下文中其他技术组件之间的交互关系，实现各个组件之间职责的分离，避免耦合度过高。应用服务的这种定位如图 9-5 所示。

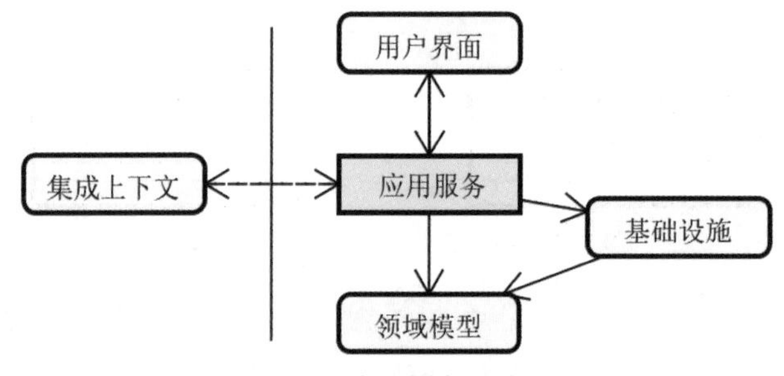

图 9-5 应用服务的定位

可以看到，应用服务是领域模型的直接调用者，负责业务流程的协调，同时使用资源库完成数据访问并解耦服务输出。而应用服务也是唯一一个与用户界面直接进行交互的技术层，涉及多个组件之间的交互和协调。但应用服务不应该包含任何业务逻辑，是很薄的一个技术层。图 9-6 进一步展示了应用服务与各个技术组件之间的交互过程。

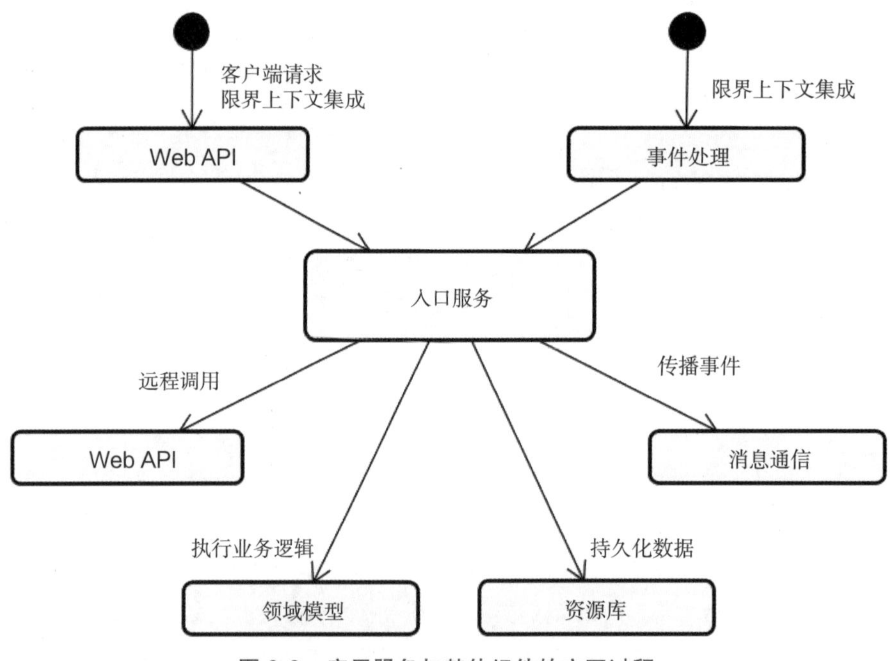

图 9-6 应用服务与其他组件的交互过程

正如前面所介绍的，应用服务直接面向用户界面，而来自用户界面的操作按照是否修改聚合对象的状态可以分为两大类：查询和命令。针对这两类操作，可以构建两类应用服务，分别是查询服务（Query Service）和命令服务（Command Service）。对应地，在领域模型的设计上，也需要引入两类新的技术组件——查询对象（Query Object）和命令对象（Command Object）。查询对象和命令对象同样是领域对象的组成部分，如图 9-7 所示。

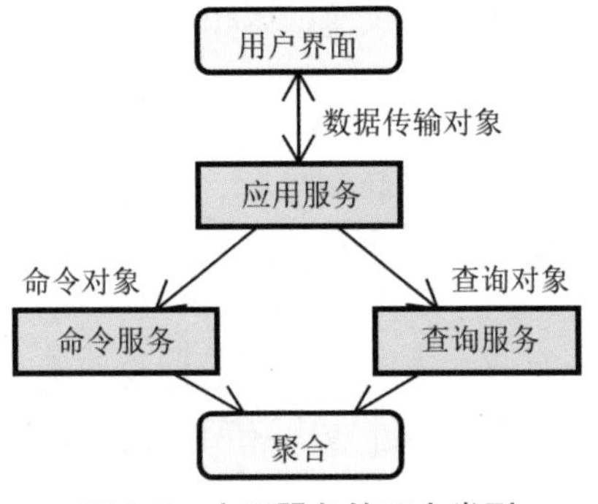

图 9-7　应用服务的两大类型

显然，只有命令服务才会对领域模型对象的状态造成影响，图 9-8 展示了基于命令服务完成不同限界上下文之间交互的时序图。

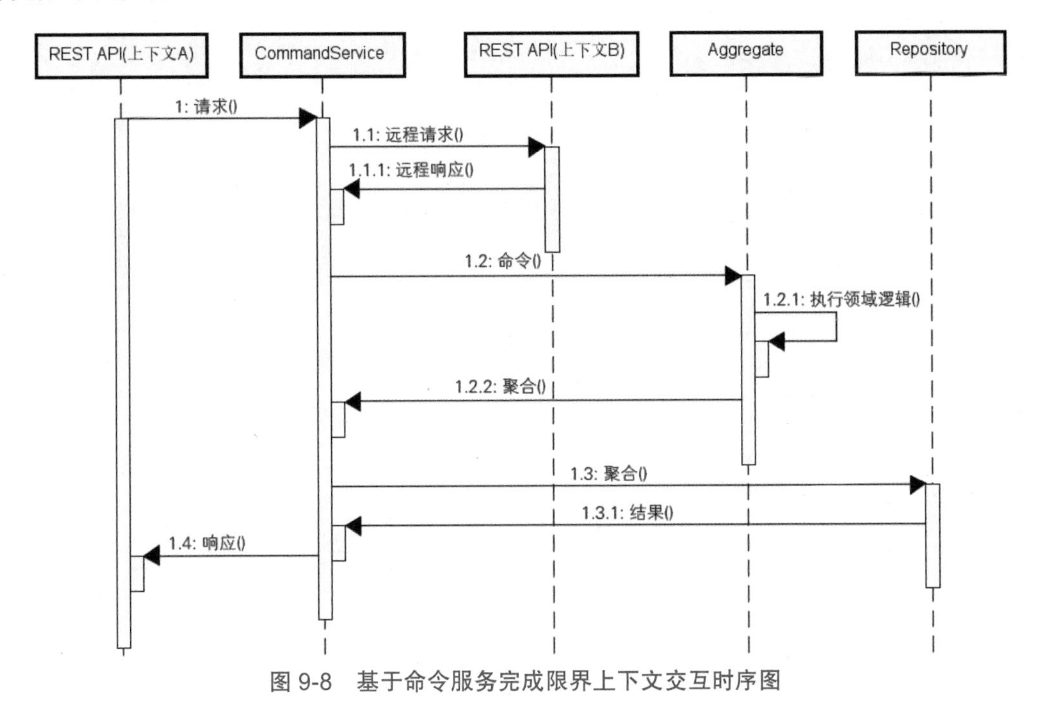

图 9-8　基于命令服务完成限界上下文交互时序图

说到这里，读者可能会回想起第 5 章介绍事件风暴时提到的命令。从概念和效果的角度来说，可以认为事件风暴中的命令和应用服务中的命令是同一事物，从而进行类比学习。

9.2.2 应用服务的应用场景

在 DDD 的实施过程中，如何正确区分领域服务与应用服务是一大难点。下面将通过一个具体的示例来讨论这个话题。

银行需要执行两个账户之间的资金转账操作，并将转账的交易导出到一个电子表格中进行分析，这里哪些操作属于领域服务的范围，哪些属于应用服务的范围？

针对领域服务与应用服务，有一条判断标准：服务所蕴含的业务知识和业务规则是否与所处的限界上下文要解决的问题直接相关。在上述示例中，转账操作是核心业务逻辑，所以属于领域服务的范畴；而表格导出不涉及业务规则，所以可以归纳为应用服务。事实上，面向切面的横向关注点通常都属于应用服务的工作范畴。

为了更好地理解应用服务的实现方式，这里分别给出命令服务和查询服务的示例代码。一个典型的命令服务如下。

```
@Service
public class CustomerTicketCommandService
    @Transactional
    public TicketId handleCustomerTicketApplication(ApplyTicketCommand
applyTicketCommand) {
        // 生成聚合标识符 TicketId
        String ticketId = "Ticket" + UUID.randomUUID().toString().
toUpperCase();
        applyTicketCommand.setTicketId(ticketId);

        // 调用 Order 限界上下文以获取 OrderProfile 并填充 ApplyTicketCommand
        OrderProfile order = getOrderFromOrderContext(...);

        // 调用 Staff 限界上下文以获取 StaffOrderProfile 并填充 ApplyTicketCommand
        StaffProfile staff = getStaffFromStaffContext(...);
```

```
        // 创建 CustomerTicket 聚合
        CustomerTicket customerTicket = new CustomerTicket(applyTicket
Command);

        // 通过资源库持久化 CustomerTicket 聚合
        customerTicketRepository.save(customerTicket);

        // 返回 CustomerTicket 的聚合标识符
        return customerTicket.getTicketId();
    }
}
```

可以看到，该命令服务分别调用Order限界上下文和Staff限界上下文来获取远程的订单和客服信息，从而生成一个客服工单对象CustomerTicket。CustomerTicket是一个聚合对象，可以通过资源库对其进行持久化。

我们再来看一个查询服务，示例代码如下。

```
@Service
public class HealthMonitorQueryService {
    private HealthMonitorRepository healthMonitorRepository;

    public HealthMonitorQueryService(HealthMonitorRepository
healthMonitorRepository) {
        this.healthMonitorRepository = healthMonitorRepository;
    }

    public HealthMonitor findByMonitorId(String monitorId) {
        return healthMonitorRepository.findByMonitorId(monitorId);
    }

    public List<HealthMonitor> findAll() {
        return healthMonitorRepository.findAll();
    }
```

```
    public List<MonitorId> findAllMonitorIds() {
        return healthMonitorRepository.findAllMonitorIds();
    }

    public HealthMonitor findByUserAccount(String account) {
        return healthMonitorRepository.findByUserAccount(account);
    }
}
```

不难看出，查询服务的实现过程比较简单，主要借助资源库完成对聚合的查询操作。

9.2.3 应用服务的设计原则

相较于领域服务，应用服务没有太多灵活性，比较好把握。但由于应用服务具备复杂的交互方式，同样需要遵循一定的设计原则。

1. 业务方法与业务用例一一对应，业务方法与事务一一对应

这条设计原则的含义如下：位于应用服务中的所有方法都应该与业务用例相对应，而位于命令服务中的业务方法则应该具备事务性。示例方法如下。

```
@Transactional
public TicketId handleCustomerTicketApplication(ApplyTicketCommand
applyTicketCommand)
```

可以看到，这里出现的 handleCustomerTicketApplication 方法代表“处理客服工单申请”这一用例，而 @Transactional 注解代表该方法具有事务一致性。

2. 应用服务本身不应该包含任何业务逻辑

对于应用服务，这是一条基本原则，我们在前面介绍应用服务的定位时曾提及，应用服务本质上是一种事务脚本。事务脚本的一个典型实现方法如下。

```
public Long createOrder(OrderDTO order) {
    // 验证 DTO 对象数据合法性
    // 检查库存中是否包含足够的产品
    // 检查用户身份
```

```
        // 计算订单价格
        // 开始事务
        // 在订单主表中插入记录
        // 在订单明细表中插入记录
        // 提交事务
        // 返回新创建订单 ID
    }
```

可以看到，在 createOrder 方法中执行了很多操作，但该方法只是规定了这些操作的调用顺序，这些操作的具体业务逻辑都应该代理给具体的领域对象去执行。类似地，一种典型的应用服务实现方法如下。

```
    public void handlerHealthPlanGeneration(CreatePlanCommand createPlanCommand){
        HealthMonitor healthMonitor =  healthMonitorRepository.findByMonitorId
(createPlanCommand.getMonitorId());

        // 代理调用 HealthMonitor 的 generateHealthPlan 方法来创建 HealthPlan
        healthMonitor.generateHealthPlan(createPlanCommand);
    }
```

可以看到，这里只调用了聚合对象 HealthMonitor 中的 generateHealthPlan 方法就完成了具体的业务操作，而该方法本身并不包含任何具体的业务逻辑。

3. 应用服务与客户端通信协议无关

这条原则非常简单，我们只需要确保应用服务能够适配不同的客户端，如图 9-9 所示。

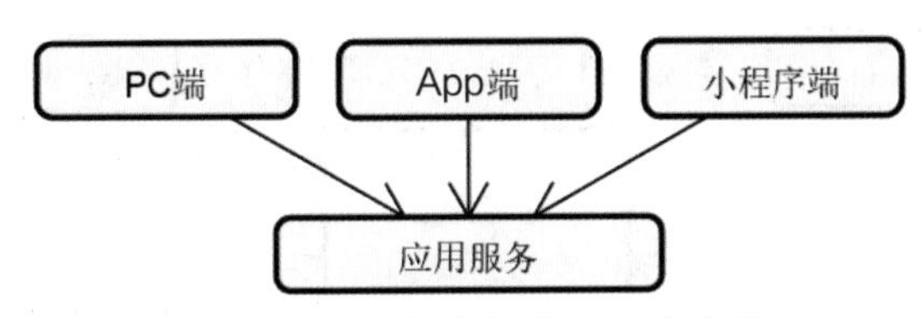

图 9-9　应用服务适配多个客户端

显然，当面对 PC、App 和小程序等多个客户端时，我们都应该设计并实现同一套应用服务。

9.3 领域事件

在第5章中，我们讨论了战略设计中的事件风暴建模方法。事件风暴中使用的媒介就是领域事件。本节将从战术设计的角度围绕领域事件的定义、发布及订阅方式展开介绍。

9.3.1 领域事件和事件驱动架构

领域事件作为领域模型的重要组成部分，是领域建模的工具之一，用来捕获领域中已经发生的事实。领域事件是领域专家所关心的，一般使用统一语言表达。可以结合事件风暴理解领域事件。

下面将基于一个现实中的示例来理解领域事件。

在电商系统中，如果订单上下文中订单下单成功时需要更新用户上下文的积分信息，如何实现比较好？

上述场景存在两个限界上下文——订单上下文和用户上下文。如果采用微服务架构，由于整个订单下单流程涉及这两个限界上下文之间的远程调用，不可避免地涉及以下3个问题。

- 不同限界上下文之间产生强耦合，不利于系统架构解耦。
- 需要在不同限界上下文之间引入分布式事务机制。
- 高并发下长事务基本不可行，资源锁会消耗大量性能。

针对上述问题，常见的解决方案是引入事件驱动架构（Event-Driven Architecture，EDA），如图9-10所示。

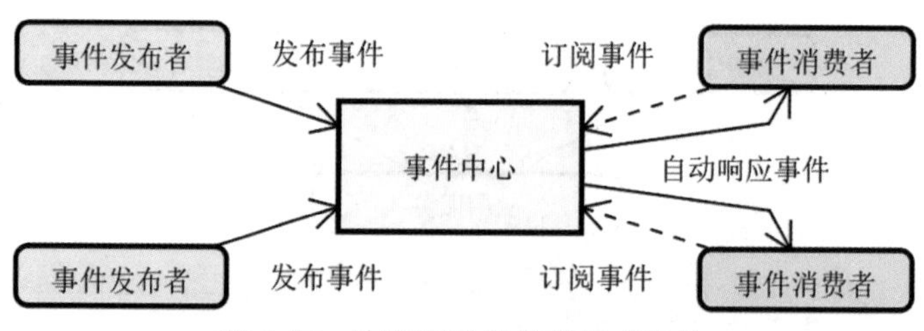

图9-10 事件驱动架构的组成结构

事件驱动架构是一种主流架构设计模式。事件发布者所发布的事件可以被事件消费者根据需要进行订阅。而一旦建立这种订阅关系，每个事件消费者都可以实现一套独立的事件处理程序来对事件发布者所发布的事件进行自动响应。

事件驱动架构能够实现解耦，图 9-11 展示了在单个限界上下文中针对用户密码更新场景的一种解决方案。

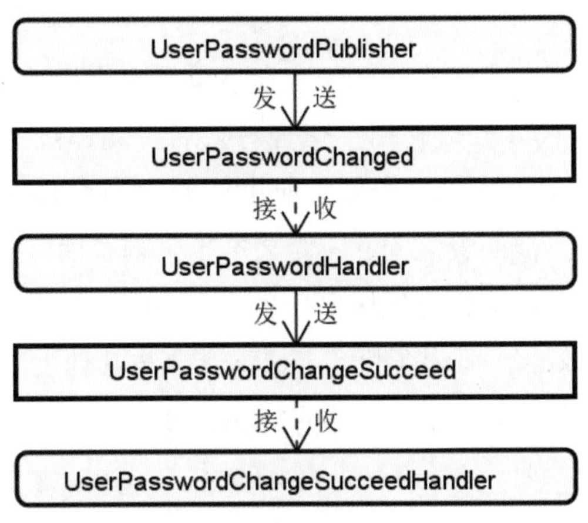

图 9-11　基于事件驱动架构实现系统解耦

可以看到，在用户密码更新处理及处理成功这两个步骤中，都可以提炼出对应的事件、事件发布者和事件处理器。而如果将讨论的话题扩展到多个限界上下文，那么可以得到类似图 9-12 所示的效果图。

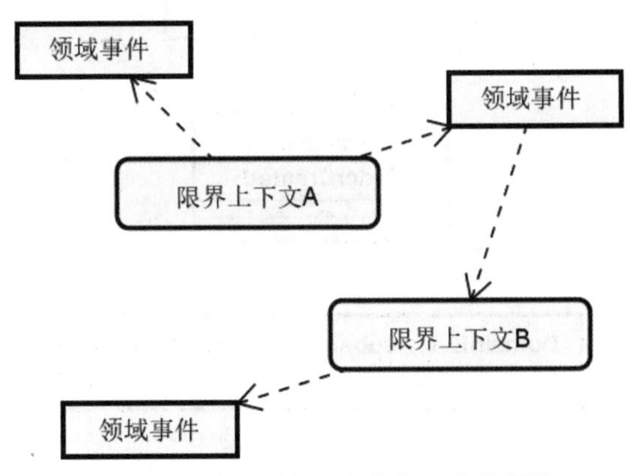

图 9-12　跨限界上下文的领域事件通信

结合电商系统中的案例，我们可以使用订单上下文和用户上下文来替换图 9-12 中的限界上下文 A 和 B，并提取“订单已创建”（OrderCreated）这个领域事件。对于该领域事件，订单上下文是事件的发布者，而用户上下文则是事件的消费者。

我们关注 OrderCreated 事件本身。它具备领域事件所应该具备的如下特性。

- 领域事件代表了领域概念，这里指订单。
- 领域事件是已经发生的事实，即订单已生成。
- 领域事件是不可变的领域对象，一旦当前订单被创建，那么针对这一订单的创建动作不能再改变。
- 领域事件会基于某个条件触发，如用户在下单界面执行下单操作。

领域事件同样需要建模，一般使用“聚合对象名 + 动作过去式”的方式对事件进行命名，如前面示例中的 OrderCreated 事件。而事件的识别有时候具有一定的隐秘性，当一个实体依赖另一个实体，但两者之间并不希望产生强耦合而又需要保证两者之间的一致性时，就可以提炼领域事件，这也是领域事件最典型的一个识别场景。例如，在上述示例中，Order 是代表订单的聚合，而为了避免 Order 聚合与其他上下文之间产生强耦合，当成功创建 Order 对象时，可以提炼一个 OrderCreated 事件。

9.3.2 领域事件的发布和订阅

从架构设计上说，对领域事件的处理采用的是基本的发布者 – 订阅者风格，如图 9-13 所示。

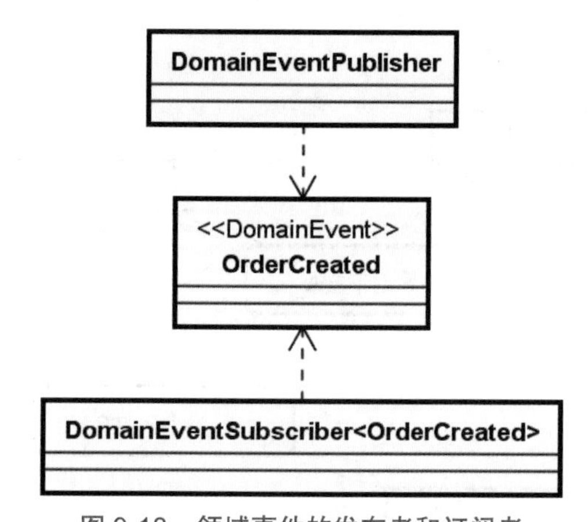

图 9-13　领域事件的发布者和订阅者

在图 9-13 中，DomainEventPublisher 和 DomainEventSubscriber 分别代表事件的发布者和订阅者，DomainEvent 代表领域事件。DomainEvent 本身具备一定的类型，DomainEventSubscriber 根据类型订阅某种特定的 DomainEvent，正如图 9-13 中的 Domain - EventSubscribe<OrderCreated> 所示。

那么，领域事件应该如何定义呢？这里给出常见的一种实现方式，示例代码如下。

```
public abstract class BaseEvent implements Serializable {
    private String eventId;
    private Date eventTime;

    public BaseEvent() {
        this.eventId = "Event" + UUID.randomUUID().toString().toUpperCase();
        this.eventTime = new Date();
    }
}

public abstract class DomainEvent<T> extends BaseEvent {
    private String type;// 事件类型
    private String operation;// 事件所对应的操作
    private T message;// 事件对应的领域模型
}

public class AccountChangedEvent extends DomainEvent<AccountMessage> {
}
```

说到这里，很多读者会提出这样一个问题：领域事件应该由 DDD 中哪个组件进行发布，又由哪个组件进行消费呢？这是一个很好的问题，图 9-14 展示了领域事件的生成和消费过程，以及其组件。

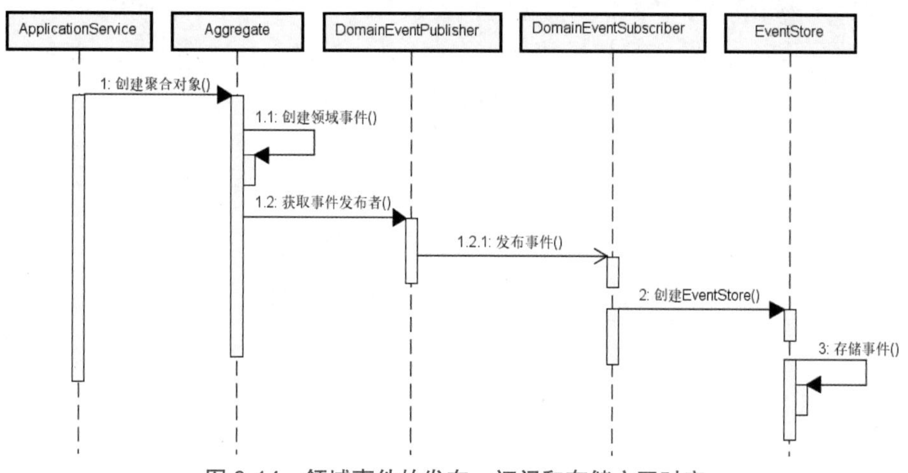

图 9-14 领域事件的发布、订阅和存储交互时序

在图9-14中，我们看到了用于发布和订阅领域事件的DomainEventPublisher和DomainEventSubscriber组件，也看到了用于对事件进行持久化存储的EventStore组件。请注意，图9-14展示的领域事件的创建过程发生在聚合对象中。我们有时候将这种能够生成领域事件的聚合称为事件感知聚合。事件感知聚合的一种实现方法如下。

```
public abstract class DomainEventAwareAggregate {
    private final List<Domainevent> events = newArrayList();

    protected void raiseEvent(DomainEvent event) {
        this.events.add(event);
    }
    void clearEvents() {
        this.events.clear();
    }
    List<Domainevent> getEvents() {
        return Collections.unmodifiableList(events);
    }
}

public class Order extends DomainEventAwareAggregate {
    public void changeAddressDetail(String detail) {
        ...
        raiseEvent(new OrderAddressChangedEvent(getId().toString(),
detail, address.getDetail()));
    }
}
```

可以看到，DomainEventAwareAggregate保存了一组领域事件。而通过继承Domain-EventAwareAggregate，聚合对象可以自动获取事件生成能力。

另一种可能生成事件的组件是资源库。我们同样把这类资源库称为事件感知资源库，示例代码如下。

```java
public abstract class DomainEventAwareRepository {
    @Autowired
    private DomainEventRepository eventRepository;

    public void save(Aggregate aggregate) {
        eventRepository.insert(aggregate.getEvents());
        aggregate.clearEvents();
        doSave(aggregate);
    }

    protected abstract void doSave(Aggregate aggregate);
}

public class OrderRepository extends DomainEventAwareRepository<Order> {
    @Override
    protected void doSave(Order order) {
        ...
    }
}
```

显然，事件感知资源库自身就具备对事件进行持久化的能力，屏蔽了事件存储上的技术复杂度。

当考虑领域事件的实现过程时，我们需要考虑它的两大类处理场景——单个限界上下文场景和跨多个限界上下文场景。

- 单个限界上下文场景。在单个限界上下文场景中，如果采用事件感知聚合的设计方法，那么需要捕获聚合中的状态变化，并生成领域事件。
- 跨多个限界上下文场景。如果将聚合中捕获的状态变化传播到其他限界上下文，那么需要实现在不同限界上下文之间发布和消费领域事件。图 9-15 给出了这一场景下的一种交互方式。

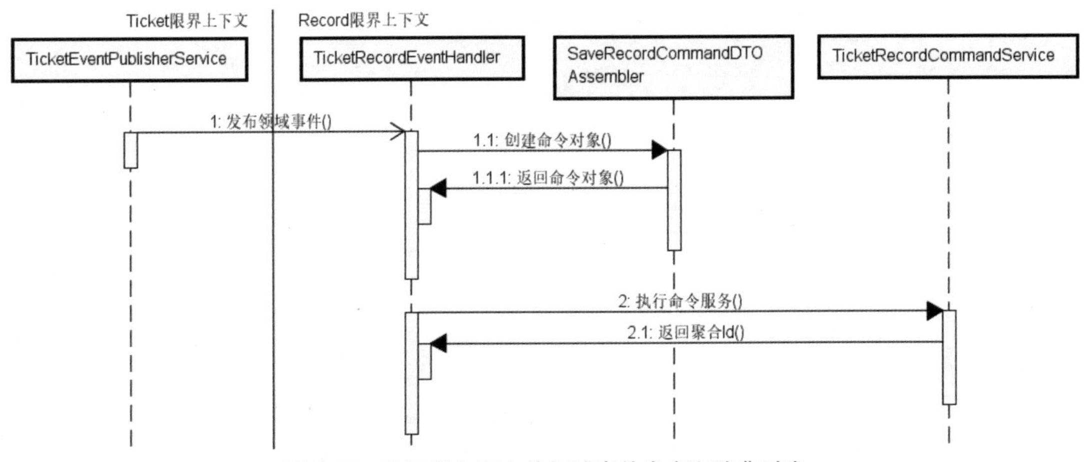

图 9-15 跨限界上下文的领域事件发布和消费时序

在图 9-15 中，可以看到，在 Ticket 限界上下文中，我们发布了一个领域事件，该领域事件被 Record 限界上下文所消费，并生成一个命令对象。所生成的命令对象被传入命令服务，而命令服务会进一步操作 Record 限界上下文中聚合的状态变化，从而实现业务状态的变化在不同限界上下文之间的传递，这就是领域事件的价值所在。

领域事件有很多优势，它实现了限界上下文之间的解耦，有助于人们理解和设计合理的领域模型，并提供了一种代表系统运行状态的数据源。同时，领域事件还为实现事件溯源和 CQRS（命令查询的责任分离）架构提供了基础。我们将在第 11 章中详细讨论这两种架构模式。

9.4 基础设施

基础设施是 DDD 战术设计的组成部分之一，也是与技术实现耦合度最高的一部分组件。在日常开发中，常见的基础设施主要包括两部分——资源库和消息通信。

1. 资源库

基础设施的一大功能就是提供各种资源库的实现。应用服务依赖领域模型中的资源库定义，并使用基础设施提供的资源库实现。通常可以使用依赖注入完成资源库实现在应用服务中的动态注入，如图 9-16 所示。

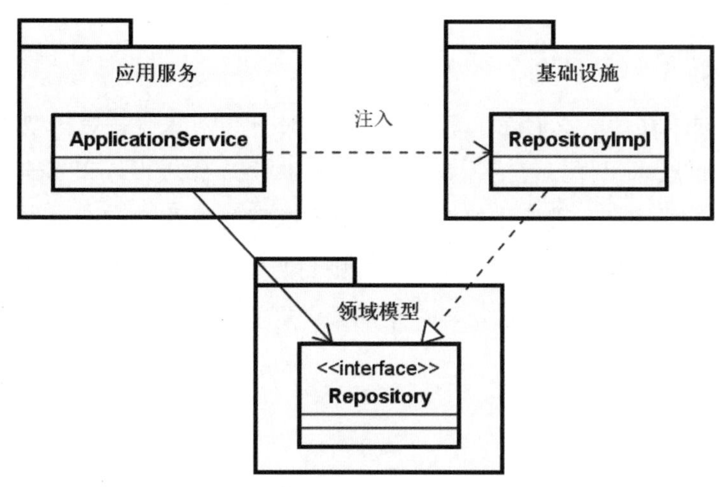

图 9-16　资源库的定义、实现和注入

2. 消息通信

针对领域事件的实现过程，我们一般也会引入各种消息中间件，这部分内容同样属于基础设施的组成部分。图 9-17 展示了基础设施中的消息通信机制。

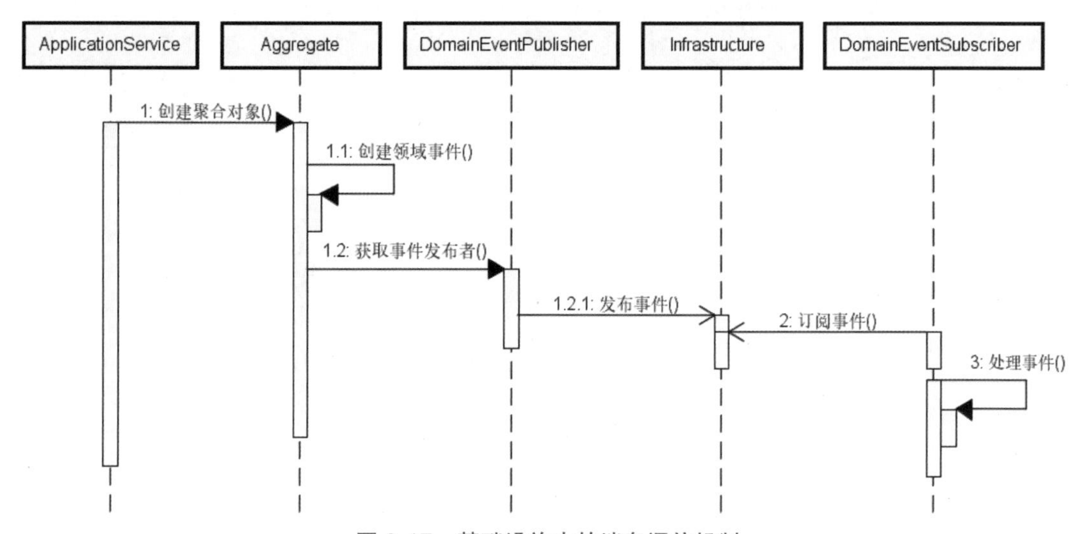

图 9-17　基础设施中的消息通信机制

当然，在 DDD 应用中，基础设施的表现形式还有很多，涉及安全性、性能、可用性等多个维度。这部分内容更多偏向技术实现本身，而与领域建模无关，因此不是 DDD 的重点。

9.5 本章小结

对于 DDD 战术设计，我们除了掌握聚合、实体和值对象等领域模型对象以外，还需要引入一组独立的技术组件，包括领域服务、应用服务、领域事件和基础设施。其中，引入领域服务概念的原因在于现实中的很多业务操作需要多个聚合相互协作，而应用服务对外面向用户界面、领域事件和基础设施，对内则封装领域模型。本章详细讨论了这些独立技术组件的概念、定位及设计方法，可以帮助读者更好地梳理 DDD 战术设计的全貌。

第 10 章 战术设计工作坊演练

在第 7 章～第 9 章中，我们介绍了 DDD 战术设计的核心内容，并引出了 DDD 中的一组核心概念，包括实体、值对象、聚合、工厂、资源库、领域服务、应用服务和领域事件等。基于这些概念，我们就可以在 DDD 战略设计的基础上梳理和提炼领域对象。

本章将进入 DDD 工作坊的第三阶段——战术设计工作坊演练阶段。该阶段在整个 DDD 工作坊中所处的位置及产出如图 10-1 所示。

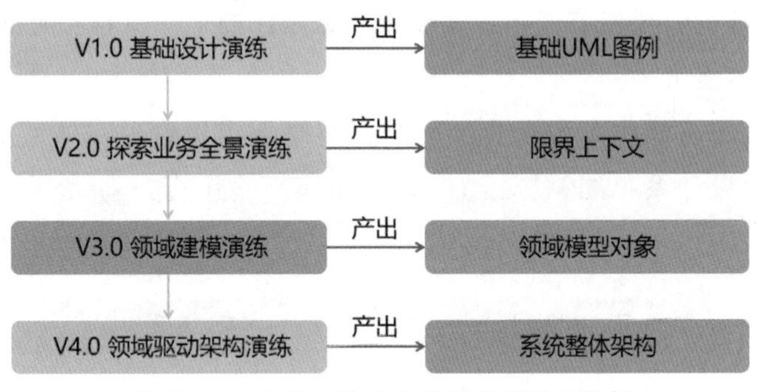

图 10-1　DDD 工作坊中的战术设计工作坊

在 DDD 战术设计工作坊中，我们将对论坛系统已经构建的限界上下文进行细化，重点完成对每个限界上下文中聚合对象的设计，以及对业务操作的梳理。

10.1　案例系统战术设计

在本节，我们将展示围绕论坛系统开展 DDD 战术设计工作坊的过程。同样，首先明确这一阶段的目标和流程。

10.1.1　战术设计目标

DDD 工作坊第三阶段的设计思路是让读者能够基于案例完成细粒度的、偏向工程实现的系统设计，并梳理各个领域模型对象。在第二阶段的基础上，我们将引入各个具体的领域模型对象来设计一版方案。本阶段的主要目标如下。

- 基于各个领域模型对象，小组充分沟通，形成战术设计，重点是完成聚合对象的设计。
- 复用第二阶段产物，完成领域模型的设计，作为第四阶段——系统整体架构设计的输入。

客观地说，相较于战略设计工作坊，战术设计工作坊的实施过程比较简单，原因在于战术设计本质上是对基础设计和战略设计部分的产物进行细化而不是重新规划，关于论坛系统的类层结构及聚合对象在前面的工作坊中都已经做了分析和讨论。同时，和战略设计部分一样，战术设计部分的产物也会一直沿用到整个案例结束。

10.1.2 战术设计流程

遵循 DDD 工作坊的开展方式，首先梳理战术设计的工作流程和时间安排。

1. 工作流程

在战术设计工作坊演练阶段，我们已经完整掌握了聚合、实体、值对象等概念，并能够应用这些概念设计系统的领域模型。针对论坛系统，这一阶段的工作流程如图 10-2 所示。

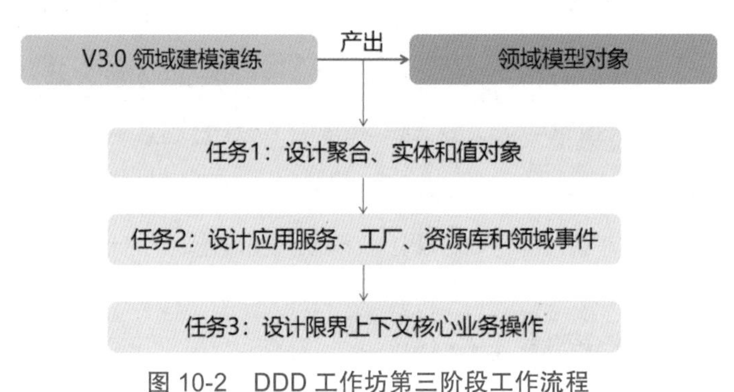

图 10-2 DDD 工作坊第三阶段工作流程

可以看到，在该阶段，每个小组需要完成 3 个任务，这些任务的交付物分别如下。

- 一组领域模型对象，核心是聚合、实体和值对象辅助。
- 一组围绕聚合对象展开的 DDD 技术组件。
- 限界上下文核心操作，表现为一组接口方法。

2. 时间安排

对于论坛系统这种规模的案例系统，我们可以参照如下方案来安排时间。

- 任务时间：50 分钟完成战术设计各种技术组件的提炼。
- 展示时间：每组上台展示和点评 8~10 分钟。

如果整个工作坊的参与人员为 60 人，每组按 10 人进行划分，那么整个战术设计阶段学员参与的时间、讲师最后的总结和点评时间控制在 2 小时左右比较合适。

在战术设计工作坊演练阶段，主要用到的物料是大白纸、水笔和各种通用的便利贴。

10.2　战术设计工作坊演练环节

通过战术设计工作坊，我们将实现对论坛系统领域模型对象的建设，这个阶段我们需要完成聚合、实体、值对象、领域事件和应用服务的提炼等演练环节。

10.2.1　战术设计效果展示

在开展战术设计工作坊之前，我们需要明确战术设计的交付成果，包括目前为止已经介绍的所有 DDD 技术组件，以及限界上下文的核心操作。

1. 领域对象效果

在第 6 章介绍的 DDD 战略设计工作坊演练阶段，我们已经明确了命令、事件及聚合。因此，在战术设计环节，我们重点关注实体、值对象、工厂、资源库及应用服务的提炼。图 10-3 展示了在单个限界上下文中包含这些领域对象的示例效果。

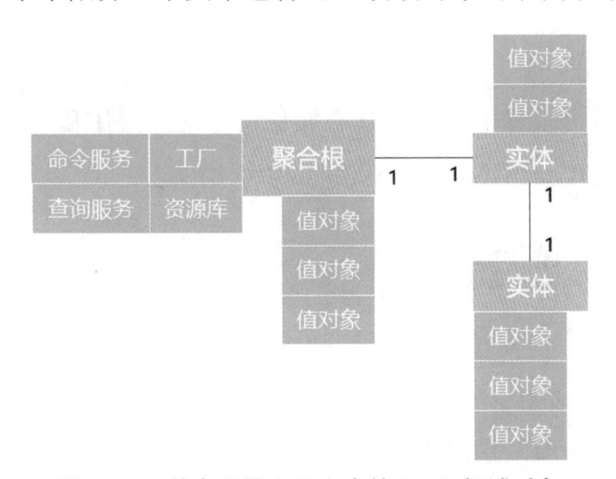

图 10-3　单个限界上下文中的 DDD 领域对象

可以看到，工厂、资源库及应用服务均围绕聚合根展开，聚合根既可以包含实体，也可以包含值对象。对于实体，同样也可以包含实体和值对象。

在战术设计阶段，我们需要对聚合的合理性进行判断，并进一步提炼实体对象，这是这一阶段的关键工作。对于提交的聚合和实体对象，我们统一用黄色便利贴进行标识，以区别用绿色便利贴标识的值对象和其他组件。同时，我们也需要进一步明确聚合和实体、实体和实体之间的关联关系，图 10-3 展示了这种关联关系。

接下来将讨论范围扩大到多个限界上下文。在多个限界上下文中，除了明确各个限界上下文的内部结构以外，还需要明确限界上下文之间的交互关系，示例效果如图 10-4 所示。

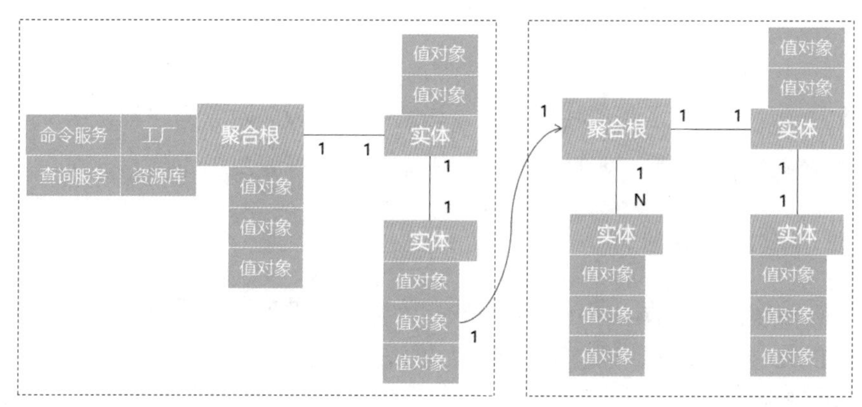

图 10-4　多个限界上下文的领域对象交互关系示例

在图 10-4 中，我们注意到某一个限界上下文中的值对象可能会与另一个限界上下文中的聚合根存在依赖关系，这在逻辑上是合理的，但在设计上需要引入上下文映射技术消除这种依赖关系。

2. 领域操作效果

接下来需要明确每个限界上下文的核心操作，包括读操作和写操作。这部分内容将通过具体方法名的形式进行展示，示例效果如图 10-5 所示。

限界上下文A

写方法1	写方法2	写方法3
读方法1	读方法2	读方法3

图 10-5　限界上下文中的领域操作示例

在图 10-5 中，我们基于某一个限界上下文列出了其中的各种核心方法，这些方法都可以与应用服务实现过程中所暴露的访问入口一一对应。

10.2.2　设计聚合、实体和值对象

在战略设计阶段，我们已经基于事件风暴方法完成了对论坛系统中聚合的分析，提炼了

ForumBoard、Post、Thread、Account、Tag 及 Subscription 等聚合，并完成了限界上下文之间的映射。接下来，我们将对论坛系统中的聚合进行更细粒度的解析，并提炼实体和值对象。

在本节中，我们无意对所有的聚合进行全面的分析，而是重点展示帖子相关业务场景下的交付成果。在事件风暴方法中，我们已经明确了该场景下同时存在 Post 和 Thread 聚合，即所谓的双聚合模式，它们都属于 Post 上下文。然后，我们同样结合事件风暴梳理了 Post 上下文与其他上下文之间的交互关系，明确了 Post 上下文与 Account 上下文、ForumBoard 上下文、Tag 上下文、Subscription 上下文之间存在交互。图 10-6 展示了战略设计阶段的交付结果，读者可以结合第 6 章内容进行回顾。

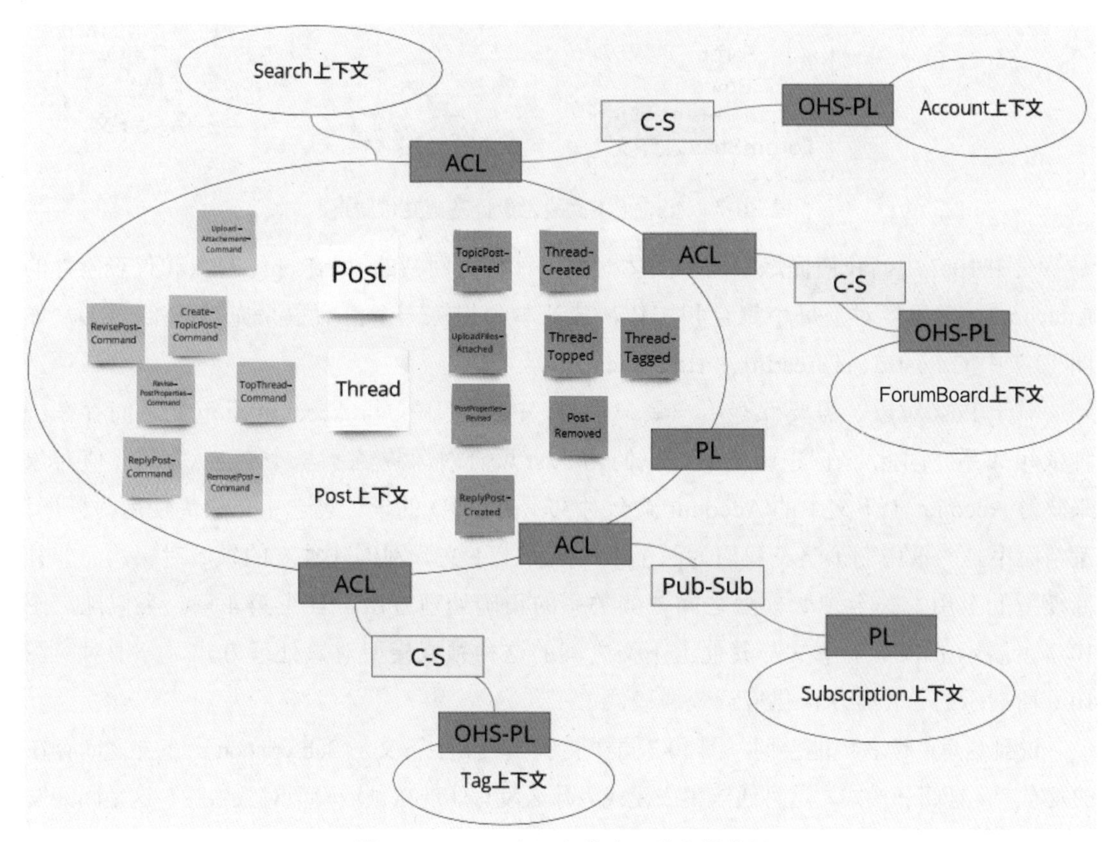

图 10-6　Post 上下文战略设计交付结果

围绕图 10-6，战术设计的目标是提炼实体和值对象，并明确上下文之间的交互关系在这些领域对象中的表现方式。例如，图 10-6 展示了 Post 上下文与 ForumBoard 上下文之间的通信集成模式是客户 – 供应商模式，那么这一模式在领域对象设计过程中如何体现呢？图 10-7 展示了战术设计基础交付结果。

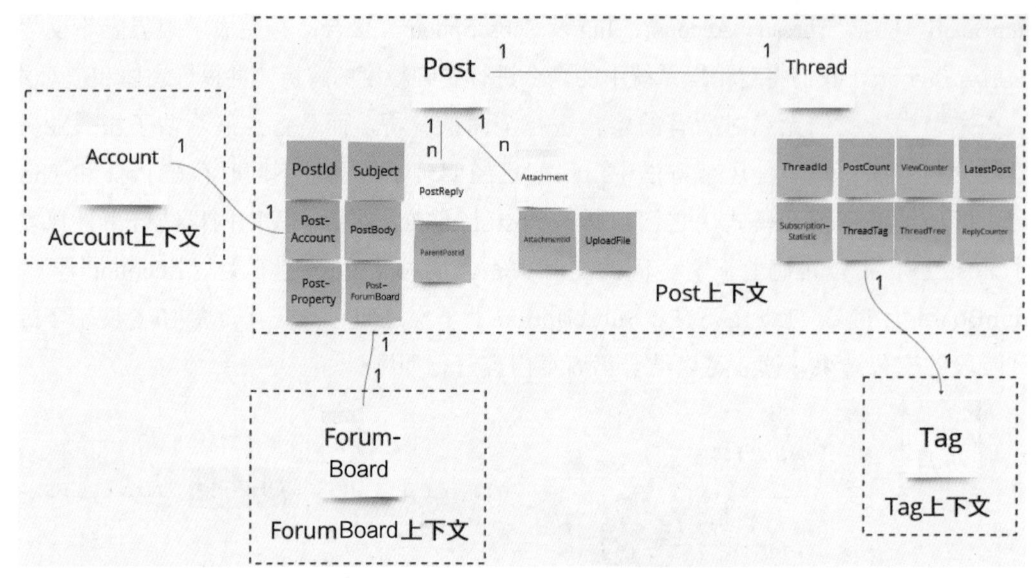

图 10-7　Post 上下文战术设计基础交付结果

在图 10-7 中，我们提炼了两个实体对象——代表回帖的 PostReply 对象和代表附件的 Attachment 对象。对于每个聚合和实体，建议单独提炼一个值对象来充当其唯一 ID，如图 10-7 中的 PostId、ThreadId、AttachmentId 等。

对于 Post 对象，需要保存用户账户信息，Post 上下文与 Account 上下文之间存在一种依赖关系。因此，在图 10-7 中，我们为 Post 聚合对象提炼了一个 PostAccount 值对象来映射 Account 上下文中的 Account 聚合对象。在 DDD 的设计理念中，崇尚使用“分离”策略而不是“重用”策略。我们为两个不同限界上下文分别创建独立的领域对象，而非领域模型的重用。关于领域模型之间依赖关系的正确处理方法，详见第 4 章。类似地，图 10-7 也展示了 Post 上下文与其他上下文之间的这种领域模型对象处理方式，分别对应图 10-6 所展示的 3 种客户 – 供应商集成模式。

说到这里，读者可能会问，图 10-7 同样展示了 Post 上下文与 Subscription 上下文之间存在的发布者 – 订阅者模式，这种通信集成模式为什么没有体现在领域模型对象中呢？这是因为发布者 – 订阅者模式的本质是解耦，解耦之后的限界上下文之间不应该存在领域对象之间的直接交互。

10.2.3　设计事件和服务

如果在战略设计工作坊演练阶段采用了事件风暴方法，那么在战术设计工作坊演练阶段提炼事件和服务将非常容易。图 10-8 展示了添加了事件和服务的 Post 上下文战术设计交付结果。

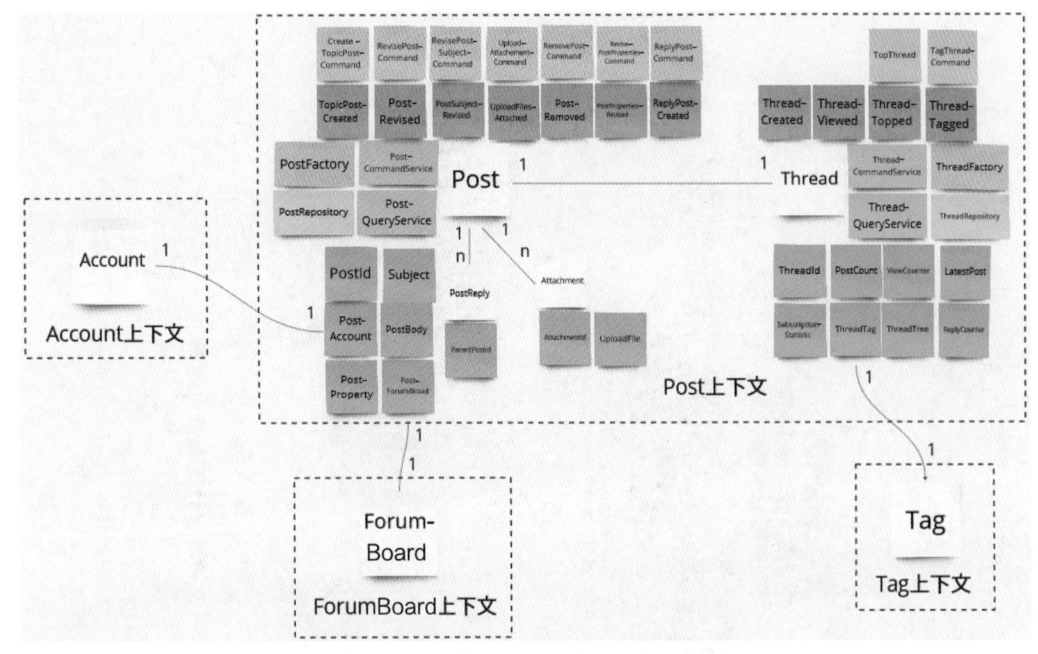

图 10-8　Post 上下文战术设计完整交付结果

不难看出，在战术设计工作坊开展过程中，我们只需要将在事件风暴阶段已经交付的各个命令和事件粘贴到聚合对象的周围，并补充工厂、资源库、命令服务和查询服务。而聚合、工厂、资源库、命令服务和查询服务都是很明确的，所以完成这一步骤的过程非常可控。

图 10-9 展示了在论坛系统中添加了聚合、实体、值对象、工厂、资源库、应用服务及领域事件后的最终交付结果，供读者参考。

10.2.4　设计限界上下文核心业务操作

对于论坛系统中的每个限界上下文，我们都可以提炼它的核心业务操作。图 10-10 展示了 Post 上下文中业务操作的交付结果。

可以看到，这里罗列了创建首帖、创建回帖、更新帖子、删除帖子、为帖子打标签、置顶帖子等一系列写操作，以及获取帖子相关的一组读操作。通过这些业务方法，技术人员就可以对限界上下文所需要暴露的业务入口有一个全面的理解。

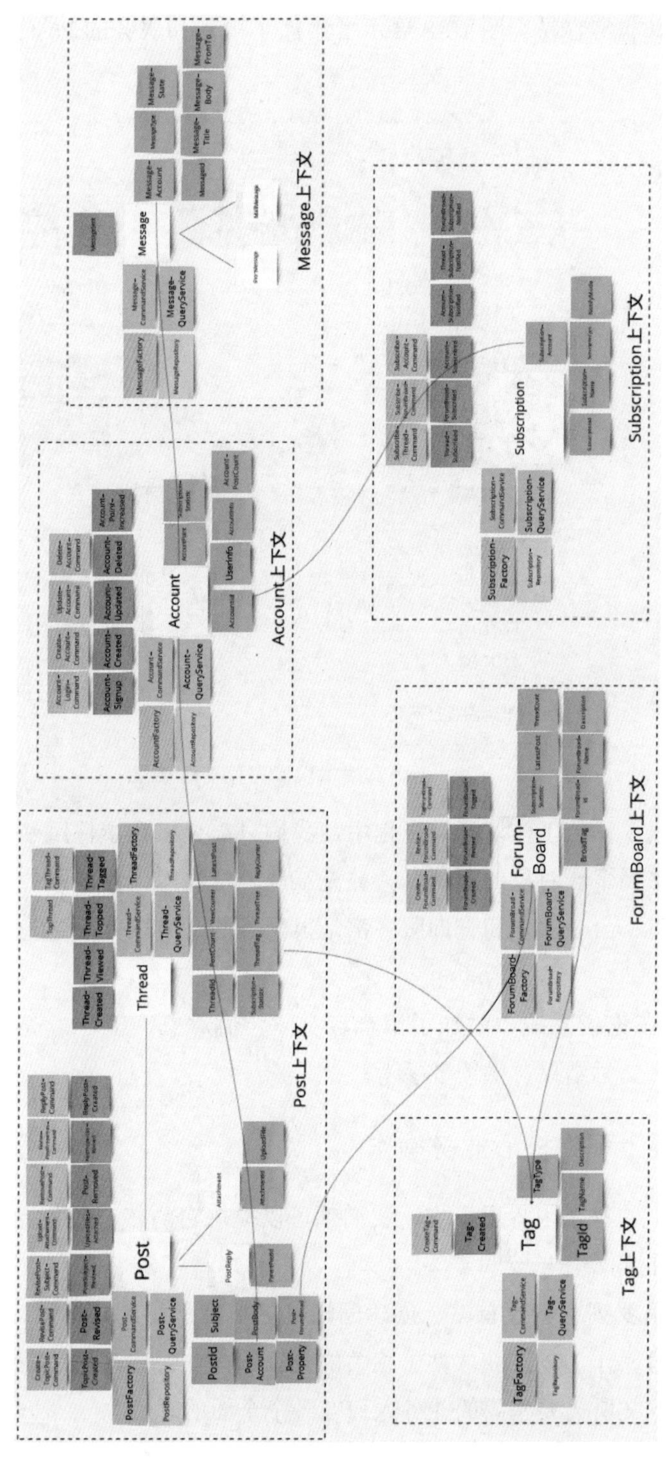

图 10-9 论坛系统各个上下文战术设计完整交付结果

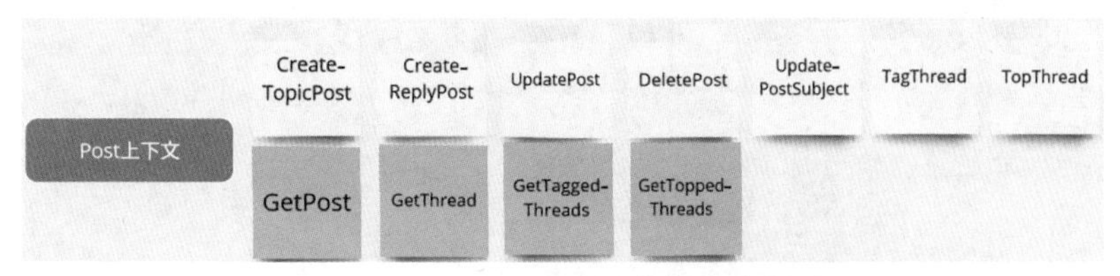

图 10-10　Post 上下文业务操作交付结果

图 10-11 展示了在论坛系统中所有上下文中核心业务操作的最终交付结果，供读者参考。这里唯一需要说明的就是对于 Search 上下文，在战术设计阶段同样需要明确它所具备的业务操作方法。

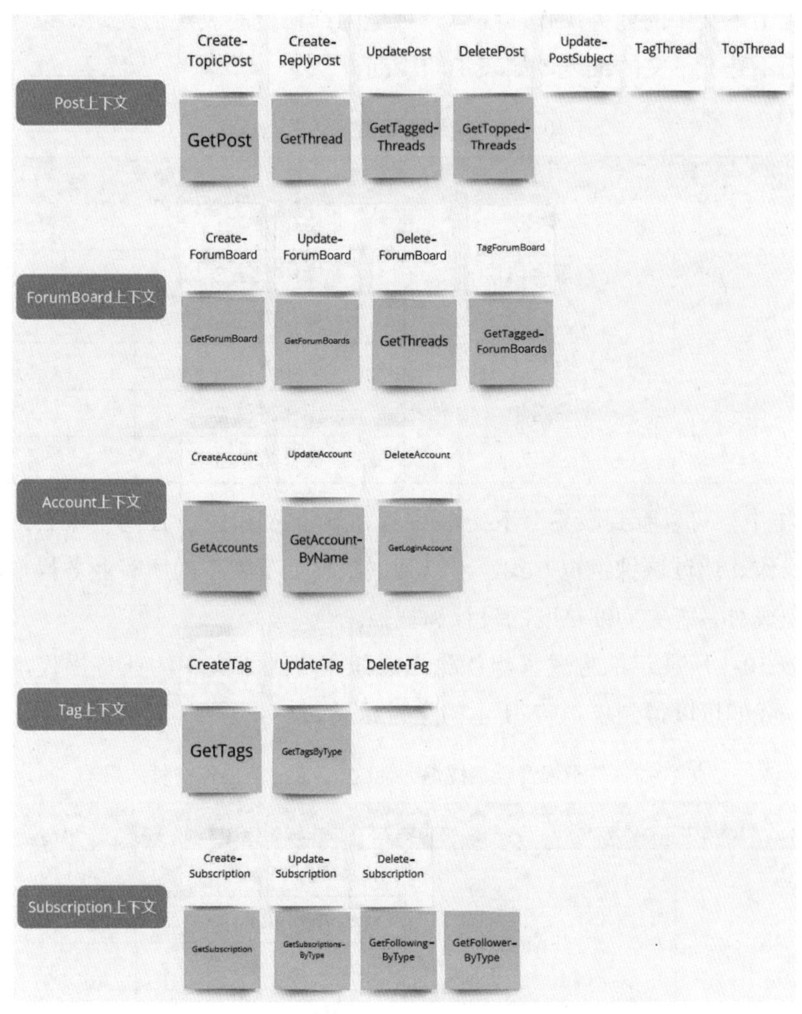

图 10-11　论坛系统所有上下文业务操作交付结果

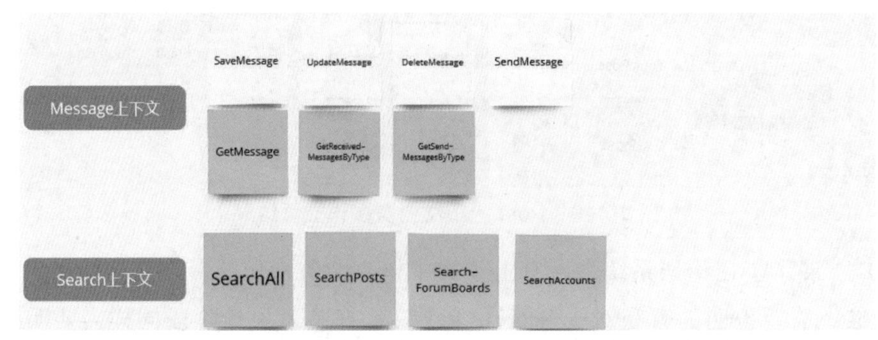

图 10-11 论坛系统所有上下文业务操作交付结果（续）

关于限界上下文中的业务操作，还有一种更为细粒度的表现形式，即以聚合的维度提炼操作方法而不是上下文的维度，如表 10-1 所示。

表 10-1 基于聚合维度提炼业务操作

限界上下文	聚合	业务操作	读写类型
限界上下文 X	聚合 A	操作方法 1	读
		操作方法 2	写
		操作方法 3	读
	聚合 B	操作方法 1	读
		操作方法 2	读
		操作方法 3	写

在表 10-1 中，可以看到限界上下文 X 中存在聚合 A 和聚合 B 两个聚合，两者各自包含一组读写操作。通过这种组织方式，可以列举限界上下文中的所有业务操作，从而从战术设计维度完成对系统更为细粒度的设计和把控。

如果以表 10-1 所展示的方式来组织论坛系统限界上下文中的业务操作，那么，对于 Post 上下文，我们可以得到表 10-2 所示的交付结果。

表 10-2 基于聚合维度提炼 Post 上下文业务操作交付结果

限界上下文	聚合	业务操作	读写类型
Post 上下文	Post	CreateTopicPost	写
		CreateReplyPost	写
		UpdatePost	写
		DeletePost	写

续表

限界上下文	聚合	业务操作	读写类型
Post 上下文	Post	UpdatePostSubject	写
		GetPost	读
	Thread	TagThread	写
		TopThread	写
		GetThread	读
		GetTaggedThreads	读
		GetToppedThreads	读

对应地，在 DDD 战术设计工作坊中，也可以根据需要使用不同的帖子对业务操作方法进行细化管理。

10.3　战术设计工作坊演练最佳实践

当开展 DDD 战术设计工作坊时，设计聚合、实体和值对象存在一定的方法和技巧。在本节中，笔者结合论坛系统的业务场景及实训经验梳理了一组最佳实践。

10.3.1　聚合的设计

聚合的设计是 DDD 战术设计工作坊演练阶段的一大重点和难点，而论坛系统中聚合的设计过程也存在一些注意点。

1. 再论双聚合

在第 6 章中，我们基于事件风暴方法讨论了 Post 上下文中写模型的处理方式，并提出了双聚合的设计思想——Post 聚合和 Thread 聚合并存。而在本章开展的战术设计工作坊中，我们进一步明确双聚合思想的落地方案，具体表现如下。

- Post 聚合：包含首帖和回帖相关操作。
- Thread 聚合：包含帖子相关其余外部功能。

通过 10.2 节梳理的 Post 上下文核心业务操作，我们明确了 Post 和 Thread 这两个聚合分别承担的角色和职责。请注意，在 Post 上下文中引入双聚合思想一个非常重要的原因就是双聚合可以避免出现领域服务。

试想一下，如果在 Post 上下文中只存在一个 Post 聚合，那么需要处理多个帖子之间的关联关系，如置顶帖子本质上是对首帖及其所有帖子的操作。此时，如果想实现置顶操作，就需要单独提炼一个领域服务来处理首帖和所有子帖的这种复杂关系。显然，这不是人们想要看到的结果。对于 DDD，领域服务本质上是一种反模式，是领域设计建模的最后选择，应尽量避免采用这种模式。关于领域服务的详细介绍，读者可以回顾第 9 章的内容。

2. 聚合关联关系的设计

我们接着讨论聚合关联关系的设计注意点。在 DDD 中，当两个不同的限界上下文中出现领域模型对象的依赖时，具体来说出现聚合和聚合之间的依赖时，通常的方法是为主聚合配备一个独立的值对象，然后让这个值对象与从聚合进行映射。图 10-12 展示了这种设计方法。

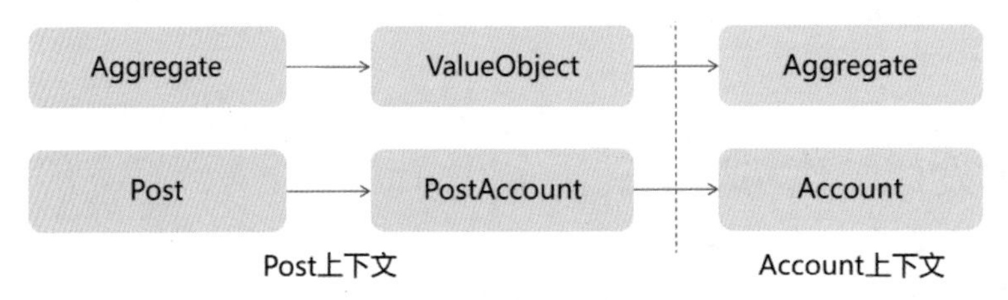

图 10-12　论坛系统聚合关联关系设计

在图 10-12 中，我们在 Post 上下文中为 Post 聚合专门提炼了一个 PostAccount 值对象，用于与 Account 上下文中的 Account 聚合进行映射，从而使两者有效分离。

10.3.2　值对象的设计

基于 DDD 战术设计思想和实践方法，会发现在一个系统中会出现大量的值对象，对于论坛系统，这点同样适用。那么，如何合理且有效地提炼值对象呢？我们将结合论坛系统来梳理注意点。

1. 值对象的粒度设计

关于值对象，首先值得讨论的一个话题是粒度问题。也就是说，我们应该设计大而全的值对象，还是设计小而美的值对象呢？关于这个问题显然没有标准答案，但有一个可供参考的标准：值对象的设计应该避免频繁改变聚合的结构。

针对这条参考标准，建议使用自定义数据结构来标识值对象。例如，围绕 Post 聚合，我们提炼了如下 3 个自定义数据结构。

- Subject：针对帖子的主题，专门提炼一个 Subject 对象，而不是一个 String 类型的基础数据结构。

- PostBody：针对帖子的内容，提炼一个独立的 PostBody 对象，而不是一个 String 字符串。
- PostProperty：针对帖子的各项属性，提炼一组 PostProperty 对象，每个 PostProperty 都是一组键值对。

在日常开发中，随着系统的演进，很可能出现需要调整 Post 聚合中业务数据的情况，如添加一个新的属性，或者为帖子主题添加一个专用的标志位等。此时可以直接对现有的 Subject 和 PostProperty 进行重构，而无须对 Post 聚合对象进行调整。如果使用的是基础数据结构，那么势必需要在原有 Post 聚合对象中添加新的字段，只有这样才能满足业务需求，但这不是人们期望的结果。

2. 状态统计属性的设计

如果读者仔细分析论坛系统中的业务逻辑，会发现系统中存在很多代表状态统计属性的业务数据，例如下面这些。

- 用户提交的帖子数（AccountPostCount）。
- 用户的订阅数（SubscriptionStatistic）。
- 帖子的查看数（ViewCounter）。
- 一个帖子下的回帖数量（ReplyCounter）。
- 版块的最新一个帖子（LatestPost）。

这些状态统计类数据本质上代表的是系统的一种可变性。在 DDD 中，建议将这些状态统计类数据设计为独立的状态统计属性对象，分离聚合的不变性和可变性，正如我们在论坛系统中所设计的那样。

10.4　本章小结

本章围绕 DDD 战术设计工作坊展开介绍。在战术设计工作坊演练阶段，首先需要明确工作坊开展的目标和流程。而针对战术设计工作坊，我们重点设计了聚合、实体、值对象、领域事件、应用服务等核心组件。借助论坛案例系统，本章还针对这些技术组件给出了对应的交付结果，同时完成了对案例系统中限界上下文核心业务操作的梳理。

开展战术设计工作坊时，领域模型对象的设计是一大挑战。我们需要关注聚合的设计结果，考虑值对象的粒度是否符合业务需求，并针对业务状态合理提炼值对象。

架构设计篇

本篇是全书的最后一篇，关注DDD架构设计的方法和实践。DDD的实现可以采用不同的架构风格，目前主流的有经典分层架构、整洁架构和六边形架构等。同时，在日常应用过程中，我们通常会将DDD、CQRS架构及事件溯源架构整合在一起使用。本篇将对这些主流的架构风格和体系进行详细讨论。

同样，在战术设计篇的基础上，本篇继续讨论案例系统，并形成案例系统的架构设计，即产出案例系统V4.0——最终版本。

第 11 章
领域驱动实现架构

DDD 的实现可以采用不同的架构模式，其中最基本的是经典分层架构。经典分层架构关注如何管理组件之间的依赖关系。除了经典分层架构以外，常见的 DDD 架构模式还包括整洁架构和六边形架构。其中，前者同样是一种有效的分层架构模型，而后者则侧重于实现与外部系统之间的合理交互。在战略设计和战术设计的基础上，本章将逐一分析上述 DDD 架构模式。通过分析对比，相信读者会发现这些架构模式都有异曲同工之效。

在实施 DDD 的过程中，架构模式为人们提供了架构设计的指导思想，而微服务架构、CQRS 架构、事件溯源架构等业界主流的架构体系为人们提供了架构设计的落地方案。我们需要将 DDD 架构模式与这些主流架构体系进行融合，确保 DDD 能够真正落地。在本章中，我们同样会针对 DDD 的架构考量点展开讨论，并给出架构落地的最佳实践。

11.1 常见领域驱动架构模式

作为一种系统建模方法，DDD 同样涉及系统的体系架构设计。有别于分布式、事件驱动、消息总线等架构设计方法，DDD 中的架构设计关注前面各章所介绍的聚合、实体、值对象、领域事件、应用服务及资源库之间的交互方式和风格，并在设计思想上有其独特的考虑。本节将针对 DDD 特有的架构模式展开讨论，包括经典分层架构、整洁架构及六边形架构。

11.1.1 DDD 经典分层架构

在软件开发中，分层架构是最常见，也是最基础的一种架构模式。例如，针对一个 Web 应用程序，可以梳理出图 11-1 所示的架构图。

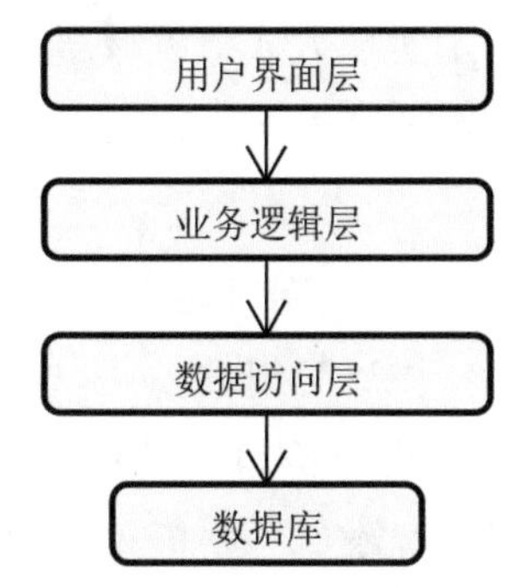

图 11-1　Web 应用程序分层架构

图 11-1 展示的是经典的三层架构，包括用户界面层、业务逻辑层和数据访问层。最终，由系统操作数据库完成业务数据的持久化。本节将在经典三层架构的基础上详细分析 DDD 中的分层架构模式。

1. 错误的 DDD 分层架构

在图 11-1 的基础上，原则上我们可以设计四层架构、五层架构等多种多层架构体系。每一层次之间通过接口进行交互，既可以严格限制跨层调用，也可以支持部分功能的跨层交互以提供分层的灵活性。图 11-2 展示了基于通用分层架构构建的 DDD 经典分层架构。

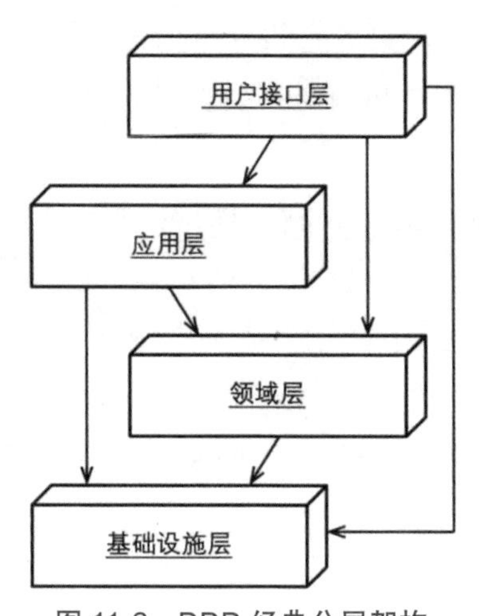

图 11-2　DDD 经典分层架构

暂且不论图 11-2 中展示的分层交互是否合理，我们先来讨论图中所展示的分层组件。本质上，分层架构用于处理组件之间的依赖关系。图 11-2 展示了 DDD 包含的如下 4 种核心组件。

- 基础设施层组件。基础设施层组件的范围比较广泛，既包括通用的工具类服务，也包括数据持久化等具体的技术实现方式。领域层组件中的部分抽象接口（如资源库接口）通过基础设施提供的服务才能实现，所以基础设施层组件与领域层组件存在依赖关系。

- 领域层组件。领域层组件代表整个 DDD 应用程序的核心，包括聚合、实体、值对象、领域事件、应用服务、资源库等组件。
- 应用层组件。应用层组件面向用户接口，是系统对领域模型组件的一种简单封装，通常作为一种门面或网关对外提供统一访问入口，在用户接口和领域模型之间起到衔接作用。同时，因为基础设施层组件是对领域模型组件部分抽象接口的具体实现，所以应用层组件也会使用基础设施层组件来完成业务操作。
- 用户接口层组件。用户接口层处于系统的顶层，直接面向前端应用，调用应用层组件提供的入口完成用户操作。

基于以上关于 DDD 中技术组件及其依赖关系的分析，我们明确了图 11-2 展示的 DDD 经典分层架构图实际上存在一定的问题，最主要的问题就是领域层组件对基础设施层组件存在依赖，这是不合理的。因为领域层中的资源库接口需要借助具体的数据访问组件才能实现，而数据访问组件属于基础设施层组件，所以是基础设施层组件依赖领域层组件，而非相反。由此可以得出一个结论：设计架构分层的前提是明确系统的核心组件，分层体现的是对这些核心组件的层次和调用关系的梳理。

2. 正确的 DDD 分层架构

那么，应该如何正确设计 DDD 的分层架构呢？为了回答这个问题，我们首先梳理架构分层的如下两个核心问题。

- 领域层组件作为核心组件与其他组件之间存在何种依赖关系？
- 领域层组件的抽象接口由谁去实现？

这两个问题的答案决定了架构分层的不同表现风格。而为了更好地回答这两个问题，我们引入架构设计过程中的一组如下设计原则。

1）依赖性和稳定性原则

组件设计包含一系列原则，其中有 3 条原则与分层有直接关系，分别是无环依赖原则、稳定依赖原则和稳定抽象原则。

无环依赖原则（Acyclic Dependencies Principle，ADP）指的是在组件的依赖关系中不能出现环路。稳定依赖原则（Stable Dependencies Principle，SDP）认为被依赖者应该比依赖者更稳定，也就是说，如果组件 B 不如组件 A 稳定，那么不应该让组件 A 依赖组件

B。稳定抽象原则（Stable Abstractions Principle，SAP）强调组件的抽象程度应该与其稳定程度保持一致。稳定与抽象是相辅相成的，两者之间的关系可以参考图 11-3。

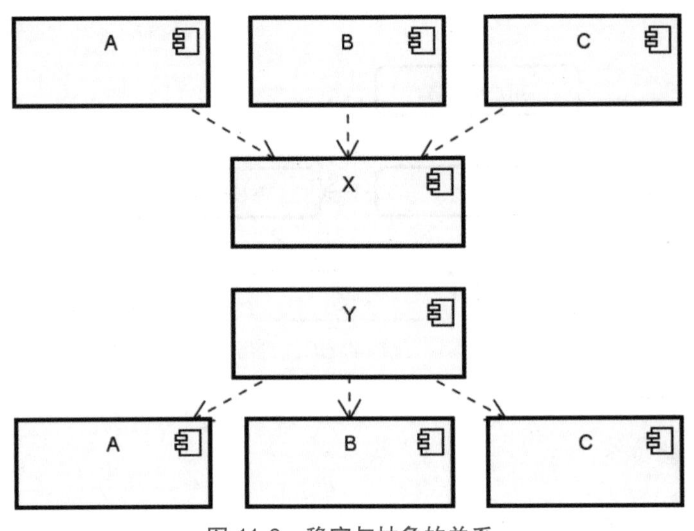

图 11-3 稳定与抽象的关系

在图 11-3 中，组件 X 是一个稳定且抽象的组件，因为它被多个组件所依赖。而组件 Y 则是不稳定的，意味着它不可能很抽象。那么，对于位于同一层级的组件 A、B 和 C，它们的抽象和稳定性又应该如何把控呢？可以使用单一抽象层次原则（Single Level of Abstraction Principle，SLAP）。良好的分层架构要求一个方法中的所有操作都处于相同的抽象层次，即遵循所谓的单一抽象层次原则。

2）依赖倒置原则

领域层组件作为系统的核心组件理应是抽象且稳定的，也就是说它应该位于系统分层的底层，从而能被其他组件所依赖。用户接口层组件直接面向用户，通常是最不稳定的，自然处于系统分层的顶层。而应用层组件处于用户接口层组件和领域层组件之间，这点同样没有异议。只剩下明确基础设施层组件的定位了，也就是回答领域层组件的抽象接口由谁实现这一问题，这需要进一步引入依赖倒置原则。

依赖倒置原则（Dependency Inversion Principle，DIP）也认为，高层组件不依赖底层组件，两者都应该依赖抽象；抽象不依赖细节，细节应该依赖抽象。

我们明确，各种具体的实现技术都不应该包含在领域模型组件中。以数据持久化技术为例，通常先以接口的方式抽象数据访问操作，然后通过依赖注入将实现这些数据访问接口的组件注入领域层中。这些数据访问的具体实现可以统一放在基础设施层组件中，也就是说基础设施层组件实现了领域层组件的抽象接口。

基于以上分析，就可以梳理各个层次之间的关系，从而形成正确的 DDD 分层架构，如图 11-4 所示。

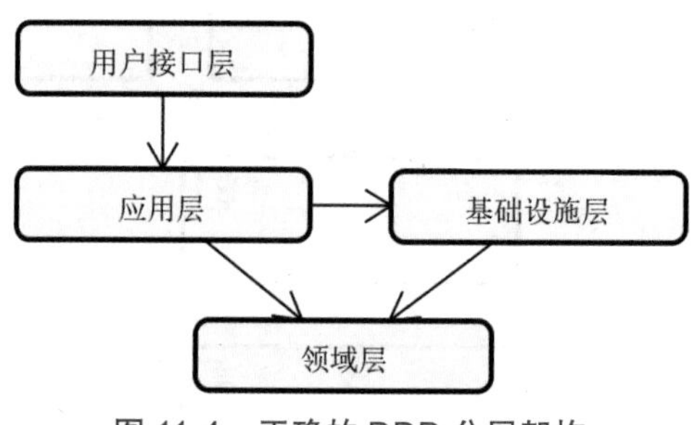

图 11-4　正确的 DDD 分层架构

图 11-4 的表现形式符合前面各种架构设计原则中的描述，我们通过分层架构管理了 DDD 中的组件依赖关系。

11.1.2　DDD 整洁架构

本质上，所谓的整洁架构也是对 DDD 四大技术组件进行合理分层的一种架构模式。在进行架构设计时，整洁架构指导开发人员设计出干净的应用层和领域层，确保它们对业务逻辑的专注度，而不掺杂任何具体的技术实现，从而完成领域模型与技术实现之间的完全隔离。

在整洁架构中，一个 DDD 应用程序可以分为如下 4 层。

- 实体层。实体（Entities）层封装业务规则。请注意，它们封装了企业级的、最通用的规则，并且当外部环境发生变化时，这些实体是最稳定的。
- 用例层。用例（Use Cases）层则包含了具体的应用逻辑，实现了所有的用户用例。这些用例使得内层的实体能够依靠实体内定义的业务规则来完成系统的用户需求。
- 接口适配器层。接口适配（Interface Adapters）层的作用是进行数据的转换，即将面向用户用例和实体层操作的数据结构转换成为能被数据库、消息通信等外部系统接收的数据模型。
- 框架与驱动器层。框架与驱动（Frameworks & Drivers）层由各种技术实现工具组成，常见的包括数据库、Web 框架、消息中间件等。我们将这些组件放在整个应用程序的最外层，它们对整个系统的架构不造成任何影响。

基于这种分层方式，整洁架构的整体结构如图 11-5 所示。

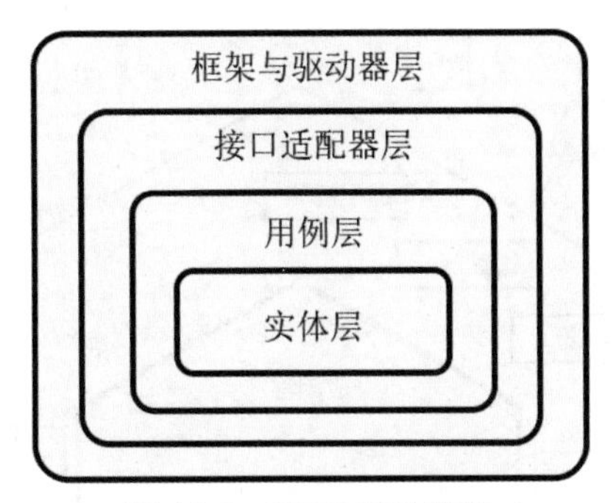

图 11-5　DDD 整洁架构

整洁架构的特性非常明确。层次越靠内的组件依赖的内容越少，位于核心的实体层没有任何依赖。层次越靠内的组件与业务的关系越紧密，越不可能形成通用的组件。实体层封装了企业级的业务规则，准确地说，它应该是一个面向业务的领域模型。而用例层是打通内部业务与外部资源的通道，提供了输出端口与输入端口，但它对外展现的其实是应用逻辑，或者说是一个用例。在接口适配器层中，我们可以进入网关（Gateway）、控制器（Controller）与表示器（Presenter）等具体的适配器组件，用于打通应用业务逻辑与外层的框架和驱动器，从而实现各种用于访问外部资源的适配机制。

11.1.3　DDD 六边形架构

DDD 分层架构实际上是一种松散分层架构，位于流程上游的用户接口层和应用层，以及位于流程下游的具备数据访问功能的基础设施层均依赖领域层，事实上已不存在严格意义上的分层概念。DDD 思想认为应该推平分层架构，不使用严格的分层架构来构建系统，六边形架构（Hexagonal Architecture）应运而生。六边形架构促使人们转换视角，重新审视一个系统。

六边形架构允许一个应用由用户、程序、自动化测试或批处理脚本驱动，并实现与数据库等外部媒介的隔离开发和验证。从设计初衷来说，六角形架构允许隔离应用程序的核心业务并自动测试其行为，这是该架构在 DDD 领域中得到应用的核心原因。图 11-6 展示了 DDD 六边形架构，该图来自软件工程大师 Vaughn Vernon。

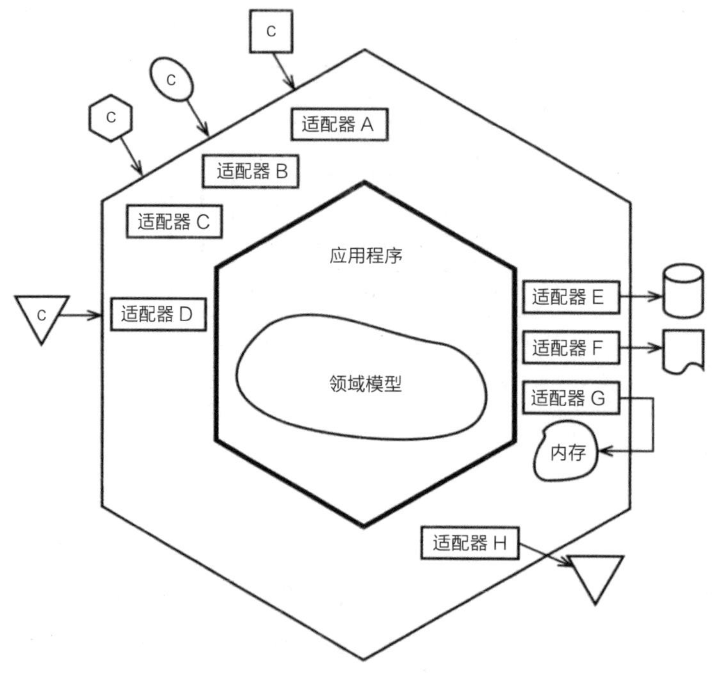

图 11-6 DDD 六边形架构

六边形架构同样表现为一种分层架构，而且也是三层架构，包括应用程序层、领域层和基础设施层，它们之间的依赖关系如图 11-7 所示。

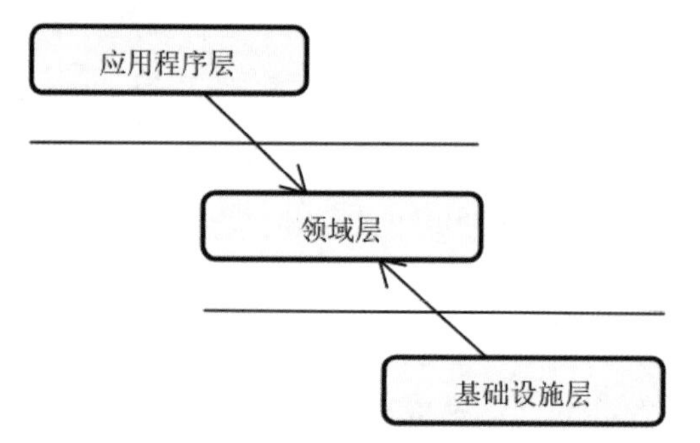

图 11-7 六边形架构中的三层架构及其依赖关系

位于图 11-7 最顶层的是应用程序层，DDD 应用程序与用户或外部程序在此进行交互，通常包含一些系统交互类的代码，如用户界面、REST API 等。领域层位于图 11-7 的中间位置，隔离应用程序和基础设施，包含所有关注和实现业务逻辑的代码。位于图 11-7 最底层的是基础设施层，它包含必要的基础结构类组件，如与数据库交互的代码或者与其他应用程序的 REST API 调用代码。

就依赖关系而言，图 11-7 所示三层架构中的领域层最为稳定和抽象，所以被应用程序层和基础设施层所依赖，而应用程序层和基础设施层之间不应该存在任何依赖关系。这样做的好处是分离了应用程序、业务逻辑和基础架构的关注点，确保每层组件的约束对其他各层组件的影响较小。

最后讨论组件边界。正如图 11-6 所示的那样，在六边形架构中，我们通过引入适配器（Adapter）组件实现与数据库、文件系统、应用程序及其他各种外部组件的集成。

如果采用的是六边形架构，那么系统应该由内而外围绕领域层组件展开，而划分系统的内外部组件成为架构搭建的切入点。可以看到，领域层组件位于六边形架构的最内层，而应用程序层组件也可以包含业务逻辑，从而与领域层组件构成系统的内部基础架构。对于外部组件，它们通过各种适配器实现数据持久化、消息通信、各种上下文集成及与用户交互。基于依赖注入和 Mock 机制，我们可以方便地对适配器组件进行模拟和替换。

11.1.4 DDD 架构的映射性

说到这里，读者可能会问：DDD 经典分层架构、整洁架构、六边形架构等架构模式之间是否存在一些共性呢？答案是肯定的。事实上，通过分析，我们会发现这些架构的底层逻辑是高度一致的。

我们先来看经典分层架构和整洁架构，这两种架构模式的对应关系如图 11-8 所示。

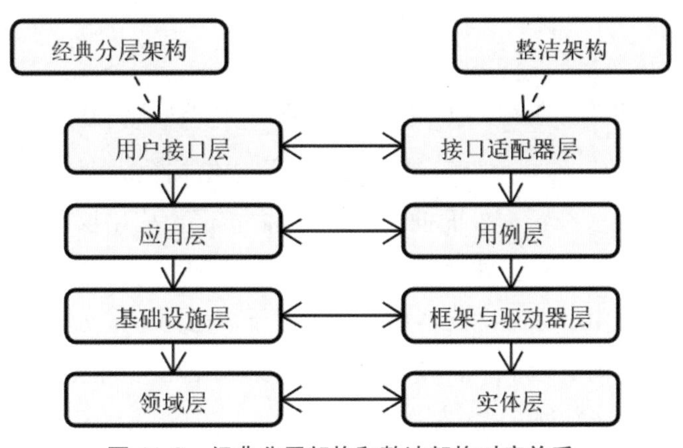

图 11-8 经典分层架构和整洁架构对应关系

通过图 11-8 的表现形式不难看出，整洁架构和分层架构本质上是一致的，不同的只是具体的分层方式而已。

如果将讨论范围扩大到六边形架构，那么可以得到图 11-9 所示的架构对应关系。该图清晰展示了不同架构模式所具备的相通性。

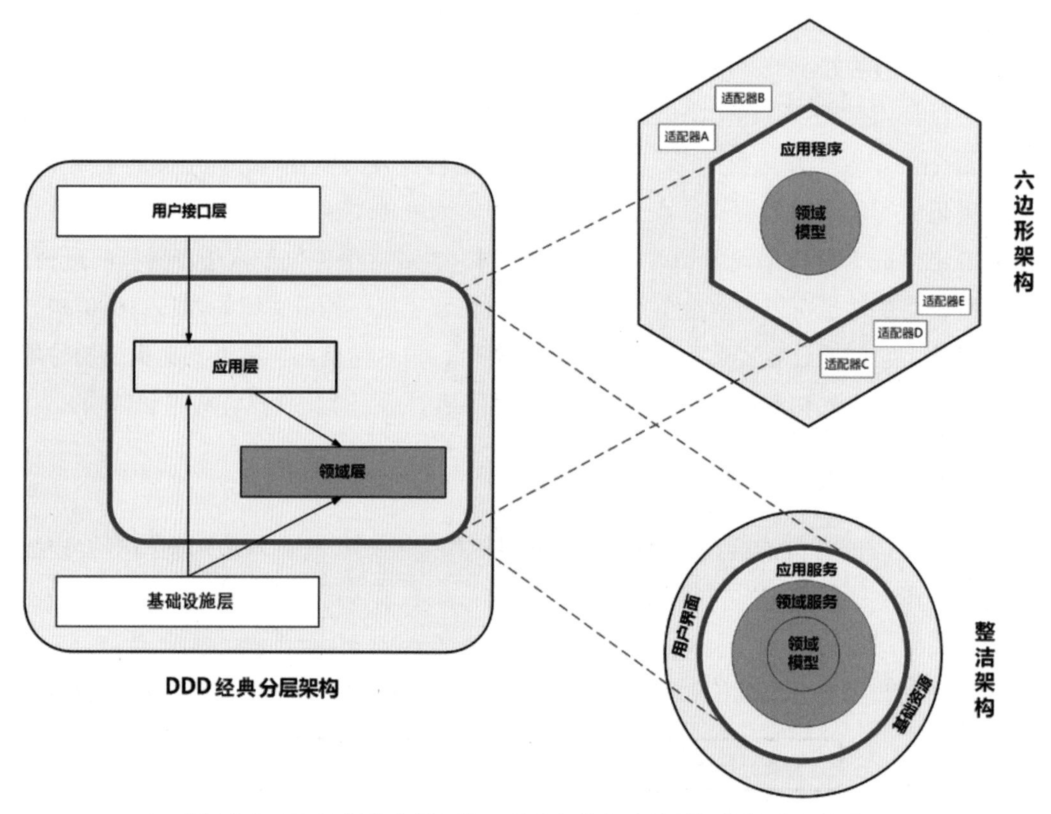

图 11-9 DDD 经典分层架构、整洁架构和六边形架构的对应关系

从图 11-9 可以发现，这里将 3 种架构模式的组成结构分为两部分——内核层（红色框所包含的）和外部层（红色框外面的）。其中，内核层由应用层和领域层组成，关于这点 3 种架构模式是一致的。对于外部层，经典分层架构和整洁架构均包含用户接口和基础设施，而六边形架构则由一系列适配器所组成。基于前面内容的分析，六边形架构中的适配器具备数据持久化、消息通信、各种限界上下文集成及用户交互能力，充当了用户接口及基础设施的功能。

11.2 领域驱动设计的架构考量

在日常开发中，我们通常会选择 DDD 架构模式之一进行系统的设计和实现。但在这个过程中，我们不得不考虑如何将 DDD 架构模式与业界主流的一些架构体系进行组合，从而形成最终系统架构的问题。本节将探讨 DDD 中的架构考量点。

11.2.1　限界上下文的物理表现

在学习 DDD 的过程中，读者可能会遇到如下这个具有代表性的问题。

限界上下文是一个比较抽象的概念，代表了业务的边界，那么一个限界上下文在物理上具体应该如何表现呢？

针对这一问题，我们分几种情况进行讨论。在本节中，我们将基于常见的订单系统来对限界上下文的物理表现形式展开介绍。

1. 单体系统

我们首先来看单体系统中的限界上下文，如图 11-10 所示。

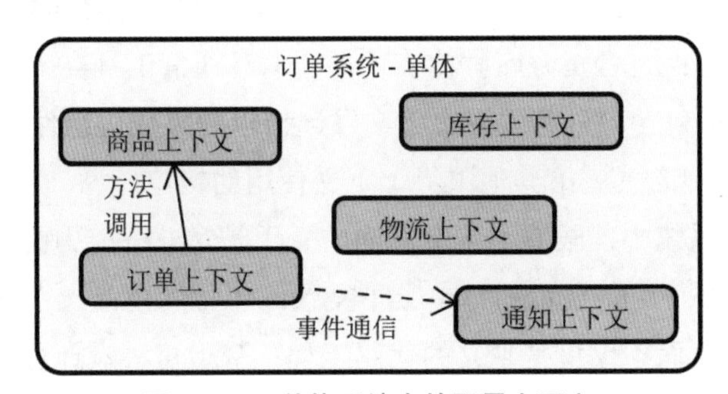

图 11-10　单体系统中的限界上下文

在图 11-10 中，我们可以看到订单系统由商品、订单、库存、物流和通知 5 个限界上下文组成。在一个单体系统中，各个限界上下文之间有如下两种交互方式。

- 方法调用：通过单体系统内部的函数级调用完成限界上下文之间的集成。
- 事件通信：通过进程内的事件通信机制完成限界上下文之间的集成。

那么，如何在物理上将单体系统中的代码分割为一组限界上下文呢？我们也有如下两种常见的实现策略。

- 命名空间：如果采用单个代码工程，那么可以基于命名空间进行物理拆分。
- 代码工程：如果采用多个代码工程，那么可以直接基于代码工程进行拆分。

在日常开发中，基于 Maven 或 Gradle 等代码管理工程构建多个代码工程是一种常见的实现方法，如图 11-11 所示。

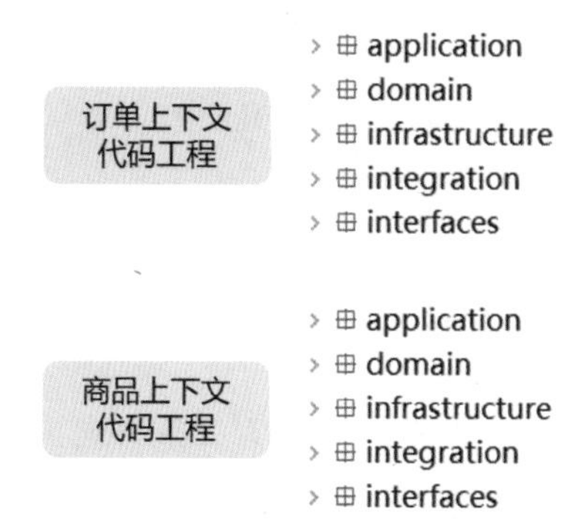

图 11-11　限界上下文的代码组织

在图 11-11 中，可以看到订单上下文和商品上下文两个限界上下文。而对于这两个限界上下文，我们专门提供了包含 5 个包结构的代码工程。这 5 个包结构的内容如下。

- application 包：包含查询服务和命令服务这两大类应用服务。
- domain 包：包含限界上下文中所有的领域模型对象和领域事件对象。
- infrastructure 包：包含资源库具体实现类、消息通信工具类等基础设施类组件。
- integration 包：包含向外部限界上下文发起请求的集成化组件。
- interfaces 包：包含暴露给其他限界上下文使用的接口。

请注意，在单体系统中，限界上下文之间的复用是对业务能力的复用，而不是对代码的复用。也就是说，图 11-11 展示的订单上下文代码工程和商品上下文代码工程所包含的都是独立的业务能力，而不仅仅是独立的代码工程。基于这种设计思想，我们很容易地将单体架构拆分为微服务架构。

2. 微服务系统

当将单体订单系统拆分为微服务订单系统时，可以得到图 11-12 所示的效果图。

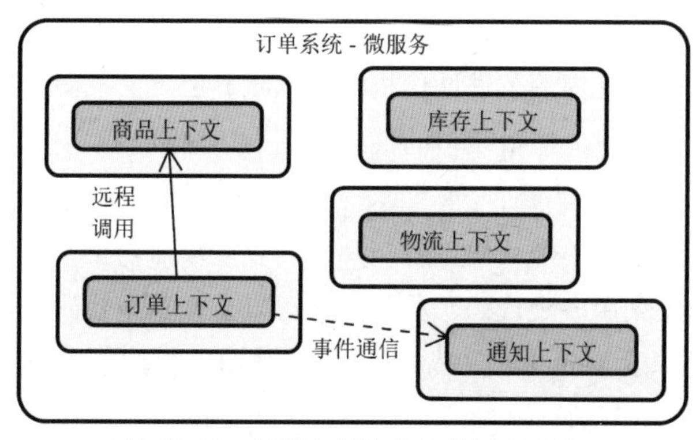

图 11-12　微服务架构中的限界上下文

可以看到，在微服务版本的订单系统中，各个限界上下文的物理表现形式就是一个个独立的服务实例。不同服务实例之间通过远程调用或者事件通信的方式进行交互，从而构建完整的业务链路。因此，对于微服务架构，限界上下文之间的物理分割方法就是独立进程。

说到这里，我们回到一个很多读者都感到困惑的问题：

微服务和限界上下文到底谁大谁小？

针对这一问题，我们可以从以下两个维度进行分析。

- 团队协作边界维度：不能出现一个限界上下文由多个团队共同开发的情况，这点和微服务一致，因此微服务的粒度等于限界上下文的粒度。
- 代码边界维度：一个微服务的代码不能部署在两个不同的进程中，但一个限界上下文却可以，因此微服务的粒度要小于或等于限界上下文的粒度。

通过以上分析，我们明确一个限界上下文可以包含一个或多个微服务。图 11-13 展示了这层关系。

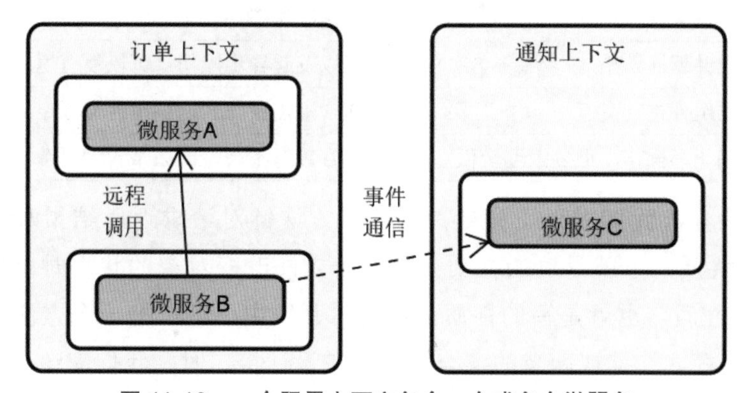

图 11-13　一个限界上下文包含一个或多个微服务

图 11-13 展示了一种比较理想的架构设计方案。在现实场景中，我们往往无法一开始就确定微服务边界的合理性，从而需要考虑设计大粒度的微服务，此时可以引入图 11-14 所示的混合架构。

在混合架构中，一个微服务中可能会包含一个或多个限界上下文。这是不合理的，但只要按照业务能力来组织限界上下文，那么拆分这些限界上下文也只是一个过程，而不需要对系统架构做重大的重构。

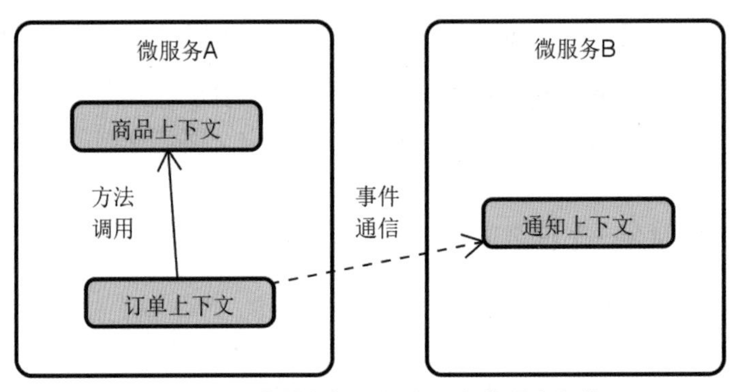

图 11-14　微服务与限界上下文的混合架构

11.2.2　CQRS 和 DDD

任何一个软件系统本质上就是读操作和写操作的集合。表 11-1 展示了两者的差异。

表 11-1　读操作和写操作对比

读操作	写操作
没有副作用，具有幂等性	会修改状态
通常发起同步请求并返回结果	可以发起异步操作，可以没有返回值
通常需要与表现层组件进行交互	通常不需要与表现层组件交互
执行频率要远远高于写操作，但复杂度较低	执行频率不高，但通常较为复杂

针对读写操作，我们做以下设定：当一个方法针对请求返回结果时，它就具有查询（Query）的性质，也就是读的性质；当一个方法改变对象的状态时，它就具有命令（Command）的性质，也就是写的性质。在日常开发中，可以把一个方法设计为纯查询模式或者纯命令模式，抑或两者的混合体。但在设计接口时，我们应该尽量使接口单一化，保证方法的行为严格遵循命令或者查询的操作语义。这样查询方法不会改变对象的状态，没有副作用，而会改变对象状态的方法不可能有返回值。查询功能和命令功能的分离，有助于提高系统性能，也有利于系统的安全。基于这种设计思想，业界也诞生了一种架构模式，那就是接下来要介绍的命令查询的责任分离（Command Query Responsibility Segregation，CQRS）模式。

CQRS 属于 DDD 应用领域架构模式，通常也可作为一种数据管理的有效手段。该模式的表现形式如图 11-15 所示。

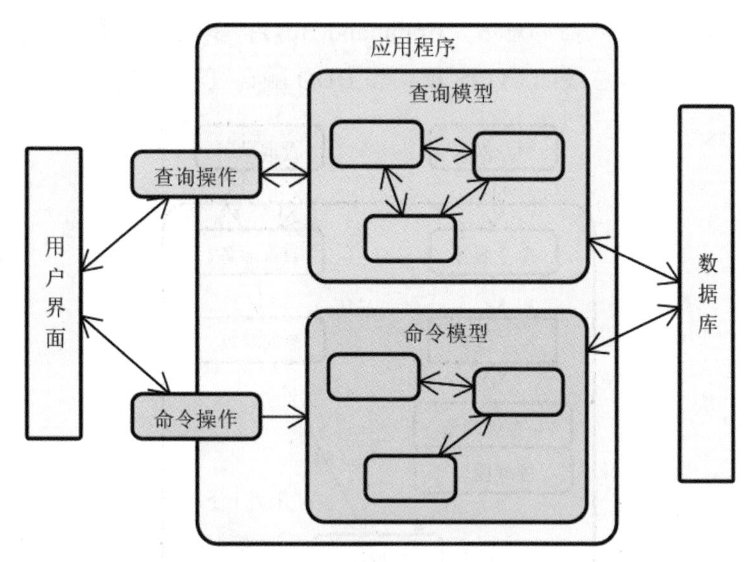

图 11-15　CQRS 模式表现形式

那么，CQRS 模式如何与 DDD 进行融合呢？DDD 领域模型中的聚合、实体、值对象和领域服务的设计并不受 CQRS 模式的影响，CQRS 模式之所有划分命令操作和查询操作，本质上是针对资源库进行了优化，如图 11-16 所示。

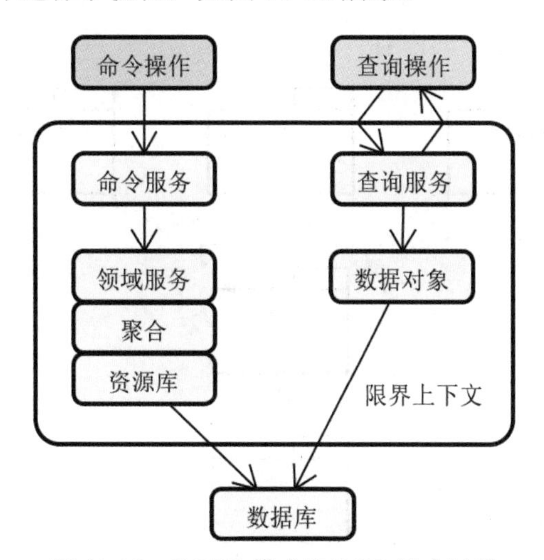

图 11-16　CQRS 模式和 DDD 融合过程

在图 11-16 中可以看到，针对命令操作，通过聚合和资源库来确保事务的一致性，而针对查询操作，直接返回普通的数据对象即可。

在 CQRS 架构中，如果命令执行时间较长或请求并发量较高，但又无须实时获取命令的执行结果，就可以引入命令总线（Command Bus），将同步请求转为异步执行，从而提高响应能力。带有命令总线的 CQRS 模式和 DDD 融合过程如图 11-17 所示。

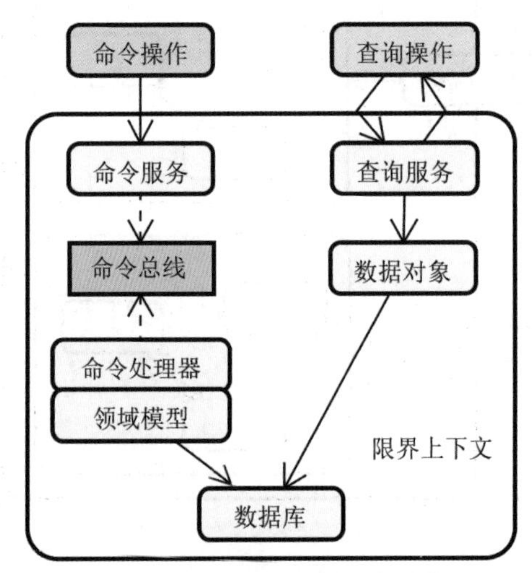

图 11-17　带有命令总线的 CQRS 和 DDD 融合过程

需要注意的是，查询对象和命令对象也应该属于 DDD 领域对象的组成部分，但它们不属于模型对象。图 11-18 展示了添加查询对象和命令对象之后的领域对象组成结构，也就是图 11-11 所示 domain 包中的内容。

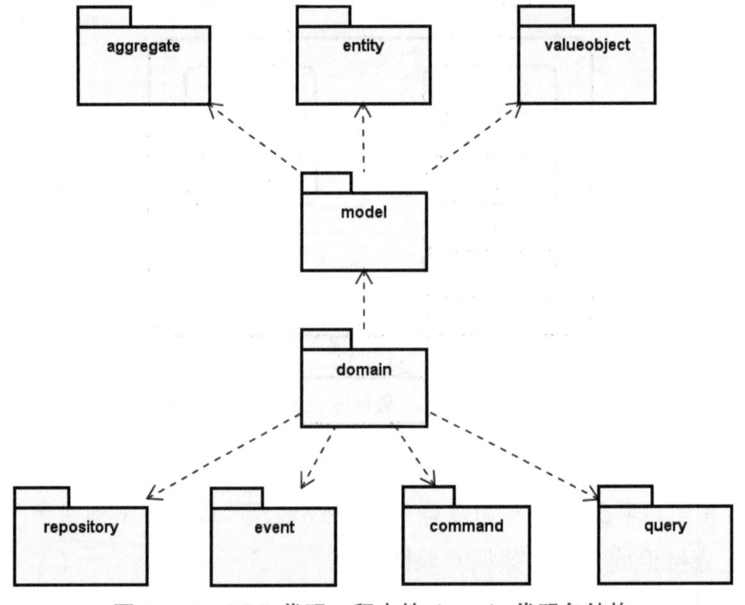

图 11-18　DDD 代码工程中的 domain 代码包结构

在 DDD 实施过程中，CQRS 架构往往与事件溯源架构融合在一起使用。下面就来看一下事件溯源架构。

11.2.3　事件溯源和 CQRS

事件溯源（Event Sourcing）为构建 DDD 应用提供了一种崭新的实现策略，这种实现策略与传统的 DDD 实现策略有很大不同。那么，究竟什么是事件溯源呢？接下来将详细介绍。

1. 事件溯源模式

理解什么是事件溯源，首先需要明确什么是域溯源。在 DDD 中，领域状态变化的过程是由聚合驱动的，也就是说，只有聚合主动更新自己的状态并生成领域事件，我们才能获取应用程序状态的变化。如果聚合没有主动生成任何领域事件，就无法感知到系统的状态变化。从状态的源头（Source）来说，我们认为这种处理方式是一种域溯源方式。域溯源结构如图 11-19 所示。

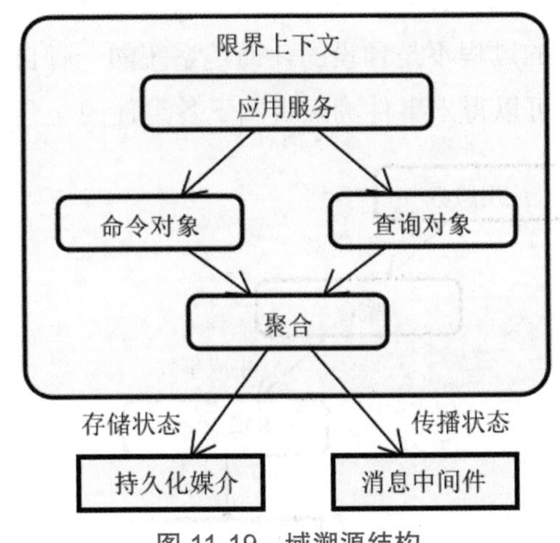

图 11-19　域溯源结构

相较于域溯源，事件溯源机制采用了另一种设计理念。事件溯源机制专注于处理聚合上发生的领域事件，而且聚合状态的每一次更改都会被自动捕获为一个领域事件并进行持久化。图 11-20 展示了这一过程。

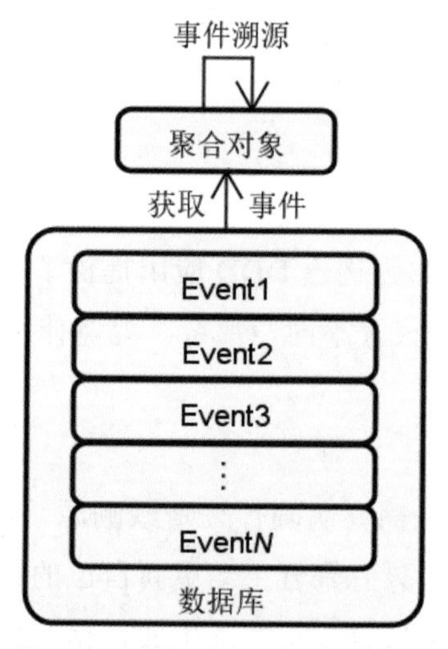

图 11-20 事件存储和事件溯源

相较于域溯源，事件溯源的差异点主要体现在如下两方面。

- 持久化操作对象并不是聚合对象本身，而仅仅是领域事件。
- 捕获聚合状态变化的过程不是预设的，而是系统的一种自动行为。

基于上述两点，我们可以得出事件溯源机制下各组件的交互过程，如图 11-21 所示。

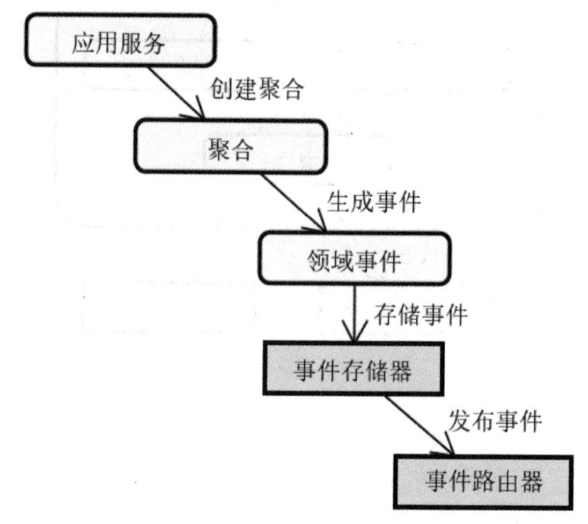

图 11-21 事件溯源机制下各组件的交互过程

在图 11-21 中，通过聚合生成的事件将被持久化到一个专门构建的事件存储器（Event Store）中。如果希望将事件传播出去以供其他限界上下文使用，可以引入一个事件路由器（Event Router）来实现这一目标。

那么，若要获取某个聚合对象的最新状态，又应该怎么办呢？此时可以从事件存储器中加载聚合上已经发生的所有领域事件，然后在聚合上依次执行所有领域事件所包含的状态变化信息，从而确保聚合对象达到最新状态。图 11-22 展示了整个执行过程。

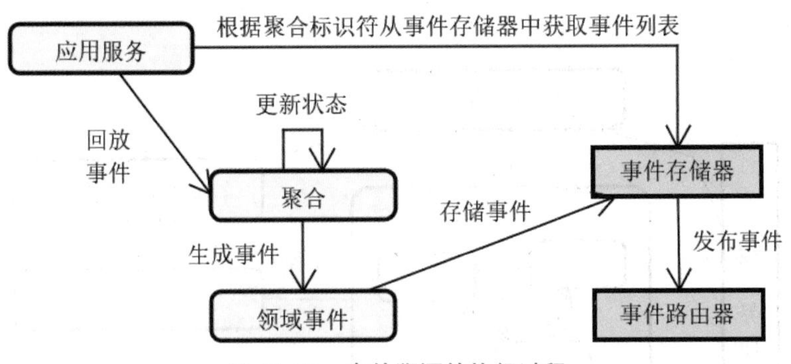

图 11-22　事件溯源的执行过程

通常，我们将在聚合对象上重新执行领域事件的过程称为事件回放（Event Replay）。可以看到，基于事件溯源机制，我们采用的是一种纯事件驱动的实现方法。

2. 事件溯源和 CQRS 整合

事实上，事件溯源一般与 CQRS 配套使用，其中命令服务用于生成领域事件，而查询服务用于获取聚合状态。图 11-23 展示了将事件溯源和 CQRS 整合在一起的效果。

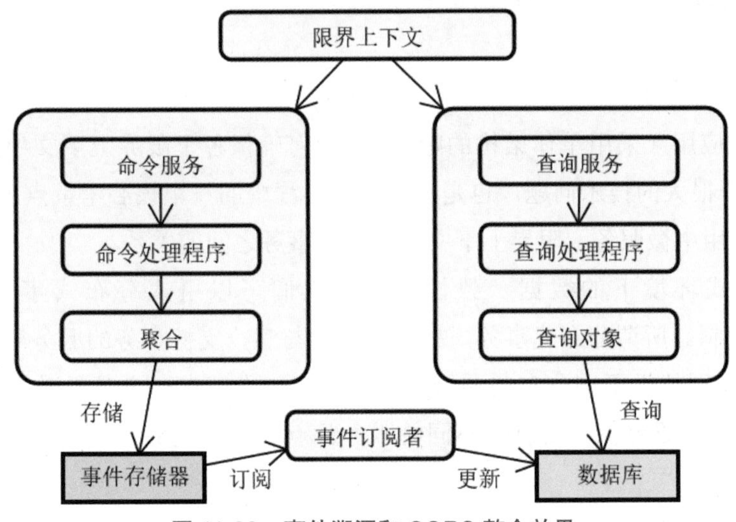

图 11-23　事件溯源和 CQRS 整合效果

可以看到，CQRS 模式可以与领域事件结合使用，从而构建高度低耦合的 DDD 应用。

读者可以自己实现一套CQRS模式和事件溯源架构，但笔者多数时候更推荐使用业界主流的开源框架，避免重复造轮子。这里我们引入了Axon框架。Axon是一款基于事件驱动的轻量级开发框架，既支持直接持久化聚合，也支持事件溯源模式。Axon框架的整体架构如图11-24所示。

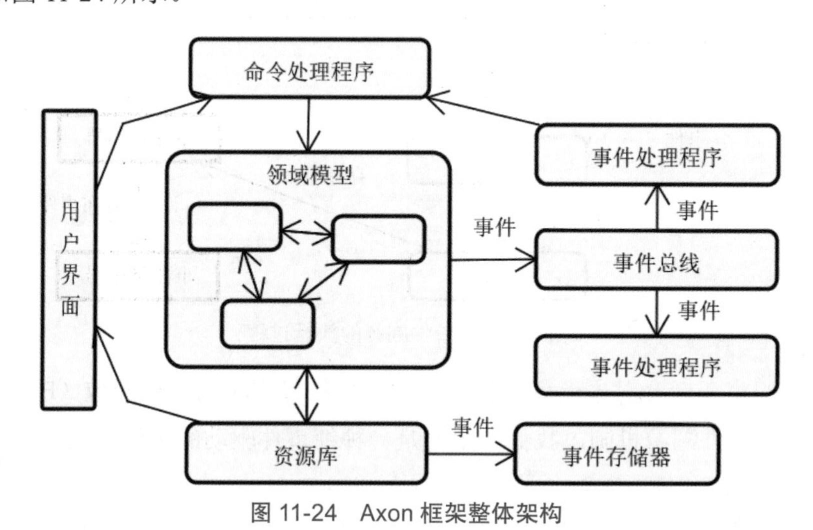

图11-24 Axon框架整体架构

基于Axon框架提供的技术组件，开发人员不需要从零开始实现CQRS架构模式和事件溯源机制，可以专注于业务逻辑的实现过程。

11.2.4 数据一致性

对于DDD应用（采用单体架构的除外），如何确保各个限界上下文中聚合之间的数据一致性是一个很大的技术问题，也是架构设计过程中的一个核心考量点。图11-25展示了一个DDD应用中微服务、限界上下文、聚合和事务之间的关系。

关于分布式环境下的数据一致性问题，我们可以引入分布式事务（Distributed Transaction）机制。所谓分布式事务，指事务的参与者、支持事务的服务器、资源服务器及事务管理器分别位于不同分布式系统的不同节点之上。在一个基于微服务架构构建的DDD应用中，各个限界上下文就是不同的服务节点，需要使用分布式事务来实现数据的一致性。

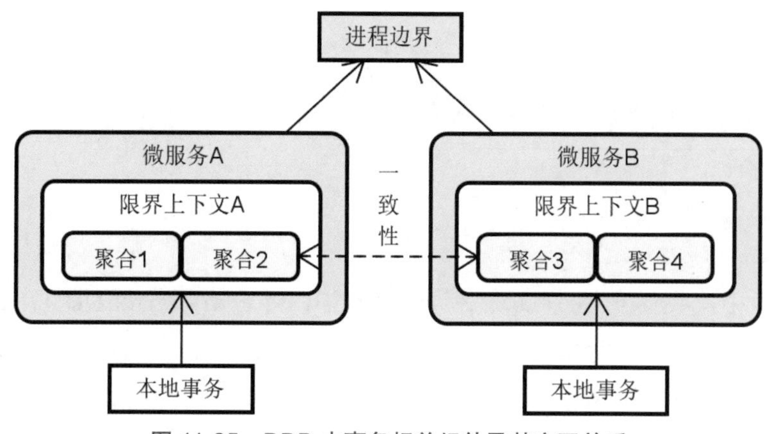

图 11-25　DDD 中事务相关组件及其交互关系

关于分布式事务的实现过程，我们通常采用补偿模式。补偿模式的基本思想是使用一个独立的补偿服务来协调各个服务。补偿服务按顺序依次调用各个服务，如果某个服务调用失败就对之前所有已经完成的服务数据执行补偿操作。为了降低开发的复杂性和提高效率，补偿服务通常表现为一个通用的补偿框架。补偿框架提供服务编排和自动完成补偿的能力。而围绕不同的补偿方式也诞生了一组分布式事务的实现模式，常见的包括 TCC（Try/Confirm/Cancel）模式、Saga 模式和可靠事件（Reliable Event）模式等。

11.3　本章小结

本章关注 DDD 架构设计方法和模式。我们首先详细讨论了经典分层架构、整洁架构及六边形架构这 3 种架构风格各自的特点，以及它们之间的区别和联系。我们可以分别用一句话来对它们进行总结，即经典分层架构管理组件依赖关系、整洁架构有效实现应用程序分层，而六边形架构则分离系统关注点。

另外，我们也针对 DDD 分析了架构设计上的一些考量点，包括限界上下文在物理上的表现形式、DDD 与 CQRS 和事件溯源架构之间的整合过程，以及跨服务之间的数据一致性问题。在 DDD 的实施过程中，技术人员需要对这些架构设计考量点进行充分分析和决策。

第 12 章 架构设计工作坊演练

在第 11 章中，我们介绍了领域驱动实现架构，并分析了一组 DDD 中的架构模式，包括经典分层架构、整洁架构、六边形架构等。这些常见的架构模式为人们开展系统架构设计工作提供了理论基础。

在本章中，我们将进入 DDD 工作坊的第 4 个，也是最后一个阶段——架构设计工作坊演练阶段。该阶段在整个 DDD 工作坊中所处的位置及其产出如图 12-1 所示。

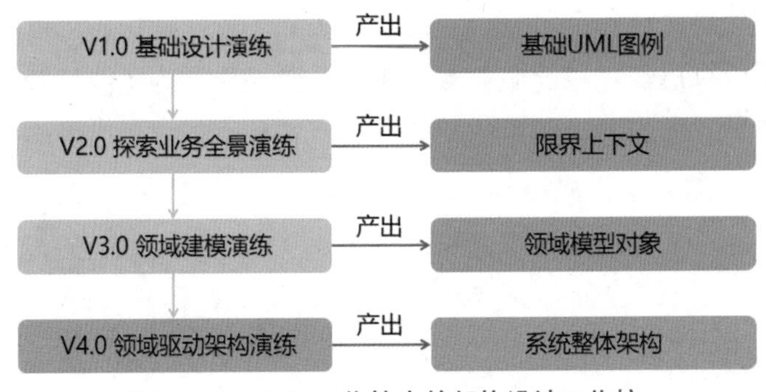

图 12-1 DDD 工作坊中的架构设计工作坊

在 DDD 架构设计工作坊中，我们将针对论坛系统已经构建的战略设计和战术设计进行整合，重点完成各个限界上下文之间交互架构的设计。

12.1 案例系统架构设计

在本节中，我们将介绍如何围绕论坛系统开展 DDD 架构设计工作坊。我们同样先明确这一阶段的目标和流程。

12.1.1 架构设计目标

工作坊第四阶段的设计思路是让读者能够基于战略设计和战术设计的成果，结合 DDD 主流架构模式完成系统整体架构的设计。在第二阶段和第三阶段的基础上，引入架构设计方法和最佳实践来设计一版方案。本阶段的主要目的如下。

- 基于主流架构模式，小组充分沟通达成一致，完成系统整体交互架构图的产出。
- 复用第二阶段和第三阶段产物，基于微服务思想完成业务服务的划分，以及核心接口能力的设计。

客观来说，在 DDD 的实施过程中，架构设计环节并没有前面介绍的战略设计和战术设计环节重要，原因在于 DDD 并没有对架构设计工作做全面和明确的规定。但是，战略设计和战术设计阶段的交付物可以直接作用于架构设计环节，用于指导系统架构的设计，并最终形成完整的交付产物。

12.1.2　架构设计流程

遵循 DDD 工作坊的开展方式，首先梳理架构设计的工作流程和时间安排。

1. 工作流程

在架构设计工作坊演练阶段，我们已经完整掌握了微服务系统、事件驱动架构、CQRS 架构等架构设计方法，并考虑将这些架构设计方法与事件风暴结合在一起使用。针对论坛系统，这一阶段的工作流程如图 12-2 所示。

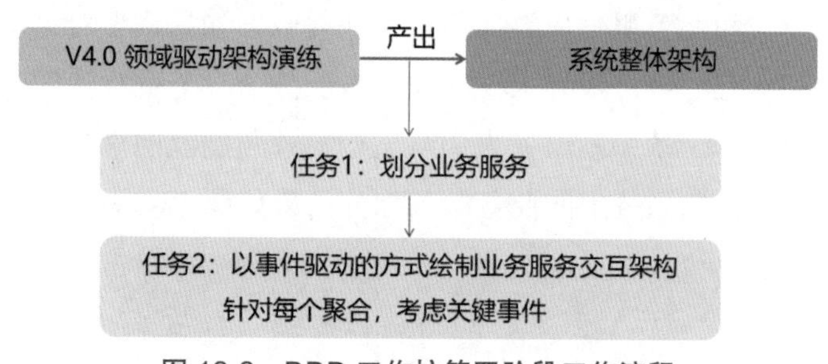

图 12-2　DDD 工作坊第四阶段工作流程

可以看到，在架构设计阶段，每个小组需要完成 2 个任务，这些任务的交付物分别如下。

- 一组业务服务，作为构建微服务架构的基础条件。
- 一张业务服务交互图，整合各个限界上下文中的聚合，并以领域事件作为业务流程的驱动者。

2. 时间安排

对于论坛系统这种规模的案例系统，我们可以按照如下方案来安排时间。

- 任务时间：30 分钟完成系统架构设计。

- 展示时间：每组上台展示和点评 6~8 分钟。

如果整个工作坊的参与人员为 60 人，每组按 10 人进行划分，那么整个架构设计阶段中学员参与的时间、讲师最后的总结和点评时间控制在 1 小时 30 分钟左右比较合适。

在架构设计工作坊演练阶段，用到的主要物料仍然是大白纸、水笔和各种通用的便利贴。

12.2　架构设计工作坊演练环节

在 DDD 架构设计环节，工作坊的主要产出是系统中各个业务服务的交互架构。在本节中，我们将讨论完成这一交付物的过程和方法。

12.2.1　划分业务服务

在当下的软件设计过程中，无论我们是否采用 DDD 思想，微服务架构都是各类系统开发的首选架构。我们已经在第 11 章中详细讨论了微服务架构与限界上下文之间的关联关系，而在本节中我们需要把论坛系统中的各个限界上下文转化为一个个独立的微服务。

那么，限界上下文和业务服务应该如何进行映射呢？如果读者对这个问题没有清晰的认识，那么基本原则只有一条：限界上下文和业务服务一对一进行映射，除非有非常充分的理由来改变这条原则。这条原则迫使人们从架构设计角度反向审视限界上下文拆分的合理性。基于这一原则，论坛系统中的业务服务划分结果如图 12-3 所示。

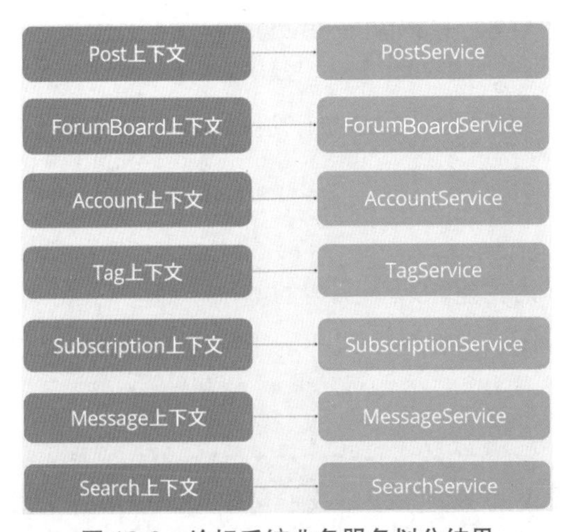

图 12-3　论坛系统业务服务划分结果

在图 12-3 中，可以看到 Search 上下文也被单独提取为一个独立的 SearchService，这也是针对数据处理类上下文的常见做法。

当在架构设计工作坊中尝试绘制业务服务交互架构时，需要确定业务服务的操作，以及由此引发的各个业务服务之间的交互过程。这就是接下来要讨论的内容。

12.2.2　确定业务服务操作

确定业务服务的操作，需要用到战术设计阶段的交付物。在 DDD 战术设计阶段，我们已经针对每个限界上下文提炼了一组读写操作。将这些读写操作作用于业务服务就可以确定该业务服务的具体操作。一种思路是：从战术设计阶段的产物出发指导系统架构设计过程。

另一种确定业务服务操作的思路是引入战略设计的交付产物，如命令。我们可以将围绕聚合而开展的应用服务拆分为命令服务和查询服务，此时命令就自然而然成为命令服务的输入。

在 DDD 工作坊中，上述两种思路都可以得到应用。这里以第二种思路为例给出 TagService 中的操作，如图 12-4 所示。

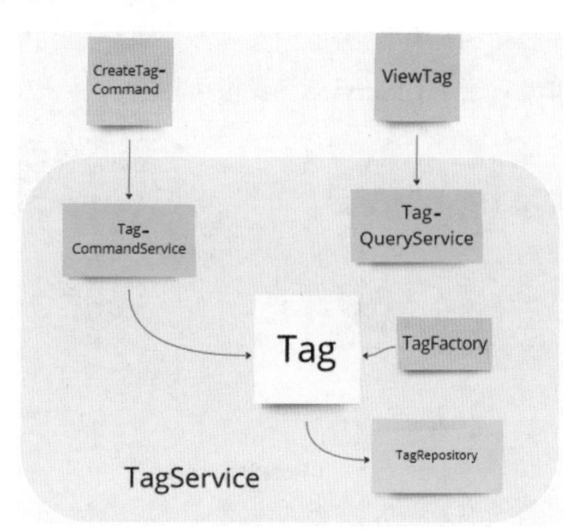

图 12-4　TagService 业务操作

TagService 中的操作非常简单，分别使用 TagCommandService 和 TagQueryService 应用服务来处理 CreateTagCommand 命令和 ViewTag 这一查询操作。

我们再来看一个复杂场景下的示例。图 12-5 展示了 PostService 中的操作。

可以看到，对于 Post 聚合，我们提炼了 PostCommandServcie 和 PostQueryService 两个

应用服务。对于PostCommandServcie，它需要接收CreateTopicPostCommand、ReplyPost-Command、RevisePostCommand及RemovePostCommand等命令对象。对于PostQuery-Service，可以应对ViewPost这一查询操作。图12-5所示的Thread聚合对象也采用了类似的处理方式。

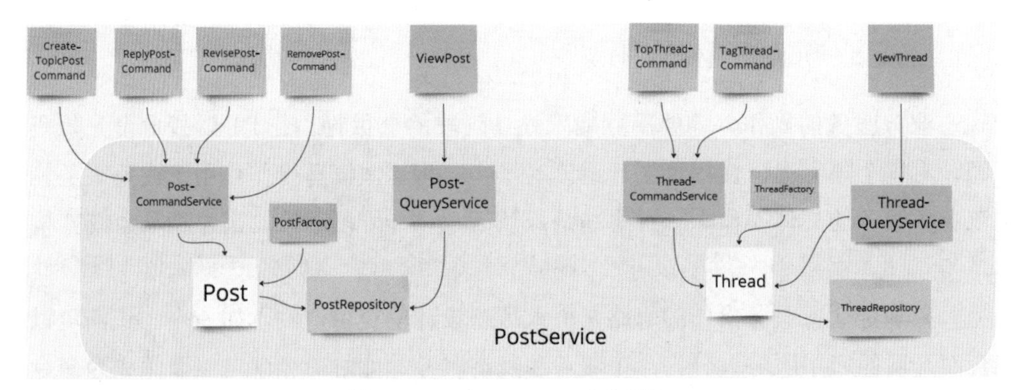

图12-5　PostService业务操作

12.2.3　触发领域事件

当在业务服务中执行命令类操作时就会触发领域事件，进而触发该业务服务与其他业务服务之间的交互。例如，对于PostService，我们可以得到图12-6所示的领域事件。

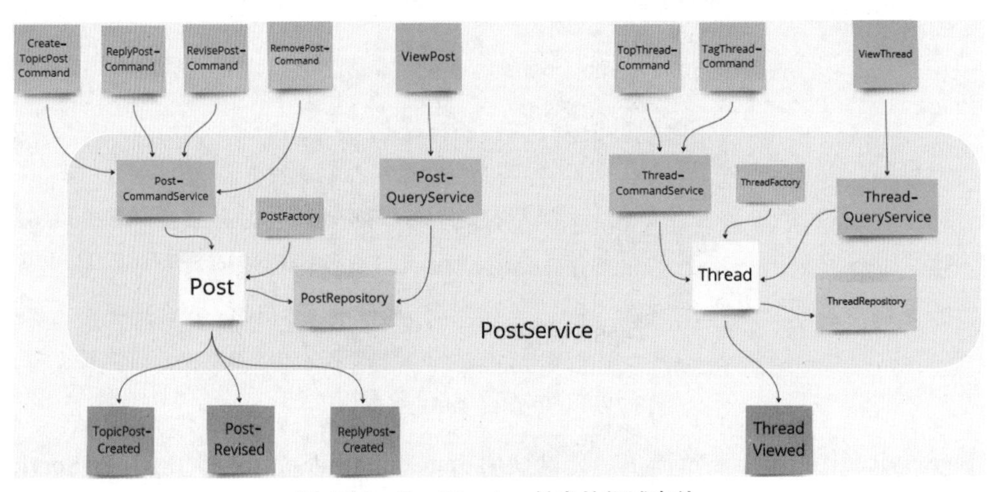

图12-6　PostService触发的领域事件

结合第6章介绍的事件风暴方法及交付的领域事件，我们不难理解图12-6所展示的领域事件效果。

12.2.4 实现业务服务交互

在 DDD 中，领域事件的触发代表了业务流程的建立。因此，围绕每一个领域事件，都需要明确它的传播方向，以及所产生的业务价值。领域事件本质上代表一种状态的变化，因此所有领域事件都应该被业务服务中的命令服务所接收，从而影响该命令服务所对应的聚合对象。在本节中，我们将以 PostService 和 SubscriptionService 这两个业务服务为例，介绍服务之间的交互过程。

1. PostService

PostService 是论坛系统中最为重要的一个业务服务。图 12-7 展示了由 PostService 触发的事件，以及这些事件的接收服务。

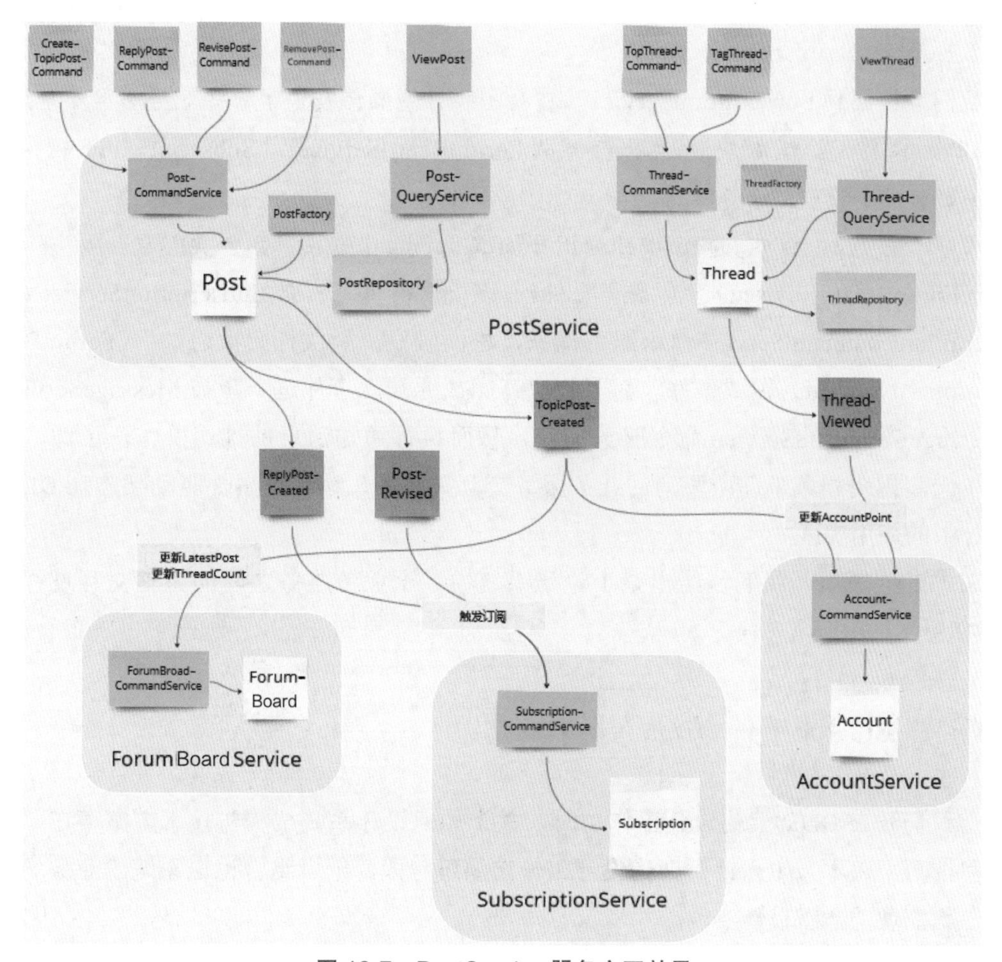

图 12-7 PostService 服务交互效果

在论坛系统中，当成功创建一个新的帖子时会触发“首帖已发布”（TopicPostCreated）领域事件。在图 12-7 中，我们看到该事件会同时被 AccountService 和 ForumBoardService 业务服务接收，其中前者会更新该帖子发帖人对应账户的积分，后者则会更新该帖子所属论坛版块的帖子数及最新帖子。

我们接着来看图 12-7 中展示的“回帖已发布”（ReplyPostCreated）和“帖子已修改”（PostRevised）两个领域事件。如果用户订阅了某一个帖子，那么针对该帖子所触发的这两个领域事件都会被 SubscriptionService 捕获，进而触发订阅消息推送。

图 12-7 的右侧展示了“帖子已被浏览”（ThreadViewed）这一领域事件，该事件是论坛系统中唯一一个由读操作触发的事件，且同样会增加用户的积分。显然，接收该事件的就是 AccountService。

2. SubscriptionService

我们继续回到 SubscriptionService，看看围绕订阅操作发生了哪些业务服务交互过程。图 12-8 展示了在论坛版块管理场景下从 ForumBoardService 到 SubscriptionService 再到 MessageService 的完整业务链路。

可以看到，当执行 ReviseForumBoardCommand 命令时会触发“版块被修改”（ForumBoardRevised）领域事件，该领域事件被 SubscriptionService 中的 SubscriptionCommandService 命令服务捕获，进而触发“版块订阅被通知”（ForumBoard-SubscriptionNotified）领域事件。而“版块订阅被通知”事件进一步被 MessageService 中的 MessageCommandService 命令服务捕获，从而执行通知消息的推送操作。至此，我们构建了一套围绕领域事件所驱动的业务服务交互关系图，这也是事件驱动架构在 DDD 架构设计中的应用实践。

在本节的最后，我们将给出整个论坛系统中各个业务服务之间的完整交互过程，如图 12-9 所示，供读者参考。

12.3 架构设计工作坊演练最佳实践

当我们开展 DDD 架构设计工作坊时，关于如何设计系统架构与技术方案存在一定的方法和技巧。在本节中，针对架构设计工作坊演练阶段，笔者结合论坛系统的业务场景及实训经验梳理了一组最佳实践。

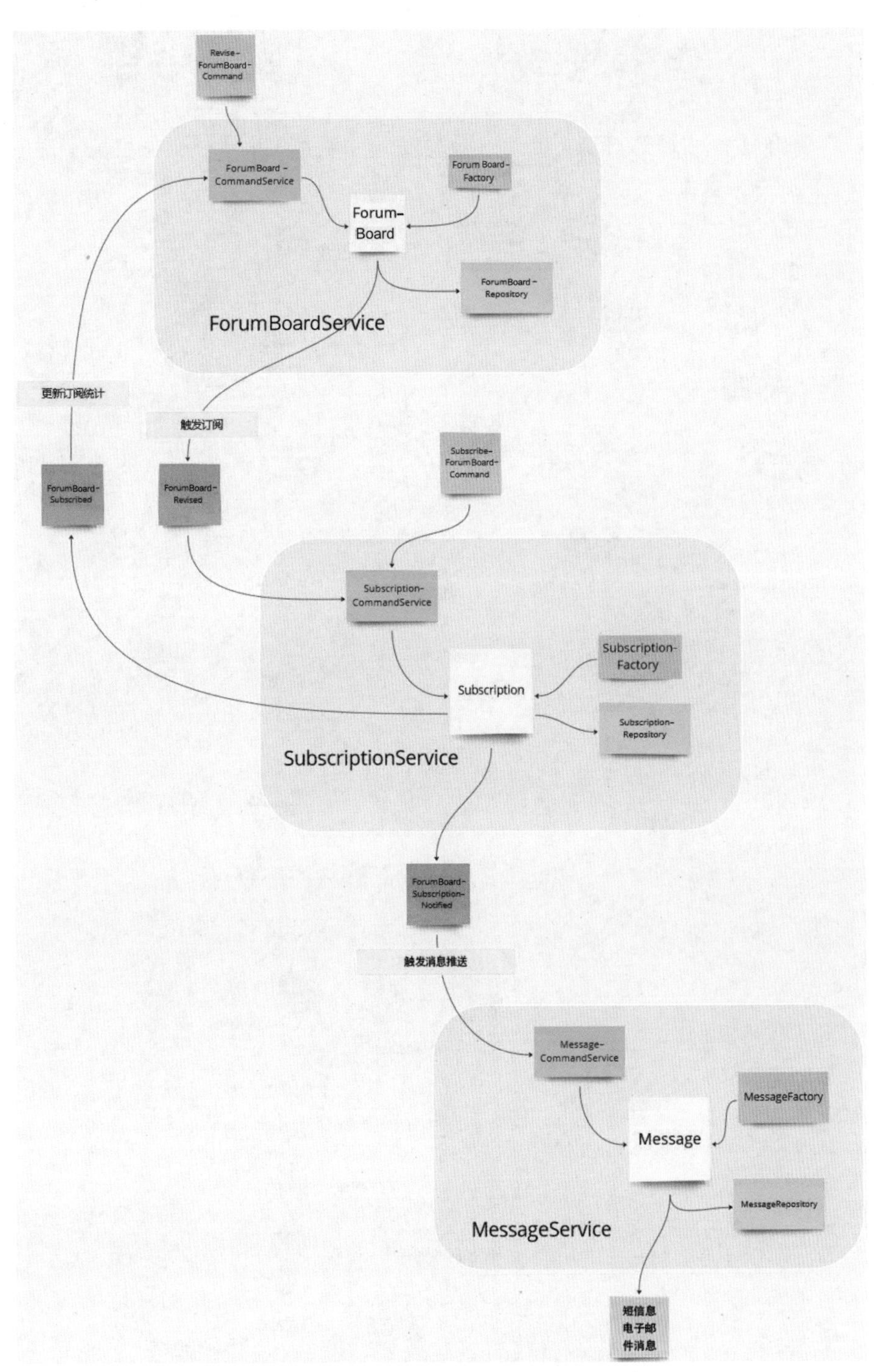

图 12-8　SubscriptionService 服务交互效果

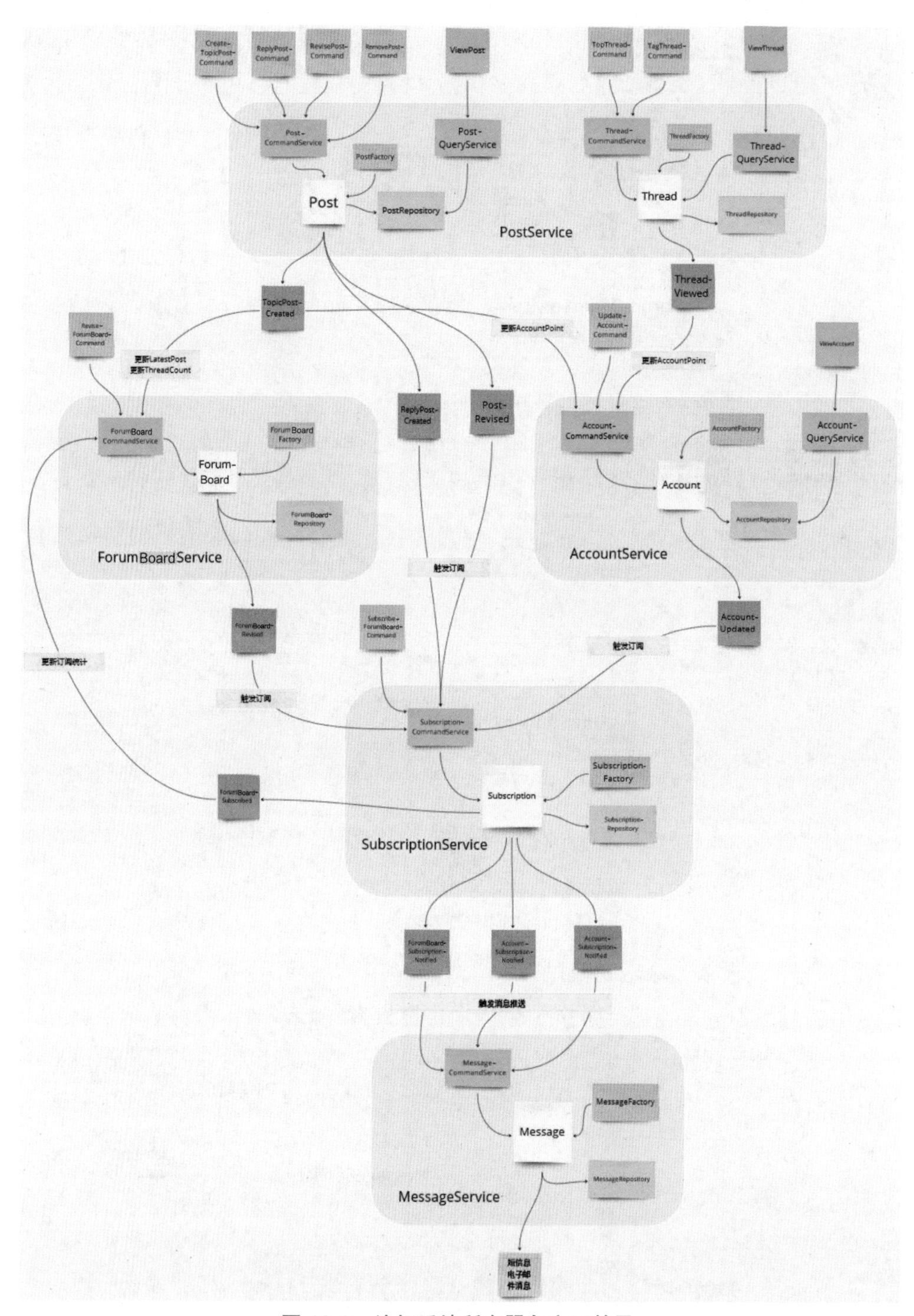

图 12-9 论坛系统所有服务交互效果

12.3.1 整合战略设计和战术设计

架构设计作为 DDD 工作坊的最后一个环节，需要确保实现对战略设计和战术设计这两个环节交付物的整合。

1. 整合战略设计

针对战略设计的交付物，架构设计的整合点比较明确，那就是事件风暴方法所产生的一系列命令和事件。例如，在 PostService 中，我们使用了 CreateTopicPostCommand、ReplyPostCommand、RevisePostCommand 和 RemovePostCommand 命令并触发了 TopicPostCreated、ReplyPostCreated、PostRevised 等领域事件。上述命令可以作为战术设计环节命令服务的输入；而上述领域事件则是架构设计阶段梳理各个服务交互关系的切入点。

2. 整合战术设计

针对战术设计的交付物，架构设计的整合点在于两方面内容——应用服务和值对象。对于应用服务，尤其是命令服务，我们需要与战略设计环节的命令进行对应；对于值对象，我们需要明确不同服务交互对这些值对象的影响。例如，在 PostService 中，TopicPostCreated 事件一方面会更新该帖子发帖人所对应账户的积分（AccountPoint），另一方面会更新论坛版块的帖子数（ThreadCount）及最新帖子（LatestPost）。AccountPoint、ThreadCount 和 LatestPost 都是战术设计环节提炼的值对象，读者可以结合第 10 章进行回顾。

12.3.2 事件与柔性事务

当两个业务服务之间需要相互交互时，我们可以采用与限界上下文类似的协作模式，主流模式包括客户 – 供应商模式和发布者 – 订阅者模式两种。无论选择哪种模式，确保服务与服务之间的数据一致性是架构设计上的一大挑战。

如果选择客户 – 供应商模式，那么服务与服务的交互过程表现为一种紧耦合的远程调用方式，需要考虑事务的强一致性。

而如果采用发布者 – 订阅者模式，那么服务与服务之间纯粹通过领域事件进行交互，紧耦合的远程调用方式演变为松耦合的消息通信方式，可以基于事件实现数据的最终一致性。

各种分布式事务的实现过程不是本书的讨论重点，读者既可以选择 Alibaba 的 Seata 框架来实现 TCC 和 Saga 模式，也可以基于 RocketMQ 的半消息机制来实现可靠事件模式。在 DDD 应用中，我们可以使用可靠事件模式并利用最终一致性更新限界上下文中聚合的状态，从而充分发挥领域事件的建模能力。图 12-10 展示的就是可靠事件模式的结构示意图，在该模式下，我们可以充分利用已经提炼的领域事件。

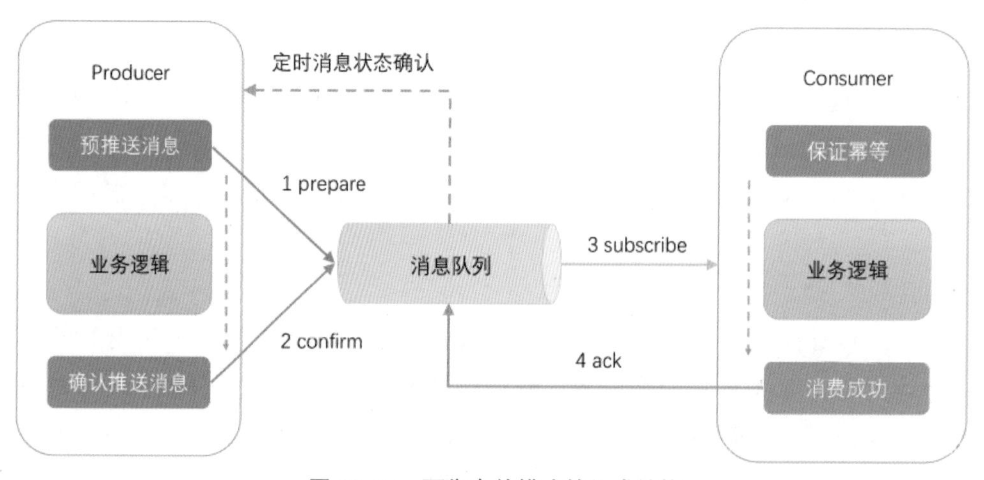

图 12-10 可靠事件模式的组成结构

作为一条架构设计的基本原则，建议采用领域事件代替分布式事务。如果必须使用分布式事务，推荐使用可靠事件模式。

12.3.3 查询类操作的设计

在前面的示例中，我们重点围绕由命令服务生成的领域事件展示讨论。那么，查询类的操作应该如何设计呢？

在查询服务中直接返回聚合对象是合理的。但聚合对象往往比较复杂，有时候一次简单的查询并不一定需要获取聚合对象中的所有业务属性，过多的业务属性反而会让查询的发起者感到困惑。此时可以采用查询结果对象（Query Result Object），这也是常见的一种处理方法。如下 ThreadSummary 就是一个典型的查询结果对象。

```
public class ThreadSummaryTransformer {
    public static ThreadSummary toThreadSummary (Thread thread) {
    }
}

public ThreadSummary findSummaryByThreadId(String threadId) {
    Thread thread= threadRepository.findByThreadId(threadId);
    return ThreadSummaryTransformer.toThreadSummary (thread);
}
```

可以看到，通过 ThreadSummaryTransformer 转换器类实现了从聚合对象 Thread 到查询结果对象 ThreadSummary 的转换。在实际应用中，建议单独对查询类操作进行建模，使用独立的业务服务或查询结果对象，确保查询结果和聚合对象充分解耦，提高查询结果的灵活性和扩展性。借助查询结果对象，我们可以对 PostService 中的查询操作进行重构。图 12-11 展示了重构之后的结果。

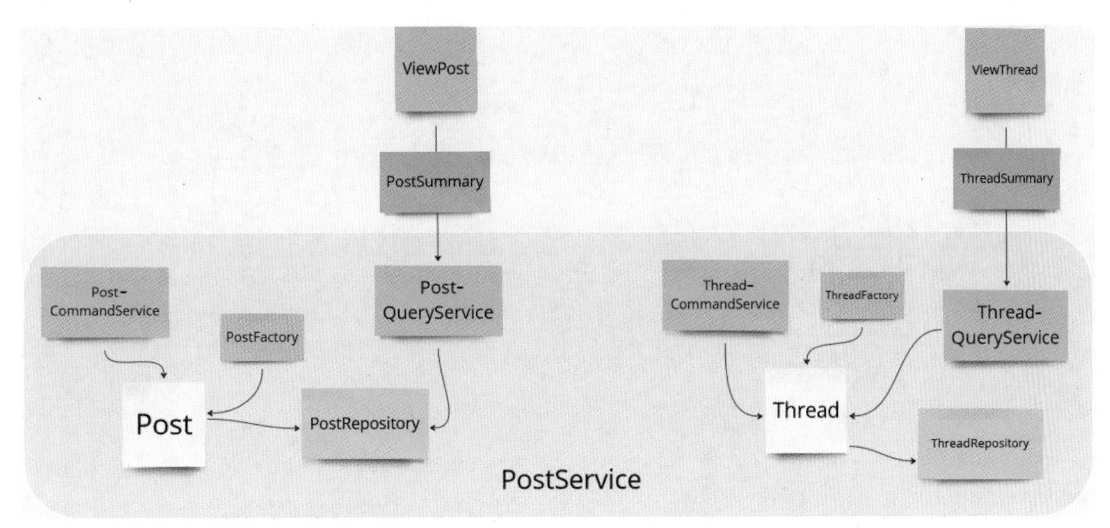

图 12-11　基于查询结果对象进行重构之后的 PostService 查询操作

可以看到，我们在查询操作和 QueryService 之间添加了专门的查询结果对象，以满足特定的查询操作需要。

12.4 本章小结

本章围绕 DDD 架构设计工作坊展开介绍。在架构设计工作坊演练阶段，我们首先明确了工作坊开展的目标和流程。而针对架构设计工作坊，我们重点讨论了业务服务划分和操作的确定，并基于领域事件实现业务服务之间的交互设计，构建了论坛案例系统的完整业务闭环。

当开展 DDD 架构设计时，我们需要充分整合战略设计和战术设计环节交付的产物，包括战略设计环节所产出的领域事件，以及战术设计环节的应用服务、值对象等。同时，本章也对业务服务之间的数据一致性及查询类操作的实现方法进行了专项展开介绍，以完善论坛系统的架构设计。